当大数据遇见物联网——智能决策解决之道

[美] 乔乔·莫雷伊　著

王胜夏　译

清华大学出版社

北　京

内 容 简 介

本书详细阐述了与大数据、物联网、决策科学开发相关的基本解决方案，主要包括物联网和决策科学、物联网体系结构和用例设计、决策科学在物联网中的应用、机器学习、预测性分析等内容。此外，本书还提供了相应的示例、代码，以帮助读者进一步理解相关方案的实现过程。

本书适合作为高等院校计算机及相关专业的教材和教学参考书，也可作为相关开发人员的自学教材和参考手册。

北京市版权局著作权合同登记号 图字：01-2018-1022

图书在版编目（CIP）数据

当大数据遇见物联网：智能决策解决之道/（美）乔乔·莫雷伊（Jojo Moolayil）著；王胜夏译. —北京：清华大学出版社，2019（2019.11重印）

书名原文：Smarter Decisions – The Intersection of Internet of Things and Decision Science
ISBN 978-7-302-51653-8

Ⅰ. ①当… Ⅱ. ①乔… ②王… Ⅲ. ①互联网络-应用 ②智能技术-应用 Ⅳ. ①TP393.4 ②TP18

中国版本图书馆 CIP 数据核字（2019）第 257359 号

责任编辑： 贾小红
封面设计： 刘 超
版式设计： 魏 远
责任校对： 马子杰
责任印制： 宋 林

出版发行： 清华大学出版社
网　址：http://www.tup.com.cn，http://www.wqbook.com
地　址：北京清华大学学研大厦 A 座　　邮　编：100084
社 总 机：010-62770175　　邮　购：010-62786544
投稿与读者服务：010-62776969，c-service@tup.tsinghua.edu.cn
质 量 反 馈：010-62772015，zhiliang@tup.tsinghua.edu.cn

印 装 者： 三河市龙大印装有限公司
经　销： 全国新华书店
开　本： 185mm×230mm　　**印　张：** 20.5　　**字　数：** 411 千字
版　次： 2019 年 3 月第 1 版　　**印　次：** 2019 年11月第 2 次印刷
定　价： 109.00 元

产品编号：075678-01

译 者 序

继计算机、互联网和移动通信之后，物联网在现今信息产业中的地位无可比拟，它在各个行业中的发展也是如日中天，备受瞩目。物联网诞生于互联网和移动互联网高速发展的时代，迎合了所有行业对数据联网的迫切需求。今天，联网设备早已不仅仅是智能手机和计算机，而是覆盖到了智能家居、交通物流、工业和医疗保健等各种不同的领域。此外，各个领域每时每刻都在产生大量的数据，人们也无时无刻不在思考，如何才能高效地对这些数据加以分析和利用。而物联网无疑相当于一座价值连城的宝藏，它产生的海量数据中所蕴含的价值无法估量。因此，物联网的真正价值仍亟须人们去深入挖掘充分利用，以创造更为美好的未来。

如何对物联网尤其是企业的商业问题进行数据分析并解决问题，这正是本书的价值所在。在本书中，作者没有采用人人熟知的“大数据分析”甚至“数据科学”这些热词做相关论述，而是精辟地提出了“决策科学”的概念，将“决策科学”与“数据科学”的细微区别阐述清楚。通过决策科学在物联网中的应用，自然而然地向读者阐明了这两者的交叉点——智能决策的重要性和影响。同时循序渐进地将各种统计分析技术和机器学习算法，与物联网商业用例分析紧密结合，深入浅出地介绍给读者。

市面上关于大数据分析的书籍浩如烟海，但是针对决策科学和物联网结合应用，分析解决实际商业问题的书籍并不多见。本书作者采用平实朴素的语言，将现实生活中的物联网案例娓娓道来，让读者对决策科学、物联网以及智能决策在这些案例中的分析和应用了如指掌。即使没有具备数据分析基础但又对这些主题感兴趣的读者，也能跟随作者清晰严谨的思路轻松地完成本书的阅读，并且最终不仅能够掌握本书的实用知识和分析技术用以解决实际的商业问题，而且也能够领会其中的奥妙拓展视野。

作者在序言中已向读者介绍了本书以及各个章节的主要内容。因此，我在此就不再赘述，感兴趣的读者可以仔细阅读序言以了解本书概要。这里，我想和读者分享翻译本书时的一些心得体会，希望有助于读者理解本书的内容，同时也希望能够由此向各位同行和专业人士虚心求教，以便日后改进。

本人在实际工作中也遇到过许多类似的情况，如曾在公司时为美国 Breault Research Organization,Inc.的高级光学系统分析软件产品进行市场推广。在推广这些产品的过程中，与国内外著名的高校、科研院所和企业交流时，并没有将他们业已熟知且广泛采用的术语翻译成中文。如果为了翻译而翻译，生硬地将业界专业人士熟知的术语翻译出来，反而会造成理解和交流上的障碍。这在科技口译上也是如此，本人数年来在为上述公司做技术交流现场翻译实践中，也切身体会到这一点。所以，根据受众的实际情况，而选择相应合适的翻译策略，是非常有必要的。由此也深深认同作者在本书第 5 章中讨论如何判断模型达到学习饱和度时提出的观点，即通过数据分析实践从观察中而非仅仅依靠数学计算得出一个判断标准。

因此，阅读本书不仅能够掌握决策科学应用在物联网商业用例的分析技能，在对 R 语言进行熟练运用、精通智能决策之奥妙的同时，也能学习作者在数据分析时的科学严谨态度和清晰的逻辑思维。

此外，我还要由衷地感谢我的先生赵勇。在我繁忙翻译期间，他针对书中涉及数学的部分提出专业的意见，并且就一些内容提出犀利但颇具建设性的建言，激励我深入探索不熟悉的领域。感谢亲朋挚友的鼓励和支持，我才得以克服种种困难最终完成这本书的翻译。

本书的翻译由吴骅组织完成。参与本书翻译的还有王学昌、周娟、刘红军、王玲、郑正正、秦双夏、莫鸿强、李远明、陶日然、黄善斌、廖义奎、杨莉灵等人，感谢这些人士帮助。没有他们的帮助就无法完成这项工作。由于水平有限，译文中的不当之处在所难免，恳请同行及各位读者朋友不吝赐教。

译者

序　　言

物联网和决策科学一跃成为时下业界最为热门的话题。可是，我们今天要解决的问题变得越来越不清晰、不确定和不稳定，解决问题的方法也是变得如此。而且，解决问题从使用数据科学解决一个具体问题，演变成为了应用决策科学解决问题的一门技术。物联网为企业提供了一个千载难逢的机遇，将人们的生活变得愈加轻松，但是若要实现这一目标，惟有利用决策科学方能物尽其用。《智能决策——当大数据遇见物联网》（*Smarter Decisions——The Intersection of Internet of Things and Decision Science*）将有助读者了解物联网和决策科学的细微差别，通过解决现实生活中的工业和消费物联网用例，切实地帮助读者做出明智决策。本书着重解决一个根本问题。因此，书中整个过程都是借助生动有趣且通俗易懂的商业用例，采用决策科学行业标准框架去解析、设计、执行并阐述问题。在解决商业用例的同时，我们会利用最流行的开源软件“R 语言”，学习一套完整的数据科学系统，即描述性分析（descriptive analytics）、探查性分析（inquisitive analytics）、预测性分析（predictive analytics）和规范性分析（prescriptive analytics）四者相结合的系统。阅至本书结尾，读者将完全领悟到在物联网中做出决策的复杂性，并且能够将书中知识应用于任何项目中。

本书主要内容

第 1 章　物联网和决策科学：采用现实生活中直观易懂的例子，清晰概述了本书两个最重要的主题。本章简明扼要地讲述物联网及其演变，以及物联网（Internet of Things，IoT）、工业物联网（Industrial IoT，IIoT）、工业互联网（Industrial Internet）和万物互联（Internet of Everything，IoE）四者的主要区别。此外，通过问题以及问题在其体系中的发展演变来诠释决策科学。最后，本章探索问题解决框架，研究解决问题的决策科学方法。

第 2 章　物联网问题体系研究和用例设计：本章引出一个现实生活中的物联网商业问题，应用第 1 章所学的一个成熟结构化问题解决框架，帮助读者实际设计问题的解决方案。本章还介绍了物联网中的两个主要领域即资产互联（connected assets）和运营互联

（connected operations），以及用于解析和设计商业问题解决方案的各种工具和思想领导力框架（thought leadership frameworks）。

第 3 章　探索性决策科学在物联网中的应用内容和原因：采用 R 语言进行探索性数据分析，着重切实解决第 2 章设计的物联网商业用例。选取一个匿名和屏蔽数据集用于商业用例，同时依托实践练习帮助读者把握决策科学描述性分析和探查性分析这两个阶段。本章通过执行单变量分析、双变量分析以及各种统计检验来验证结果，回答两个基本的问题即（探索性决策科学）“是什么”和“为什么”，以此阐述问题的解决方案，呈现本章内容。

第 4 章　预测性分析在物联网中的应用：利用预测性分析增强商业用例解决方案。在本章中，我们回答了“何时”这个问题，更清晰有效地解决问题。与此同时，探讨了线性回归、Logistic 回归和决策树等多种统计模型，解决第 3 章商业用例在探查性分析阶段出现的不同预测性问题。还通过直观的例子来理解算法的数学功能，以及解释结果的简单方法，这些都为物联网的预测性分析奠定了基础。

第 5 章　利用机器学习增强物联网预测性分析：尝试采取随机森林、XgBoost 等尖端机器学习算法和多层感知器等深度学习算法，改进第 4 章中预测建模练习的结果。经由改进算法而获得了改进后的结果后，利用决策科学的 3 个不同分析层面：描述性分析、探查性分析和预测性分析，最终完成了商业用例的解决方案。

第 6 章　决策科学结合物联网的分析速成：本章自始至终尝试解决另一个崭新的物联网用例，巩固了迄今为止学习到的解决问题的技巧。通过速成的学习模式，对解析、设计和解决物联网问题的整个过程进行阐述。

第 7 章　规范性科学与决策：利用一个假设用例介绍决策科学的最后一层分析，即规范性分析。本章选择数个简单易学的例子来说明，一个问题从描述性分析到探查性分析、预测性分析，最后到规范性分析再周而复始地演变整个过程。在应用规范性分析解决问题的过程中，我们详细探讨了做出决策和撰写故事的技术，以将分析结果清清楚楚地展示出来。

第 8 章　物联网的颠覆性创新：本章通过对一些像雾计算、认知计算、下一代机器人、基因组学和自动驾驶汽车的研究，探讨了目前物联网的颠覆性创新。最后，简要介绍了物联网的隐私和安全问题。

第 9 章　物联网的光明前景：讨论了物联网前所未有的发展会在不久的将来如何从根本上改变人们的生活。本章探讨了新型物联网商业模式的前瞻性话题，例如资产/设备即服务，还有汽车互联向智能汽车以及人类互联向智能人类的演变。

本书所需的配置

为了让学习效率更高，读者须配备一台安装有 Windows、Mac 或 Ubuntu 系统的计算机。

下载并安装 R 语言来执行本书中的代码。可通过 CRAN 网站下载安装 R 语言，网址为 http://cran.r-project.org/。书中全部代码都是用 RStudio 编写的。RStudio 是一个 R 语言的集成开发环境，下载网址为 http://www.rstudio.com/products/rstudio/。

本书中使用的不同 R 语言包可以免费下载并安装在上述所有操作系统上。

本书面向的读者

本书旨在为有志于物联网分析项目的数据科学和物联网爱好者或项目经理而编写。如果读者掌握了 R 语言库的基本知识，则会胜人一筹，但是本书在对结果进行解释时不会受代码影响。任何没有具备技术知识的数据科学和物联网爱好者不仅可以跳过代码读取输出结果，而且仍然能够应用这些结果。

小节标题介绍

在这本书内，读者会发现一些经常出现的标题，如做好充分准备、操作步骤、工作原理、知识拓展以及参考资料。

为了清楚说明如何完成一个设计流程，本书使用如下小节标题。

做好充分准备

本节告诉读者在设计流程中需要什么，介绍如何配置所需的软件或初始设置。

操作步骤

本节包含设计流程所遵循的步骤。

工作原理

本节通常是针对前一小节所发生的事情做出详细解释。

知识拓展

本节包含有关设计流程的其他信息，让读者对设计流程有更多的了解。

参考资料

本节为设计流程提供其他有用信息的链接。

体例

在本书中，读者将看到许多用以区分不同类型信息的文本样式。下面是这些样式的一些例子，以及对它们含义的解释。

一个代码块文本样式设置如下：

```
<Contextpath="/jira"docBase="${catalina.home}
/atlassian- jira" reloadable="false" useHttpOnly="true">
```

任何命令行输入或输出书写如下：

```
mysql -u root -p
```

在菜单或对话框中，读者在屏幕上看到的单词将显示在文本中，如下：“从管理面板中选择系统信息”。

表示警告或重要事项。

表示技巧提示。

读者反馈

我们非常欢迎读者反馈。读者可随时随地告知我们对这本书的看法——喜欢或不喜欢哪些内容。读者反馈对我们不可或缺，这些反馈会帮助我们编撰读者所需的内容，让读者最大限度地从中获益。

如果是一般的反馈意见，只需发电子邮件至 feedback@packtpub.com，并在邮件主题中注明书名。

如果读者擅长某专业主题，并且对写作或撰写书籍感兴趣，请参阅我们的作者指南，网址为 www.packtpub.com/authors。

客户支持

对于购买了帕克特出版有限公司书籍的读者朋友，我们还会提供相应的支持服务。

下载示例代码

读者可以登录自己的账户下载本书的示例代码文件：http://www.packtpub.com。如果读者从其他地方购买了本书，请访问 http://www.packtpub.com/support 并注册账户，之后我们会将文件直接发送给读者。

下载代码文件步骤如下：

（1）使用电子邮件地址和密码登录或注册我们的网站。

（2）将鼠标指针悬停在顶部的 SUPPORT 选项卡上。

（3）单击 Code Downloads&Errata。

（4）在 Search 搜索框中输入书名。

（5）选择要下载代码文件的书籍。

（6）从已购书籍的下拉菜单中选择。

（7）单击 Code Download 下载代码。

也可登录帕克特公司网站，单击书籍网页上的 Code Files 按钮下载代码文件。在 Search 搜索框中输入书名后可访问上述页面。请注意，读者首先要登录自己的账户才可访问。

下载文件后，请确保使用最新版的解压缩软件将文件夹解压：

- ❑ WinRAR / 7-Zip 适用于 Windows。
- ❑ Zipeg / iZip / UnRarX 适用于 Mac。
- ❑ 7-Zip / PeaZip 适用于 Linux。

这本书的代码包也存放在 GitHub 上：https://github.com/PacktPublishing/Smarter-Decisions-The-Intersection-of-Internet-of-Things-and-Decision-Science。我们还从现有丰富的书籍和视频资料中提供了其他代码捆绑包：https://github.com/PacktPublishing/。欢迎读者查看！

勘误表

尽管我们已经竭尽全力确保内容的准确性，但仍然无法保证完全没有错误。如果读者在本书中发现了错误（可能是文本或代码的问题）并且能向我们反映，我们将不胜感激。这样不仅能让其他读者免受误导，同时也会帮助我们改进该书的后续版本。如果读者发现任何错误，请通过 http://www.packtpub.com/submit-errata 向我们反映。登录网站后选择相应的书籍，单击 Errata Submission Form 勘误提交表格链接，然后输入勘误详情。一旦读者的勘误被验证，所提交的勘误信息会被采纳，而且这些勘误将被上传到我们的网站或添加到该书勘误部分下的现有清单中。

如果要查看以前提交的勘误表，请转至 https://www.packtpub.com/books/content/support，然后在搜索栏中输入书名。所查询的信息会在 Errata 勘误小节中出现。

版权保护

互联网上受版权保护的资料被盗版是所有媒介都面临的一个问题。帕克特公司非常认真地保护我们自己的版权和许可。如果读者在互联网上发现有任何非法盗版我们的作品，请立即给我们提供盗版网址或网站名称以便我们采取合适的补救措施。

读者可通过 copyright@packtpub.com 与我们联系，将可疑的盗版内容链接发给我们。

我们衷心感谢读者的帮助，在保护作者和我们自己的同时，我们也会尽心尽力地为读者发行更有价值的书籍。

读者反馈

如果读者对本书内容有任何问题，请通过 questions@packtpub.com 与我们联系，我们将尽最大努力解决这些问题。

作 者 简 介

乔乔·莫雷伊（Jojo Moolayil）是一名数据科学家，现居住在素有“印度硅谷”之称的班加罗尔。他在决策科学和物联网领域拥有四年以上的行业经验，并且与诸多行业领先企业进行了跨多个垂直方向的合作，所合作的都是一些具有重大影响的关键项目。目前，莫雷伊正在和工业物联网数据科学的先锋和领先者通用电气（GE）公司合作。

莫雷伊出生和成长在印度的浦那，毕业于浦那大学，主修信息技术工程学。为了大规模解决问题，莫雷伊在决策科学中发现了个中门道，而且在早期的职业生涯里也学会了如何解决多个垂直行业的各种问题。之后，在世界最大的纯游戏分析提供商穆西格玛公司（Mu Sigma Inc.）开始他的职业生涯，和众多财富 50 强客户的领导者一起工作。后来，为了解决日益复杂的（数据）问题，莫雷伊与物联网结缘，对前景光明的消费物联网和工业物联网领域产生了浓厚的兴趣。作为最早进入物联网分析行业的冒险者之一，莫雷伊对他从决策科学中的所学所获掇菁撷华，将问题解决框架以及他从数据和决策科学中的发现应用到物联网中去。

为了巩固他在工业物联网的基础，扩大各种问题解决实验的影响力，莫雷伊加入了一家名为 Flutura 的物联网分析初创公司。这家公司的总部设在班加罗尔光谷内，成长快速。Flutura 专注于工业物联网，专门研究 M2M（机器对机器通信）数据分析。莫雷伊在该公司任职期间，为全球领先的制造业巨头和照明解决方案提供商工作，同时这些工作也增强了他在 M2M 和工业物联网领域解决问题的能力。由于他一心向往追求大规模地解决问题，自然而然地就从“产品”维度进行思考，很快也投身到了数据科学产品和平台的开发中。

莫雷伊在 Flutura 仅短暂停留，随后就到工业物联网的领先企业 GE 就职。在班加罗尔的 GE 里，他潜心解决工业物联网用例的决策科学问题。不仅如此，他在 GE 的工作职责之一，还包括悉心钻研开发工业物联网的数据科学和决策科学的产品和平台。

我衷心地感谢 Mu Sigma、Flutura 和 GE 这三家公司，感谢他们提供的所有机会，让我得以在决策科学和物联网领域遨游探索知识。我还要对工作中的导师萨米尔·马达范（Samir Madhavan）先生和德里克·乔斯（Derick Jose）先生表示深深的谢意和感激，在他们的热心帮助下，这本书才得以顺利完成。

技术评审简介

安宁蒂达·巴萨克（Anindita Basak）担任全球软件巨头微软公司 Azure 和大数据的顾问，帮助合作伙伴和客户实现 Azure SaaS 解决方案架构开发，数据平台和分析指导实施。巴萨克不仅是一名积极活跃的博主，也是微软 Azure 论坛的贡献者、顾问和发言者。她拥有 8 年以上的工作经验，工作主要围绕 Microsoft.Net、Azure、大数据及分析进行。在巴萨克早期的职业生涯中，她曾被微软聘任为正式员工，也作为外派员工为内部各种 Azure 团队提供服务。最近她担任由帕克特出版有限公司（Packt Publishing Limited）发行的如下书籍的技术评审：《HDInsight 精要第一版》（*HDInsight Essentials First Edition*）、《HDInsight 精要第二版》（*HDInsight Essentials Second Edition*）、《Hadoop 精要》（*Hadoop Essentials*）和《微软表格建模指南》（*Microsoft Tabular Modeling Cookbook*）。

我要感谢我的母亲和父亲——安迦娜·巴萨克（Anjana Basak）和阿吉特·巴萨克（Ajit Basak），还有我亲爱的弟弟阿迪蒂亚（Aditya）。没有你们的帮助和鼓励，我无法实现我的人生目标。

技术评审简介

[illegible]

目　　录

第 1 章　物联网和决策科学

物联网（IoT）和决策科学一跃成为时下业界最津津乐道的话题。人们对物联网或许不乏耳闻目睹，亦希望能够对物联网洞悉底蕴。可是令人失望的是，互联网上给物联网和决策科学冠以诸多名称和定义，但是这些名称和定义的差异却含糊不清，让人无从辨别。此外，决策科学从一个新兴领域发展成为近年来业内发展最快、最普遍的横向领域之一。随着数据的容量、多样性和准确性的不断提高，决策科学对于产业而言越来越有价值。利用数据揭示出潜在的模式和隐匿其中的洞见来解决商业问题，使企业能够发挥更佳的影响力和更高的准确性，进而采取行动也更加容易了。

数据是这个产业的新石油。随着物联网的蓬勃发展，人们如今正处于一个奇妙的世界里，越来越多的设备与互联网连接，传感器也捕获到越来越多重要的粒度（数据）维度，而这些维度从未被接触过。物联网改变了游戏规则，它将大量的设备互联在一起；业界正迫不及待地要去挖掘物联网的巨大潜力以将其物尽其用。在决策科学的帮助下，物联网的真正价值和重大影响得以变成现实。物联网本身就已产生出海量的数据，人们可以利用决策科学和物联网两者的协作，从中攫取洞见深入解析并做出更为明智的决策。本书将通过运用一种结构化方法来解决现实生活中的物联网商业问题，让读者对物联网和决策科学有深入细致的了解。

在本章中，首先介绍物联网和决策科学问题解决的基本原理，并且学习以下概念：

- 了解物联网并揭秘 M2M、物联网（IoT）、万物互联（IoE）和工业物联网（IIoT）。
- 深入挖掘物联网的逻辑堆栈。
- 研究问题的生命周期。
- 探索问题的全貌。
- 解决问题的技术。
- 问题解决框架。

本章着重介绍构建问题和用例必备的基础知识和概念，因此强烈建议读者深入探索本章。由于本章没有实践练习，相信大多数软件工程师会跳过这部分内容，直接转到后面的章节。但是，后面的章节在上下文中会频繁引用这里阐述的概念和观点。因此，读者在继续浏览本书之前，仔细阅读本章是非常重要的。

1.1　了解物联网

在开始学习物联网前，先试着从最简单的语义构造来理解它。这里有两个简单的词可以帮助理解整个概念，即互联网和物。那么互联网是什么？它基本上是一个拥有许多计算设备的网络。同样，物是什么？它可能是指具有互联网连接的现实生活的任何实体。那么此时从物联网解读出了什么信息？物联网即是一个连接物的网络，一旦连接到网络就可以传输和接收来自其他物的数据。这就是对物联网简明扼要的描述。

现在来看看这个定义。物联网可被定义为不断增长的物（实体）的网络，这些物的网络具有互联网连接的功能，而且也具备与其他互联网设备和系统之间相互通信的功能。物联网中的物通过传感器在设备运行过程中捕获重要信息，而设备具有互联网连接功能，可以帮助这些物传输信息并与其他设备和网络进行通信。而今当人们讨论物联网时，还出现了众多像工业互联网、M2M、万物互联等一些类似的术语，人们发现很难理解这些术语之间的差异。在分辨这些模糊不清的术语差异，了解物联网在产业中的演变之前，先来观察一个简单的现实生活场景，探明物联网到底是什么。

举一个简单的例子来揭开物联网是如何运作的。比如在家庭中，您和妻子都是上班族，十岁的儿子还在上学。夫妻俩上班的地点各异。但是，您的家中配备了不少智能设备，例如智能微波炉、智能冰箱和智能电视。此时您还在办公室里忙于工作，而您的智能手机却收到儿子乔什已放学回到家的通知（乔什用他自己的智能钥匙打开了门）。于是，您用智能手机启动家里的微波炉，加热事先放在里面的三明治。乔什从智能家居控制器上也收到了消息，知道您已经给他热好了三明治。他狼吞虎咽吃完了三明治后，开始为准备数学考试复习功课，而您也继续埋头工作。过了一会儿，又收到消息得知妻子已经到家了（她也有一把同样的智能钥匙）。您突然意识到需要回家辅导儿子的数学功课。这时您再次拿起智能手机，为三人设置空调温度，同时点开应用程序对冰箱除霜。十五分钟后您迈进家门的那一刻，屋子里的空调温度早就调好了。然后您就走向冰箱从里面拿出一罐果汁，和儿子在沙发上讨论一些数学问题。这个生活场景非常直观地诠释了物联网，对吗？

上述场景究竟是如何发生的？而您又是如何通过手机访问和控制一切的？这正是物联网的工作原理！设备之间可以相互通信，也可以根据收到的信号采取相应的措施，如图 1.1 所示。

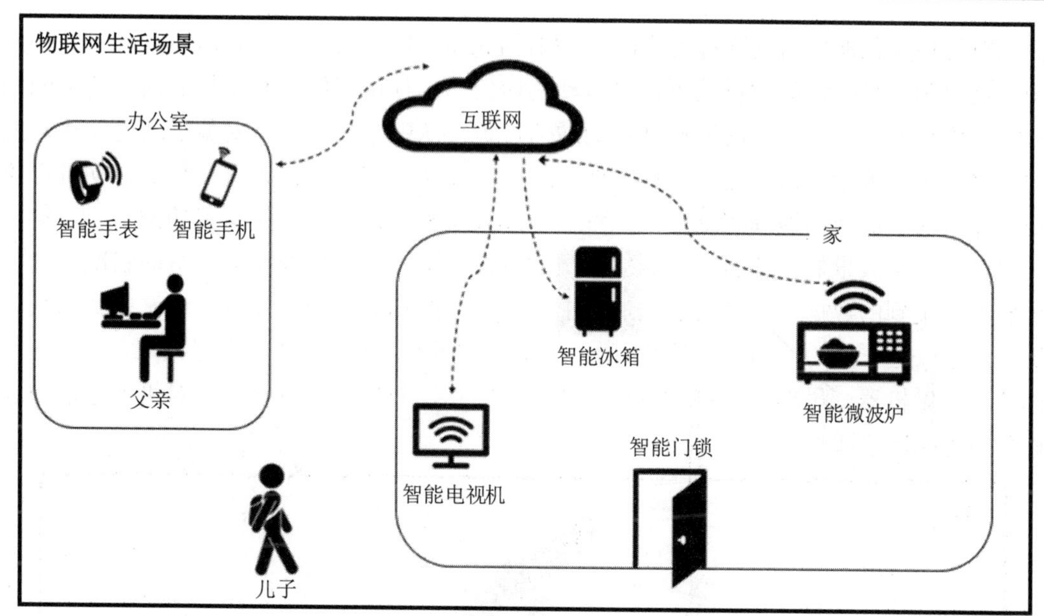

图 1.1

仔细观察这个一模一样的场景。您正在办公室里，通过智能手机访问空调、微波炉、冰箱和家庭控制器。毫无疑问，这些设备具有互联网连接功能，一旦连接到网络，它们就能够发送和接收来自其他设备的数据，根据信号采取行动。一个简单的协议可以帮助这些设备理解并发送数据和信号到连接了网络的大量异构设备上。稍后将细细探究这个协议以及这些设备是如何相互通信的。但是，在此之前，先详细介绍这项科技的起源，以及为何现今会涌现出各式各样的名称用于物联网。

1.2　揭秘 M2M、物联网、工业物联网和万物互联

现在粗略了解了物联网之后，这就去揭开它起源的面纱。随后将要探明的几个问题是：物联网在市场上是否属于一种新兴事物？它是什么时候开始的？又是如何开始的？M2M、物联网、万物互联等以及所有这些不同名称之间的区别是什么如此等等类似的问题。倘若人们试图了解的物联网基本原理，也就是说，在一个网络中相互连接的机器或设备，并不是一个真正全新的、极具挑战性的事物，那么人们讨论的到底是什么呢？

早在大多数人能够想到之前，关于机器间相互通信的讨论就已经热火朝天地开始了，

而当时这种现象被称为机器对机器数据（Machine to Machine Data）。1950 年年初，部署用于航空和军事行动的大量机器需要自动化通信和远程访问服务和维护。而一切起源均来自遥测技术。这是一个高度自动化的通信过程，从中收集数据，对偏远或无法接近的地理区域进行测量，再通过一个蜂窝或有线网络发送到接收器，为进一步的行动进行监视工作。为了更透彻地理解这一点，举一个载人航天飞机进行太空探索的例子。在航天飞机上安装了大量的传感器，监测宇航员的身体状况、环境以及航天飞机的状况。这些传感器收集到的数据，会被发送回地球上的分站，在那里的一个团队利用这些数据来分析以及采取进一步的行动，如图 1.2 所示。在同时期里，工业革命达到了顶峰，各行各业部署了大量机器。虽然在一些行业里遭遇到了灾难性的失败，但是机器对机器通信和远程监控也在迅速增长。

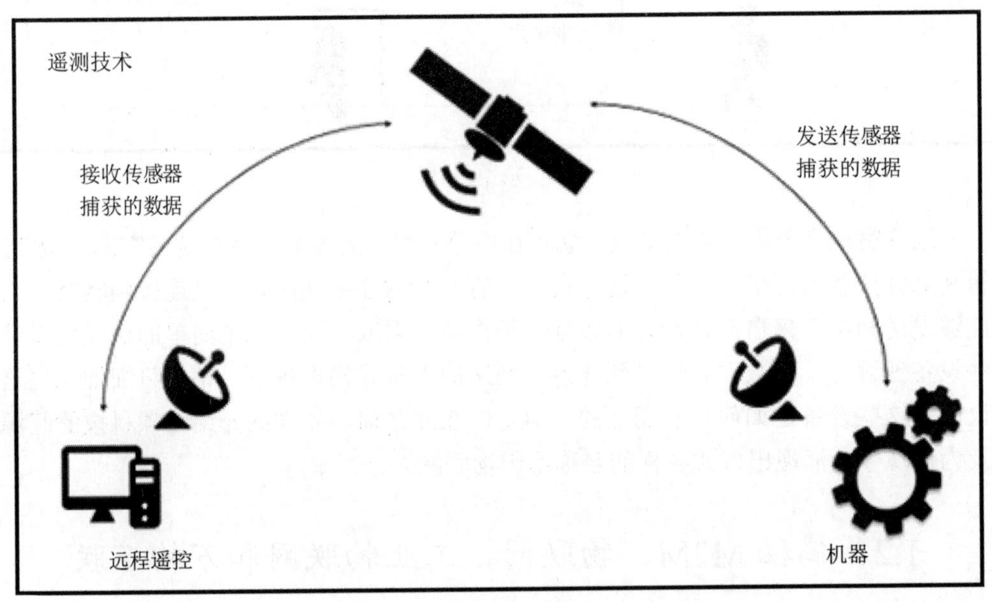

图 1.2

因此，机器对机器数据也就是 M2M 诞生了，而且主要是用于遥测技术。遗憾的是，M2M 并没有达到应有的程度，这主要是因为它开发时生不逢时。当时，蜂窝连接既不普遍，也不便宜，安装传感器和开发基础架构来收集数据，无疑是一个天价交易。因此，只有一小部分商业和军事用例采用了 M2M。

后来，星移斗转，世事变更。互联网诞生了并呈指数繁荣增长。连接到互联网的设备数量也迅猛激增。计算能力、存储容量以及通信和技术基础架构大规模扩展。此外，将设备连接到其他设备的需求也在不断增长，为此配置基础架构的成本变得无比实惠且易于掌控。物联网于是就在这种万事俱备的良好时机中顺势出场。M2M 和物联网最初的主要区别在于后者使用因特网（IPV4/6）作为媒介，而前者使用蜂窝或有线连接进行通信。然而，这主要还是因为它们演变的时间。今日的重型工程行业已经部署了通过 IPV4/6 网络进行通信的机器，被称为工业物联网（IIoT）或有时称为 M2M。两者之间的差异是微乎其微的，并且在有些情况下可以互换使用。因此，尽管 M2M 实际上是物联网的始祖，但而今两者几乎没有太大差别。M2M 或工业物联网正在积极地推动物联网在工业领域的颠覆性创新。

IoE 即万物互联，是最近在媒体和互联网上出现的一个术语。这个词是由思科公司用一个非常直观的定义创造而来的。它强调人类是生态系统中的一个维度。这是一种定义物联网更广泛的组织方式。万物互联在逻辑上将物联网生态系统分解为更小的组件，并以一种非同小可的创新方式简化了生态系统。万物互联将其生态系统划分为以下 4 个逻辑单元：

- 人。
- 流程。
- 数据。
- 物。

万物互联建立在物联网的基础之上，被定义为人、数据、流程和物的网络连接。总而言之，与物联网相关的所有术语都各有差异，但是核心上它们又是相同的，即通过一个网络相互连接的各种设备。而为术语取一个风格各异的名称，给其所涉及的业务赋予更切实的内涵，例如工业物联网和 M2M 用于（B2B）重工业、制造业和能源垂直行业，而消费物联网用于 B2C 行业等。

1.3　深入挖掘物联网的逻辑堆栈

清晰认识了物联网及其类似术语之后，紧接着来对这个生态系统一探究竟。为方便起见，学习堆栈的 4 个逻辑组件时，本书将 IoE（万物互联）简称为 IoT（物联网），如图 1.3 所示。

当将物联网生态系统分解为逻辑单元时，它包含了人、流程、数据和物。下面开始简要介绍这些组件。

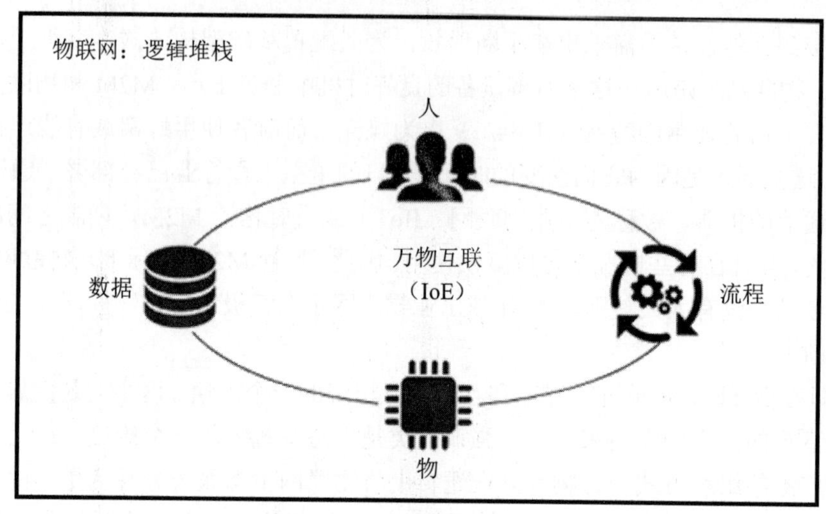

图 1.3

1.3.1 人

人们每天都在使用设备和其他人进行交互。通信可以指人对人、人对设备或设备对设备。把人看作物联网生态系统中的一个单独的维度，是一个至关重要的举措，因为理解这个问题的复杂性极具挑战。人在互动的任意一端发挥作用时，此时任何形式的通信都会发生，因此这会嵌入一种本质上以人为维度的独特模式。现在举一个例子以更清楚地理解这一点。大多数人使用 Facebook、Twitter、LinkedIn 等社交媒介，与多个人/朋友连接。此时，通信路径主要是人对人。比如前面的例子，就出现了人对设备和设备对人的通信路径（智能手机和微波炉之间的通信）。将人作为一个维度，每个人在与系统交互的方式上都会有所不同。一个人可能会发现 Facebook 的新界面难以操作，但是他的一个朋友可能会觉得简单易用。真正的问题是，每个人都很熟练，但是技能因人而异。由一个人确定的互动特征也许会体现出一小群体的特征。

世界上有六十多亿人口，其中超过六分之一的人口早已连接起来了。由于人口众多，也代表了不同地域、不同文化、不同思维和不同行为的一大批人群，因此定义一套通用的规则或特征来界定人际互动无疑是一个巨大的挑战。相反，如果以更具建设性的方式理解人的维度，就能抓住机会更准确地捕捉到人的行为特征，通过最好的方式帮助他们从生态系统中受益。

随着物联网的崛地而起，拥有的传感器能够捕获到比以往更细致详尽的信息和特征。这时，如果能够精确地将人定义为一个完整的维度，那么个性化的体验将完全改变游戏规则。智能手表行业正在全力以赴想让产品更加个性化；倘若成功的话，就会在即将到来的智能革命浪潮中，摇身一变成为其中的关键一员。

1.3.2　流程

对流程最清晰的定义是，将正确的信息在正确的时间提供给正确的人员/系统所需要的一切东西。技术、协议、业务逻辑、通信基础架构等在内的各个方面都属于流程维度。从广义上讲，它们可以分为两个部分：技术流程和业务流程。紧接着简略地探讨这两个组件，以便对流程维度也知之甚详。

1．技术

物联网流程维度所需的技术包括软件、协议和基础架构。下面将通过流程的 3 大方面来了解技术流程。

（1）软件

软件主要由操作系统组成。物联网中的设备需用一种特殊的操作设备。诸如智能冰箱、智能微波炉等智能设备需要使用运行在这些设备上的操作系统，才能成为网络中的活动组件。发送、处理和接收数据，或者执行指令并发送信号到设备相应的控制器以执行操作，这些执行的任务会各不相同。现在问题出现了，为什么这些设备要用到一个特殊的操作系统呢？为什么不能采用 UNIX/Linux、Windows、Mac，甚至 Android 这些现有丰富的系统？这是与之前在智能手机上使用 Android 而不是现有的操作系统的原因是如出一辙的。由于连接到物联网网络的设备很小或有时非常微小。理想情况下，这些设备配备较弱的计算能力，较少的内存和较短的电池寿命。在它们上面运行一套完整的操作系统几乎是不可能的。需要一个专门设计的操作系统，可以应对设备的有限内存、处理能力和电池寿命，同时提供最大的功能将设备标记为智能设备。谷歌公司（Google Inc.）最近推出了一款名为 Brillo 的物联网设备操作系统。Brillo 是一款基于 Android 的嵌入式操作系统，专为低功耗和内存受限的物联网设备而设计。它提供物联网设备所需的核心平台服务，以及为开发人员/硬件供应商免费提供一套开发人员工具包，让操作系统在其设备上运行并在设备上增加附加服务。一些类似的例子如苹果公司（Apple Inc.）的 Watch OS 用于 Apple Watch 上，谷歌公司的 Android Wear 用在智能手表等。很快，就可以期待一大批运行 Brillo 的设备以及大量的应用程序出现，这些应用程序可进行额外的安装，实现更好的功能（与 Google Play 应用商店非常相似）。

（2）协议

一旦设备启用软件，就需要获得一个协议，以帮助它们与网络中的其他异构设备进行通信。为了更清晰地理解这一点，回忆本书的第一个例子，在那个例子中可以使用智能手机对冰箱除霜。智能手机需能与冰箱进行通信，而冰箱也要知道智能手机到底在传达什么信息。由于异构设备品类繁多，这个通信路径变得越来越复杂。因此，需用一个简化的协议将复杂的过程进行抽象，让设备之间能够有效地进行通信。谷歌公司最近推出了一个名为 Weave 的开源协议。Weave 基本上是一个物联网协议，即一个物联网设备的通信平台，支持设备设置、手机到设备到云的通信以及移动设备和网络的用户交互。无论是品牌方还是制造商，Weave 都通过降低设备互操作性，提高了开发人员的工作效率。

（3）基础架构

基础架构可以简单地定义为操作系统、通信协议和所有其他必要组件的集成，以协调物联网用例的环境。所有主要的云基础架构提供商如今都致力于提供一个物联网专业化的环境。谷歌公司推出了 IoT Cloud Solutions 物联网云解决方案，亚马逊公司（Amazon.com, Inc.）推出了 AWS IoT，微软推出了 Azure IoT Suite 等。所有这些解决方案都将不同的系统整合在一起，从而使生态系统具有可扩展性和灵活性。深入细究这些解决方案套件超出了本书的范围。

2. 业务流程

流程维度的第二部分是业务流程。它基本上涵盖了管理物联网生态系统中所连接设备的通信和操作的一套规则和流程。时至今日还没有一个具体的定义可以用在流程上，关于这个主题的讨论也超出了本书所涵盖的范围。但是，本书会在第 3 章“探索性决策科学在物联网中的应用内容和原因”和第 4 章“预测性分析在物联网中的应用”中，在解决物联网用例时，仔细研究这一问题。

1.3.3 物

物成为物联网生态系统的不可或缺的关键。这些物包括任何形式的传感器、执行器或其他类型的设备，可以集成到机器和设备中，以帮助它们连接到互联网并与其他设备和机器进行通信。这些物在它们的生命周期中一直活跃着，而且会感知事件，捕获重要的信息并与其他设备进行通信。

一个典型的例子就是前面用例中所提到的冰箱、电视机或微波炉。安装在这些设备上的传感器能够捕获数据，将信息/信号发送到其他设备用于下一步行动。

1.3.4　数据

数据无疑是物联网生态系统中最具增值潜力的一个要素。当今，连接到互联网的设备抓取了海量的数据，这些数据能够体现出所连接设备最细粒度层级的信息。但是，这种数据的规模非常巨大。存储和处理如此庞大而多样的数据，让人们不禁追问这些数据是否真的具有价值。从真正意义上而言，大部分数据的生命本质上都十分短暂，它们在产生后一时半刻内价值就转瞬即逝。随着技术和计算能力的不断提高，设备如今能够处理的数据量和存储量都无比巨大，而人们可以利用这种能力来发掘比原始数据更多更好的价值。通过执行多种算法以及应用业务规则，在将数据发送到服务器之前，从数据中提取出诸多有用的价值。这就需要将多个学科结合起来解决问题并创造价值。

为了更透彻地理解这一点，现举一个安装在智能手表上的计步器的例子。它不只是报告人们行走的步数，还能计算出消耗的卡路里，活动所需的平均时间，与前些天活动指标相差了多少，离设定目标还差多远，以及与朋友比较的结果如何诸如此类其他社交信息等。为了在本地捕获和处理所有这些信息，将最终结果发送到可以直接存储数据以供将来采取行动的服务器，需要将多个学科融会贯通才能有效地完成这项任务。数学、商业、技术、设计思维、行为科学等都需要结合在一起来解决问题。实际上，如果将从设备捕获的原始数据发送到服务器，就算这些数据可供将来使用，那么这样做还是毫无成效的。如今人们设计出了各式各样的新算法，用于分析这些本地输入的数据，实时提供丰富、精炼和可付诸行动的洞见。本书将在第 8 章“物联网颠覆性创新”中更详细地探讨雾计算。智能手表（如 Microsoft Band）和自动驾驶汽车（如 Tesla Model S）是理解真实场景的最佳示例，人们可以在这些场景中挑战实时研究处理数据，从中获得真知灼见并采取行动。从真正意义上而言，数据实质上是一种为物联网这些产业解决最后一英里价值传递的东西。因此，将数据处理当作物联网堆栈中单独的一个维度来看待。

1.4　问题的生命周期

至此对物联网已略有体会，也理解了物联网的逻辑堆栈：人、流程、数据和物。本书的核心内容是应用决策科学解决物联网商业问题。自从人类进化以来，解决问题一直是一门技术。本小节将阐述问题的生命周期，了解问题是如何不断演变的。透彻理解这个主题对于解决物联网更复杂的问题至关重要。

每个行业都在试图解决问题。电子零售解决了工作繁忙的消费者去实地购物的麻烦，印刷机解决了消费者需要印制大量文件的问题等。一些深怀远见卓识的企业，如苹果公司，先由自己创造出问题然后再去解决问题。iPod 和 iPad 毫无疑问是这场革命的见证。解决问题最大的挑战在于问题的演变。倘若深入研究问题的生命周期，则能够理解问题起初从一团乱麻，再到混沌不清，最后演进至清晰明朗的状态，如此周而复始，如图 1.4 所示。

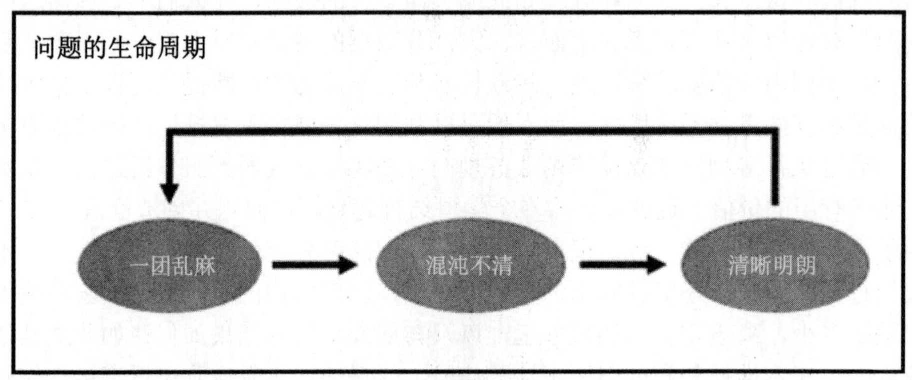

图 1.4

下面举个简单例子以更清楚地理解这一点。比如市场营销问题。每家企业都希望通过市场营销来更好地推销他们的产品和服务。自古以来，市场营销一直是一个问题。假设印刷机发明后，市场营销也随之开始了。最初，营销问题处于一团乱麻的阶段，这时分析师团队试图找到最佳策略以助推销产品或服务。当时，报纸和平面媒体是唯一的宣传媒介，问题的策略和性质都受限于这两者。当一个问题属于全新的问题时，这个问题即处于一团乱麻的阶段；人们对如何解决这个问题毫无头绪。于是尝试通过实验和研究来了解该问题。逐渐地，获得一些关于系统和问题的知识，接着又确定出一些卓越的策略和方针来解决这个问题。此时，问题发展到了混沌不清的阶段。在这个阶段，依然不清楚问题的解决方法，但对如何去解决问题取得了较好的理解。最后，许多人经过大量的研究和实验，并且分享了他们取得的结果和理解，最终可能会获得一个具体的方法，以此作为一个完整的指南去解决这个问题。此时，问题就进入了清晰明朗的阶段。也就到达了问题解决方法的顶峰，人们对如何去解决问题获得了比较清晰的认识。然而，好景不长，在此期间一种颠覆性创新突然冒出来了，让好不容易到达清晰明朗状态的问题土崩瓦解，重返一团乱麻的阶段。在市场营销的例子中，人们当时采用的平面媒体和报纸宣传属于营销的最佳策略，但是当广播出现后却变得溃不成军。一夜之间，问题的性质发生了变化，需要采取截然不同的方法来解决问题。之前专家们虽然找到了解决问题的具体方法和策略，可是当问题重回到一团乱麻的阶段时，他们不得不从头开始寻求问题的解决之道。问题的生命周期仍然不断地演变，当电视蜂拥进入市场，以及后来社交媒体遍地开花之时，这种情况又故态重现。今日，随着社交媒体的蓬勃兴起以及在新领域的锐意开拓，市场营销问题虽身陷混沌不清的状态中，但目前尚属稳定。不过随着虚拟现实和增强现实的不断涌现，预计很快又将重返到一团乱麻的阶段。

为了显得更真实，接下来把这个场景与目前最新的问题结合起来。比如一位社交媒体分析师试着解决以下问题：根据一个用户的行为，优化 Facebook 新闻馈送中赞助广告的投放目标。如果发现这个用户是一个足球爱好者，则会在他订阅的新闻中植入一个运动服饰品牌的广告。为简单起见，假设他是第一个这样做的人，而且以往未曾有人尝试过这种做法。那么，问题目前尚处于一团乱麻的状态。因此，从逻辑上讲，互联网上没有任何参考资料或材料能够帮助或有助于研究。解决问题的首要任务是识别用户的兴趣爱好。一旦用户被确定为对足球感兴趣的潜在用户，需要在他订阅的新闻中植入赞助广告。那么，如何发现用户的兴趣？虽然有各种各样的指标可以帮助发现用户的兴趣爱好，但是为了一切从简，假设用户的兴趣爱好完全由他在个人页面发布的状态更新来确定。

那么，通过简单地分析这个用户更新的状态，可以界定他的兴趣爱好。如果“足球”这个词或任何热门足球运动员或足球队的名字出现次数超过了预设阈值，则认为此用户对足球情有独钟，因此他会是潜在的广告投放目标。基于这个简单的规则，创建出更优的策略和算法，在最短的时间内以最少的精力找到潜在用户，极大地提高了准确性。问题也逐渐从一团乱麻的阶段向混沌不清的阶段发展。此时对这个问题也取得了一定的认识。尽管还没能找到最好、最有效的解决方案，但无须做太多研究，也绝对形成了一个不错的想法，可以就此开始并找到一个解决方案。一段时间以来，我们和其他抱有类似想法的人进行着各种实验，发表各种博客和研究论文的结果，帮助他人从我们的方法和实验中学习到更多。终有一天，人们会试尽全面的解决方案方法，发现最好和最有效的解决方案，以对所研究的领域进行分析，这一刻终究会到来的。最后，问题到达了顶峰——即清晰明朗的阶段。

假若有一天，Facebook 和其他社交媒体巨头猝不及防地发布了一个新功能。用户可以共享照片以及他们的状态更新。那么，用户使用社交网络的方式将会发生根本性的变化。人们往往发布更多的照片而非文字更新。所有曾被认为十分成功的思想领导力框架、研究论文和博客，此时似乎都变得毫无成效。我们不知道如何分析用户更新的照片，了解他们的兴趣爱好。更为糟糕的是，这个问题又回到了一团乱麻的阶段。这些重大变化一再发生。照片之后，可能会是视频，然后是音频等，这种情况会循环往复地出现。最近，社交网络上的用户行为发生了巨大变化。人们发布的照片比输入任何评论或状态更新要多得多。这些照片可能是也可能不是用户想要传达的信息的象征，冷嘲热讽或许才是目的。在互联网上病毒传播的模因（meme）并没有明确的信息嵌入其中。它可能只是用户想要评论的讽刺或简单的表情。而希望借助算法和计算机，分析这些图像的含义，理解用户传达的信息，了解他们的兴趣爱好，这无疑是一项颇具挑战性的任务。

因此，了解问题的生命周期有助于为问题的演变做好充分准备，以期更快更好地调整问题解决策略。

1.5　问题的全貌

此刻肯定会有以下两个问题一直萦绕在脑海中挥之不去。

- 为什么认识问题的生命周期至关重要？
- 这如何为解决物联网问题增加价值？

在解决问题的同时，了解问题的当前状态对分析师而言格外重要。在解决问题时，因为数据科学家知道处于当前状态的问题发生变化是不可避免的，因而总会为问题生命周期的下一个状态做好准备。如果问题目前处于清晰明朗的状态，那么与问题处在一团乱麻或混沌不清阶段时相比，数据科学家投入的时间和精力将大大降低。在清晰明朗的阶段，问题所需的时间也是最少的。与问题生命周期中从任何一个阶段向下一个阶段的转换相比，从清晰明朗阶段到一团乱麻的转变时间更加短。在认识到问题的生命周期规律后，一家企业/数据科学家就会准备好应对短期内必然会发生的根本性变化。需要制定出一些灵活适用的解决方案，为问题的下一次变化做好准备。同样，如果问题出现在混沌不清的阶段，要将许多解决方案设计成针对特定用例或行业可以实施的方案。最后，当解决方案处于一团乱麻状态时，解决问题的方案将更多的是一种基于服务的方案而不是基于产品的。这时要将待解决问题的实验和研究的量，在一团乱麻状态下达到最高，而在清晰明朗状态下则为最少，如图 1.5 所示。

那么，这与物联网和决策科学以及这两个学科的交叉有什么关系呢？与物联网相比，决策科学在产业中更加普遍也更加流行。决策科学对数据进行了大量的实验和研究，从中挖掘真知灼见并增加数据的价值，这让决策科学目前处于混沌不清的阶段。另一方面，物联网属于一种新兴事物，仍需大量的研究和实验才能取得实质性成果，因此物联网尚处在一团乱麻的阶段。但是，当人们谈论这两者的交叉点时，是在处理一系列有趣的问题。一方面，现在一个相当成熟的决策科学的生态系统早已存在，通过实验给行业带来了实实在在的价值，而物联网还未脱离初始阶段。这两者的交叉部分是一个前景十分光明且利润极为丰厚的商业领域。另一方面，目前这个交叉点正处于一个从一团乱麻到混沌不清的阶段。不久，人们将亲眼目睹产业内大规模物联网用例的实质性结果发布，而这也将瞬间引发“物联网决策科学”产品化革命。而今对物联网决策科学所进行的实验迅猛增长，目前所取得的初始结果似乎前景无量。物联网决策科学正趋向混沌不清的状态发展，这一天为期不远了。

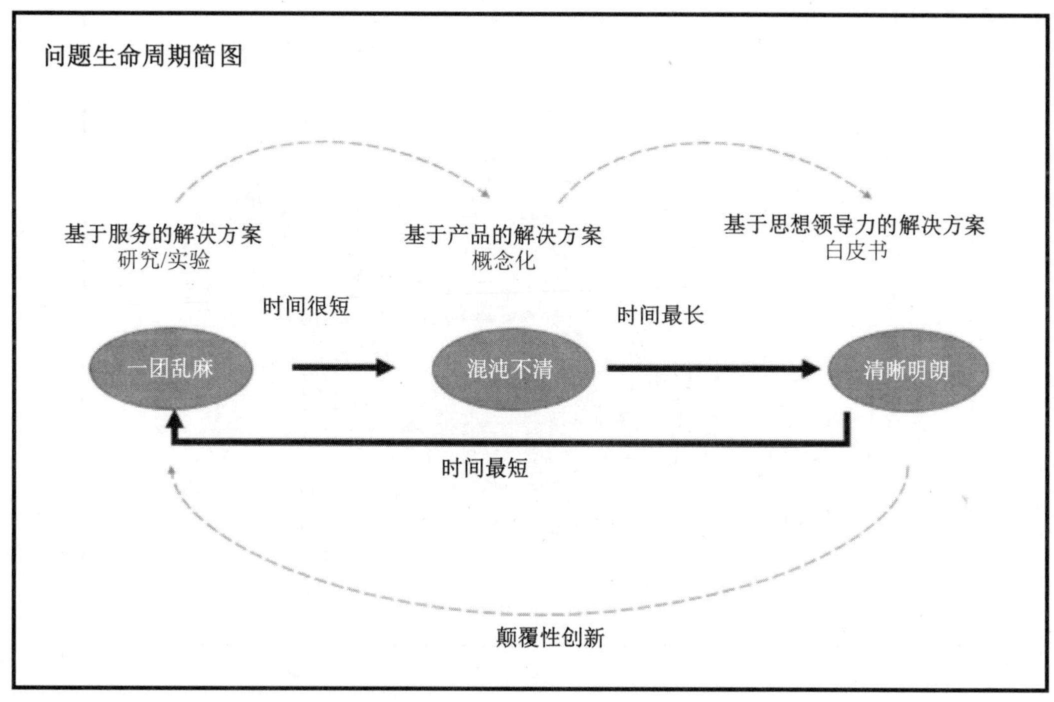

图 1.5

铭记这一点，接着学习解决问题的基础知识，同时为用例演变为混沌不清的状态时刻准备着。具体理解问题生命周期后，下面来详细探究问题的全貌。

那么，问题的全貌指的是什么？为什么要费力劳神去了解它呢？

最简单的一个答案是，理解问题的当前状态只是一个维度，但了解问题的类型是解决问题的一个更为重要的部分。下面对这个部分避繁就简地进行介绍。如果要了解问题的全貌，请参阅下面的图示，试着从频率和影响这两个维度上看问题。就像其他散点图一样，这个图也可以分为 4 个主要区域。

- ❑ 低影响：低频率。
- ❑ 低影响：高频率。
- ❑ 高影响：低频率。

- 高影响：高频率。

除了这 4 个部分，还可以识别出一个包含了所有这些区域其中一部分的大圆/大圈。在此圆圈内，问题可属于高频率或低频率，也可具有高影响或低影响。因此，把这个区域命名为不确定性区域，如图 1.6 所示。

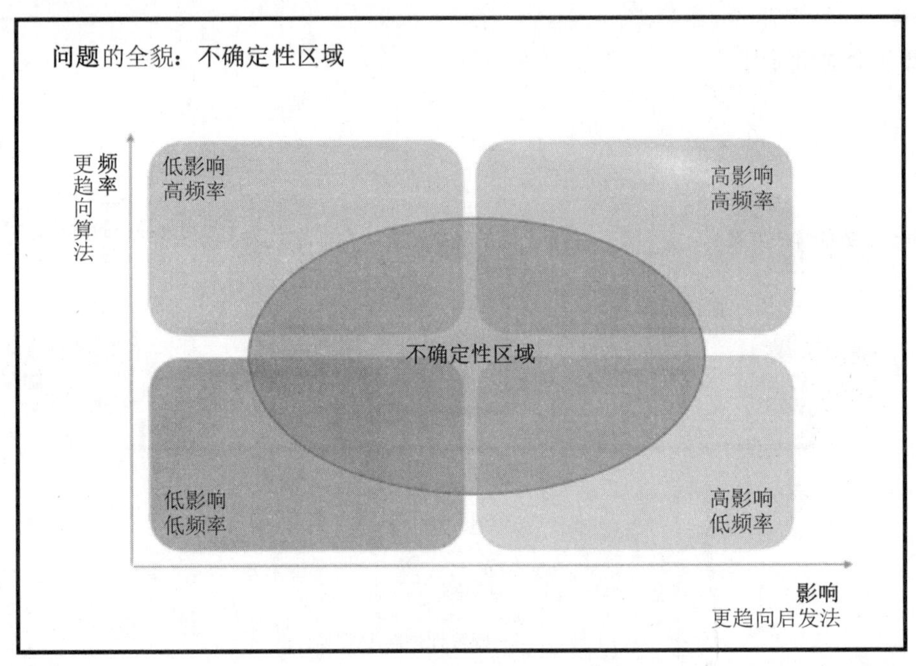

图 1.6

现在继续了解在上述区域中突显了什么样的问题。每家企业都会遇到许许多多的问题。其中一些问题格外频繁，隔三岔五就发生，而另一些问题则十分罕见，鲜有发生。有些问题可能会产生巨大的影响，而有些可能只显现细微的影响。比如一家拥有数百到数千名员工的大型企业，有一些问题发生频率可能很低，影响也可能较低。此时通常会对这些问题避而不解，因为这些问题不值得去解决。但是一些问题虽然可能影响不大，但发生的频率很高。而且大多会天天发生且接连不断。此类问题可以采取典型的 IT 解决方案解决，如支持技术基础架构、客户关系管理、考勤管理、员工离职应用门户等。还有一些问题，影响特别巨大，但是发生频率却非常低。诸如公司上市、收购新公司、改变商业模式等事件可能会在一生中只发生一次或者几年内才会发生一次。这些问题可以通过咨询方式解决。除此以外，另有一类问题的影响重大且频繁出现，比如亚马逊公司的定价模式、Google 的页面排名算法、搜索引擎优化等。这些问题同样应采用一个迥然不同的方法来解决。此时，则需选用一种能将启发法和算法与产品融汇结合在一起的方法。

除了这 4 类显而易见的问题之外，还会遇到一系列特殊的与 4 类问题都有交集的问题，这些问题属于适度问题。在这里，问题发生的影响和频率为适度的。解决这些问题要选用一种特殊的方法。这种方法既不是基于启发法的，也不是完全算法的。对于企业来说，研究这些问题格外关键，因为很早就可以对实际结果进行实验和验证，而且许多公司把目标定位于概念化，针对问题全貌中的具体领域进行处理，如图 1.7 所示。

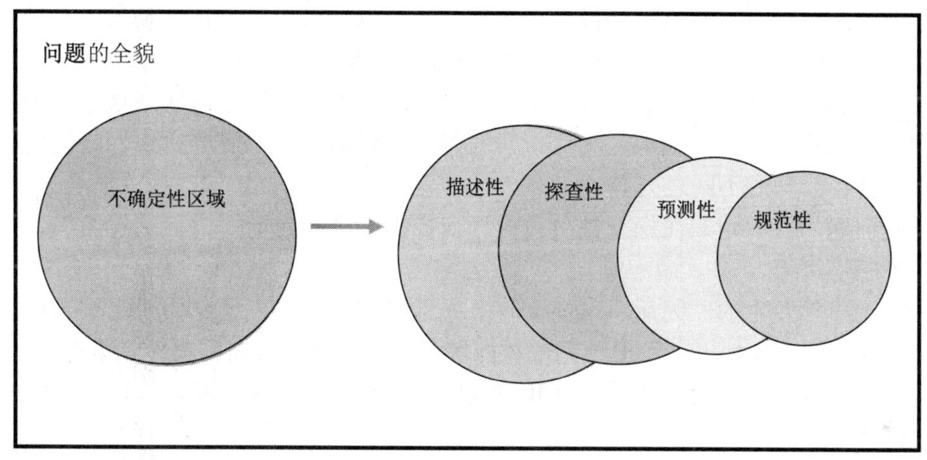

图 1.7

在深入了解不确定性区域这个关键之处时，发现这些问题各自的性质依然是截然不同的。这些问题可归属于以下任何一个阶段内。

- 描述性：发生了什么？
- 探查性：如何发生以及为何发生？
- 预测性：何时会发生？
- 规范性：那么会发生什么/现在该做什么？

为了理解问题的性质，基本上要尝试通过提问去获得问题解决的答案。这些提问可以指“是什么”“如何做”“何时”“为什么”等。下面用一个简单的例子来更好地理解这一点。

比如由沃尔玛等零售巨头发起的会员制活动，客户每次交易时都使用超市会员卡赚取和消费现金积分。为了简单起见，假设这个会员制活动持续了 3 个月左右，会员制活动的主管想知道几个问题的答案。

他会首先想知道发生了什么？

这意味着要清楚有多少人注册了会员，记录了多少交易，销售了多少产品，会员赚取或消费了多少积分，在这期间获得了多少利润，产生了多少收入等。基本上要对在此期间发生的所有事情均了如指掌。

此时，正在尝试解决的问题性质属于描述性的。通过询问一个问题即“发生了什么”，则可轻松获得整个解决方案。

在那位主管对所发生的事情了解清楚后，他还会继续刨根问底——为什么这些现象只在一些场景中发生。例如，该主管会注意到，某个特定地理位置如得克萨斯州尽管也开展了会员制活动，但销售额并没有如愿增加，所以他希望对为什么会发生这种情况进行追根求源。在这里，解决问题的重点是，了解在其他地区销售业绩表现出色的情况下，得州地区销售额却没有增加的原因。下面，将通过深入研究这个问题来理解“为什么”的问题。可以将得州与其他地区相比，研究得州的优惠价，或者分析他们之间的目标客户和市场营销活动的不同之处等。

这时问题的性质则归在探查性阶段内。仅提出一个问题即“为什么发生”，整个解决方案就唾手可得。

在查清事件发生的原因后，可能会打算采取预防措施，以避免由于已被发现的原因而造成不利影响。比如说，发现因为糟糕的服务，很多客户涌向了其他竞争对手。于是，将努力去了解客户流失的倾向，以便预测何时客户可能会流失，从而采取预防措施来维持客户满意度。

至此，问题的性质发展到了预测性阶段。只需询问一个问题即“事件何时会发生”，整个解决方案就如囊中取物。

最后，一旦全面了解了发生的一系列事件，以及这些事件为什么发生、如何发生，就会希望采取纠正措施来减轻事件的危害性。那么，此时不禁会问那么会发生什么/现在该做什么，希望在此阶段寻找到纠正措施的指导方针。例如，可能观察到，由于服务欠佳，大量客户涌向了其他竞争对手，于是就计划开展客户保留计划和活动，赢回流失的客户。

这时问题的性质为规范性的。可借助一个问题即“那么会发生什么/现在该做什么”，来充分理解整个解决方案。

为了从物联网的角度更好地理解问题的性质，举一个石油和天然气行业的例子。比方说壳牌公司（一家领先的石油公司），在他们的黄金作业区域之一建立了海底作业。接着他们会部署大量机器进行作业，从海底储备中开采石油。在物联网生态系统中，这里所用到的全部机器或资产形成一个连接的网络，这些机器也配备有各种传感器，可以捕获有关各种实时参数的信息，并且与其他机器和中央服务器进行通信。假设您是开采部门的运营主管，您不仅要保证开采作业顺利进行而且还要能够有效开展。当一天结束时，作为一名肩负着开采作业重任的主管，自然会希望对这一天的采油环节中发生的任何事情都一清二楚。于是，这种情况就已回答了“发生了什么”这个问题。主要是要查明开采了多少油，机器运行了多少小时，以及人工工时和机器工时所用时间。这就是基本分析，其中问题的性质是描述性的。在分析过程中，您发现了当日采油总量与采油阈值基准和目标相比仍相差甚远。那么就想对到底发生了什么，生产为什么减少，减少的原因是什么这些问题一探究竟。因此，就会试着深入研究这个问题，查清是否存在劳动力问题，是否有任何机械/设备停机，或者是否有任何机器运行状态不佳。此时，问题的性质属于探查性的，需要尝试去回答“为什么事件会发生”的问题。同样，当发现问题的根本原因在于部署在现场的钻机故障导致了设备停机时，就希望知道这些设备资产将来何时会发生故障的可能性，以便能够提前做好维护准备并减少设备停机时间。故此，可以建立一个统计模型，根据传感器实时捕获的数据预测设备资产的故障，从而实现对设备资产的预测性维护，减少停机时间。这是一个经典的预测问题。最后，如果故障是灾难性的，您则十分明白需要制订一个纠正行动计划，最大限度地减少影响。这时您会妥善安排好后勤工作，对现场部署的设备资产进行定期维护和运行状态维护。此处问题的性质属于规范性的。

简而言之，本节不仅探索了问题的全貌，还研究了问题的各个方面。与此同时，探讨了问题在其生命周期的不同阶段是如何产生的，如何根据问题来确定它是属于高或低影响及高或低频率的类型。而且对问题的性质进行综合归类，其性质可以是描述性的、探查性的、预测性的或规范性的。在领会了如何界定问题之后，下面继续讨论另外一个重要的话题：了解如何去解决问题。

1.6　解决问题的技术

现在，已经具体领略到了如何对问题进行界定的要义，接下来试着去探寻解决问题的方法。可能有一个问题恰好处在其生命周期任何阶段，例如混沌不清的阶段，这个阶段中问题产生的影响可能很大，并具有适度的高频率，而且问题的性质可能是预测性的。如果试图从最初的情景中去理解这个问题，那么这个问题就真的很复杂。为了让这个例子更加具体，假设一家可再生能源（太阳能）供应商，将他们其中一家工厂建在一个完全离网地区，为一所很大的大学校园提供日常运行的电能。他们亟须解决的问题是，根据天气和历史运行参数预测产生的太阳能电量。由于这些运行是完全离网的，这所大学的管理者渴望查明未来几天将会产生多少电量，以便在低发电量和高消耗的情况下采取必要的预防措施。这是一个典型的具有高影响和适度高频率的预测性问题，这个问题仍处于混沌不清的状态。虽然知道有些事情势必解决，但是此时还没有找到清晰的解决方案。

那么，应该如何解决这个问题？从技能或学科的角度开始着手解决这个问题需要做些什么？决策科学在更高层次上将多个学科结合在一起来解决问题。决策科学通常将数学、商业和技术融汇结合起来设计和执行初始解决方案，再将设计思维、行为科学和其他学科综合作用于解决方案。随后来细细体会这样做的必要性及其原因。

1.6.1　跨学科方法

解决预测太阳能发电的问题最初要用到数学技能，故而应用各种统计算法和机器学习算法以使预测变得更准确。与此同时，也需使用技术技能，在数据存储的基础架构上，选用一种或多种计算机语言编程。技术技能可帮助从各种内部数据源和外部数据源中提取数据，并对数据进行清洗、转换和修改，以变成易于执行分析的格式。最后，还要掌握业务技能，对大学一天的运行情况，即哪种运行是耗能最多的，预测的结果如何才能为大学的运行增值，以及他们如何计划采取预防措施以求生存。这时只需略微思考典型的零售行业问题，即从储货量上来预测销售，就能明白业务技能在此处是大有作为的。此外，也需考虑到，从商业角度来看有一些特征和维度无比重要，但在统计学上却可能不值一提。例如，在分析过程中，对客户价值的（高/中/低）分类在数学上可能显得微不足道，但它可能是业务上最关键的变量之一，提醒人们要去考虑问题而不是忽视问题。

另外，若要在问题解决阶段获得更多深入的细节，还需借助工程学和其他学科的技能。在前面的例子中，要求预测将来的发电量。因此，如果拥有扎实的物理和工程背景，将有助于理解光伏电池的功能和太阳能电池板的架构及其工程，在将核心目标定在改进解决方案时，这些知识背景会对解决问题大有裨益。

同样，在其他一些用例中，需要更深入地钻研行为科学和设计思维的学科，以研究特定场景中的用户行为及其在商业环境中的含义。因此，不管解决哪一种问题，都要抱着勤学好问精于思考的态度，采用跨学科的方法。在物联网的许多用例中，使用传感器捕获的数据粒度完全不同。这个庞大而丰富的数据集现在给人们提供了机会，使人们能够在越来越细粒度的层级上处理一些用例。在讨论本用例时，可以抽象地探讨增加一个油气精炼设备的产品/资产寿命，或者琢磨减少柴油机齿轮振动等细微事物。

1.6.2　问题的体系

深刻地认识到一些必备技能对解决商业问题的重要性之后，下面紧接着去探究如何解决问题。一般而言，人们从一个问题获得的最初印象是问题的复杂性。然而，并不是所有的问题都是纷繁复杂的。当问题被分解为较小的问题时，问题的简单性就体现出来了，接着再研究这些小问题是如何相互关联的。如果一次只考虑一个小问题而不是整个大问题时，解决方案设计就会变得比较容易。

比方说，上述用例要解决零售客户销售增加的问题。在本例中，增加销售额是一个较大的问题，可以将它分解成更微小、更集中的一个个小问题，随后一次只处理一个小问题。增加客户销售额可以由较小的问题组成，如改进营销活动，优化营销渠道，改善客户体验，设计客户保留计划，优化供应链模型等。较大的问题总是能够分解成既微小又集中的数个问题。同样，当解决一个问题时，理解这些问题如何与其体系中的其他问题联系起来也格外地重要。当前问题的解决可能会对另一个问题产生直接的影响，或者解决这个问题也需要解决另一个关联的问题。在这里，谈论的是解决问题的技术，而不是解决具体的问题。每一个问题都是问题体系中的一部分，它可能与一个或多个其他问题息息相关，并可能与其他问题产生直接或间接的影响。在最终确定解决问题的设计之前，厘清问题的脉络至关重要。

把许多较小的问题相互连接形成一个更大的问题时，就会得到一个问题的体系，每个小问题都可以通过它的生命阶段、性质和类型来确定。之后可采用不同的方法来解决这些问题，而不是使用一种通用的方法。循序渐进解决问题的方法不仅节省时间，而且影响深远。图 1.8 清晰地体现了此处讨论的例子。可以看到，大问题本质上是相互关联的一个个小问题。

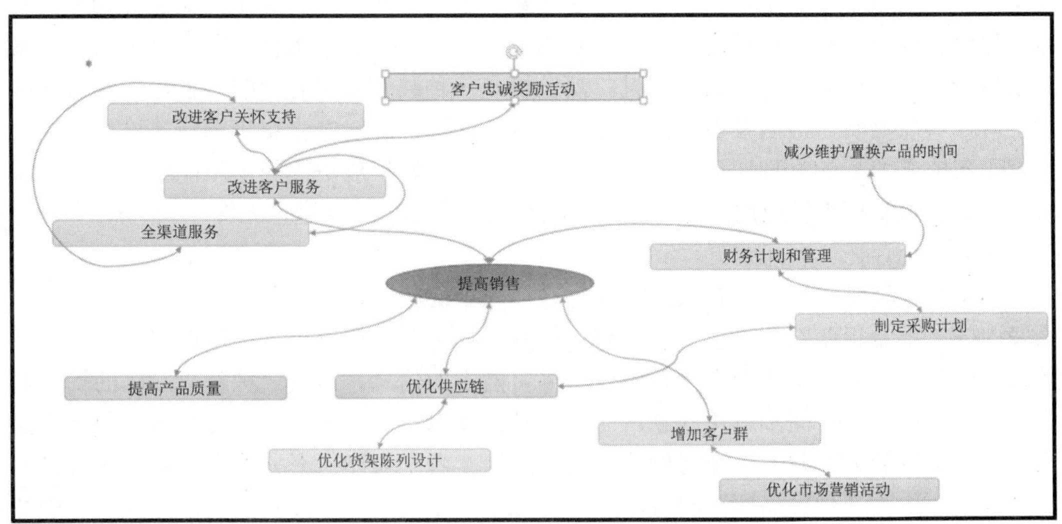

图 1.8

1.7　问题解决框架

至此已清楚了问题在它的生命阶段中是如何演变的，以及如何利用它的类型和性质来表示问题。也领悟到掌握决策科学和解决问题这两门学问需勤学好问精于思考，并需采用跨学科的方法来获得解决方案。此外，还探讨了问题在性质上是如何相互关联的，一个大问题由许多更小的问题组成，这些小问题又可能具有不同的类型、性质和生命阶段。下面继续研究问题解决框架。

问题解决框架基本上代表了针对该问题设计的整个解决方案的蓝图。比方说，正在设计一套软件或建造一座房屋；那么基本上会拟订一个完整列表，将所需资源和执行步骤罗列出来，按照所设想的最终产品的计划执行。解决问题的情形也与此类似。如果问题很大，首先要将问题分解成更小的问题，再将许多假设汇集起来制成一个详尽的列表。为了解决问题，大体上要收集大量的假设，随后对假设进行检验以获得结果。最后，把所有的结果综合在一起，这样就可以创造出一个故事。在这个故事中，要努力去回答诸多问题，而此时我们终于找到了一个答案。这些假设可以是数据驱动的，也可以是启发法驱动的。

现在举一个例子以帮助理解问题解决框架的架构。例如一个水力发电厂，配有水力发电必备的一套小型设备：涡轮机、发电机、变压器、大坝、带有进气控制闸门的压力管道，以及其他一些不可或缺的设备。这些装置各有各的用处，例如大坝负责为水力发电厂储水。此外还有一种压力管道，它基本上是一条长长的进水管，通过控制闸门将水从水库输送到发电站，并承载涡轮机。涡轮机是一种装有大型叶片的装置，当水落在叶片上时，叶轮旋转，最后发电机由涡轮机中这些叶片的旋转产生交流电能（这里在一定程度上忽略其背后的物理原理）。随之变压器把电能转换成更高的电压能量。在整个流程中，通过控制压力管道的闸门可以改变水流进入发电厂的速度，如图 1.9 所示。

那么，会存在什么问题呢？

如果您是现场工程师，有人对您提出这样一个问题：为什么在过去的一个月里，水力发电的发电量很低？假设您目前没有（得到授权）对该位置进行物理访问，但在您开始访问该站点之前，您仍然希望首先收集尽可能多的信息。这是一种解决问题的场景，您只有在网站上有时间来解决问题，而不是赶去发电厂后对各种情况进行测试和检查找出（低发电量的）根源。这个用例的目的正是让读者学习如何充分地利用数据来解决问题。因此，作为一种更高层次的方法，读者此时可以使用每个维度的数据，找出可能造成发电厂发电量下降的根本原因。

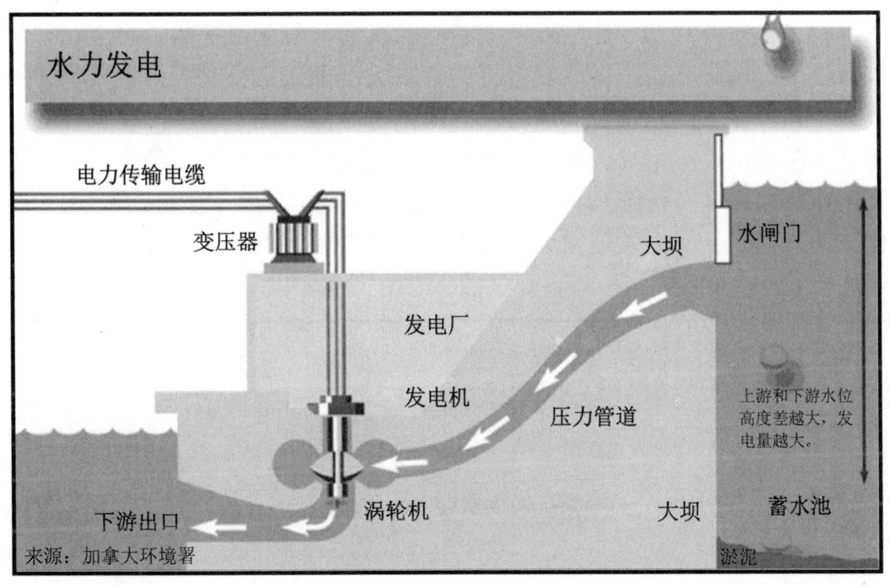

图 1.9

既然问题的背景十分清楚明确，那么此时后退一步，试着更多地了解问题，然后再学习问题解决框架。在这个问题上，首先希望找出一个事件的根本原因——简而言之，希望能够回答出这一问题，即“为什么这个事件会发生”。这也表明了问题性质上为探查性的。其次，这个问题并非一个全新的问题，但它也没有完全解决和经过检验，因而也没有获得一个详尽的解决方案用于解决所有问题。因此，这个问题尚处于混沌不清的阶段。最后，这个问题肯定会产生很大的影响，但又不属于一生一次或数年一遇的事件。于是可以得出结论：问题的影响度属于中度到高度，发生频率为中度到高度。鉴于目前所观察到的问题全貌，可能应该为这个问题构建一个永久性的自动化解决方案的产品。下面就来探索问题解决的框架。

这个框架非常简单。如果是业务领域的新手，那么在开始解决问题之前，首先要着手收集有关业务领域的知识。在本例中，将探究水力发电站的工作原理，以及发电厂中的每个组件在整个发电过程中所起的作用。之后，将那些可能构成问题解决方案一个因素的各种假设，收集起来并制成一个列表。所以，图 1.10 列出了所有因素，这些因素可能是造成想要解决的问题的根本原因。

在这种情况下，需要绞尽脑汁考虑哪些因素可以有效地假设根本原因。例如，变压器油中有污染，或者可能漏油。涡轮机的转子可能过热或者轮轴可能已磨蚀。流入压力管道的水量和在闸门控制器中设置的水位可能完全不同，也就是压力管道中的水压可能低于平常水位，涡轮叶片的转速较低，或者涡轮机的一些关键参数由于运行时间过长而造成参数值过低。同样，变压器或发电机的许多关键参数，可能因为较长时间的运行而超出了正常工作范围。一些设备的齿轮中的油位可能低于理想油位，或者有些设备可能在超出正常范围的温度下运行。对于这些设备，应采用多个参数来确定设备的运行状态和偏离正常运行的程度。仔细查看这些参数有助于对电厂的整体情况了如指掌。所有这些因素构成了最初的（水力发电损失）根本原因分析层，形成了启发法驱动假设的一个集合（即列表）。

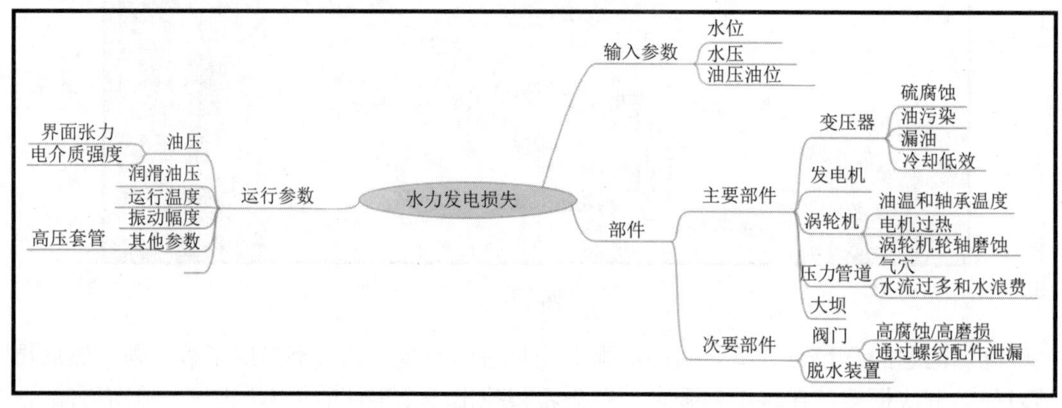

图 1.10

一旦明确了启发法驱动的假设，就可以根据行动项目去检验哪里出现了问题。可分别单独检验这些假设，评估这些假设的结果，从中汇集洞见。其次，收集的假设仍然不够详尽无遗。也许遗漏了很多潜在的却可能是举足轻重的相关因素，这些因素本质上潜踪隐迹，只有在深入钻研这些数据时才会发现它们。此刻暂且将数据驱动假设的讨论搁置一旁（待本书讲述至第 3 章“探索性决策科学在物联网中的应用内容和原因”时，再做进一步详细介绍）。现举一个常见的问题解决方法，即汇集了几个由启发法驱动的假设，对数据做探索性数据分析，并检验收集到的假设。会发现，之前推出的一些假设并不准确，因为结果显得不够直观。这时可以放弃一些假设，优先考虑其他一些假设。同时还会察觉数据维度之间存在很多新的关系，可是最初并没有考虑到这些关系。如果复查前面所拟的假设列表，此时会罗列出一个更完善、更准确的假设列表，而且还会增加一些在数据挖掘期间发现的一些新假设。这些新的假设还不一定是最终版的列表。这个列表可能需要经过一系列迭代后才能完成。经过精挑细选得出的最终假设列表即可称为问题解决框架。此处正是数据驱动和启发法驱动这两种假设的融合交汇之处。这可以通过一个矩阵或假设的优先级列表来表示，需要对这个列表进行验证以解决问题，如图 1.11 所示。

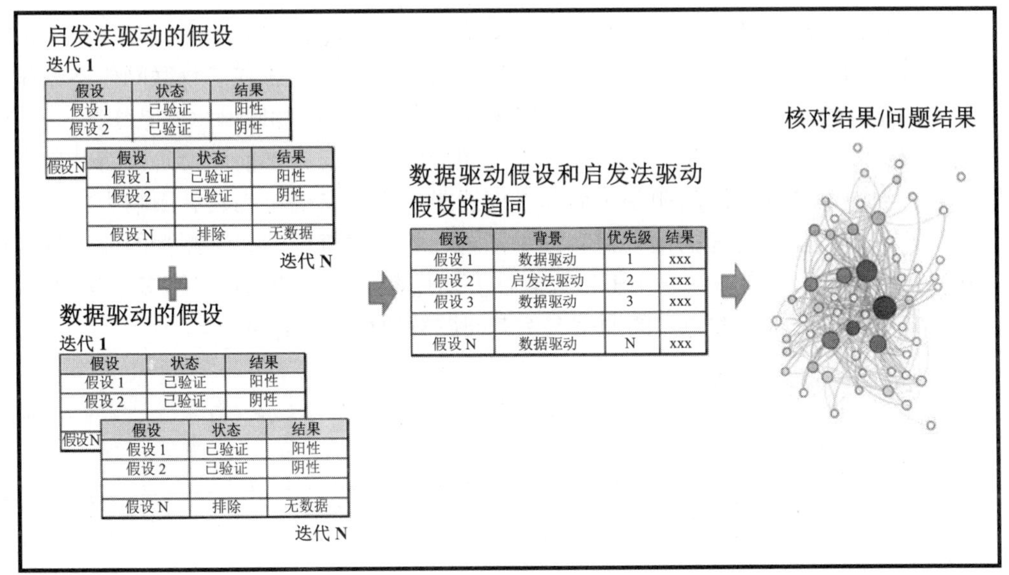

图 1.11

初始列表中可能有一些假设不具有任何意义，因为可能存在数据限制，或者可能与在分析过程中探索的一些潜在数据关系相悖。一旦所有的假设都经过了检验，就将从同一个项目下的各种检验中收集结果。下一步则是吸收结果，从结果中理解整个故事（即事件）的情况。将结果综合起来后，可能会发现事件的根本原因是由其他一些事件造成的结果。换言之，在收集数据结果的同时，可以得出结论：压力管道中控制闸门的故障是造成问题的根本原因。这可以从涡轮机和发电机的关键参数中推断出来，它们在较低的阈值下已连续工作了一段时间。对水压及其与一段时间内不同的控制闸门的数值之间的相关性进行的一些数据测试，可以作为同一值的指示值。

简而言之，使用问题解决框架，通过一个结构化的方法来查看一个非常高层次的问题。问题解决框架是一种简化的方法，可用以设计和草拟各种由启发法和数据探索结合得出的详尽假设。有了详尽的假设列表后，进行各种数据检验，从中吸收结果，收集各种洞见展开下一步工作，随后将结果综合起来解决问题。在接下来的章节中，将应用问题解决框架来解决实际商业问题，并且更详细地逐步了解每个阶段。

1.8　小　　结

本章简要概述了决策科学和物联网，从学习物联网基础知识开始，进而探寻物联网演变进程，并且对诸如机器对机器通信（M2M）、工业物联网（IIoT）、万物互联（IoE）等模糊名称之间的差异进行辨析。而且，通过物联网的例子，研究了物联网生态系统的逻辑架构，充分领略到人、流程、数据和物这四者是如何形成物联网生态系统的。接着，还讨论了决策科学，深入诠释如何界定一个问题，即基于问题当前生命阶段将其确定为一团乱麻、混沌不清或者清晰明朗，而基于问题类型则将其确定为具有影响力的和具有一定频率的，最后基于问题的性质将其分为描述性的、探查性的、预测性的或者规范性的。此外，也探究了在决策科学中解决问题需要运用数学、商业、技术等多学科的方法。最后，还采用了一个水力发电厂的通用实例对问题解决框架进行剖析。

第 2 章　物联网问题体系研究和用例设计

物联网在整个产业中星罗棋布遍地开花。它的触角伸向了每一个行业，无论是垂直发展或横向发展的行业都无一例外。从消费电子、汽车、航空、能源、石油到天然气、制造业、银行业等，几乎每个行业都从物联网中获益匪浅。而在这些单个商业领域中出现的每一个问题都亟须解决，这些问题也表明了行业本身所存在的问题，因此人们常常将宽泛的物联网按相似特征一一分类。这也就是现在人们频繁地使用工业物联网、消费物联网诸如此类名称的原因所在。撇开这些较大的分类，可以将物联网要解决的问题简单地分成两类，即“运营互联”和“资产互联”。

在本章中，不仅研究物联网问题体系，还探讨如何应用第 1 章“物联网和决策科学”的问题解决框架，为问题构建一个蓝图并设计一个商业用例。首先通过实例细细探究资产互联和运营互联。奠定好基础后，再去解决物联网商业问题——即先研究问题的背景，识别相关的潜在问题，最后用问题解决框架来设计用例。

本章将涵盖以下主题：

- 资产互联及运营互联。
- 解析商业用例。
- 感知相关的潜在问题。
- 设计启发法驱动的假设矩阵。

至本章结尾处时，无论是亟待解决的商业问题，或尚需深入挖掘的领域，还是需要逐步解决的问题路线图，读者都会对它们的所有情况了然于心。

2.1　资产互联和运营互联

随着物联网在业内各个方面的迅速发展，在各不相同的领域里出现的问题也是多元化的。为了简化问题，一些产业引领者采取最直观的方法，用逻辑划分物联网领域。如今，互联网上发表了数量众多的物联网文章和论文，引用了许多不同的物联网名称和分类。截至目前，还没有出现能够让人们普遍接受的物联网分类，但是消费物联网、工业物联网、医疗保健物联网等这些名称各异的分类都纷纷涌现。工业领域中所有与物联网相关的问题和解决方案都被称为工业物联网，以此类推。

在研究资产互联和运营互联之前，先来探讨物联网领域的简单分类。这绝非是最详尽无遗和最广泛认可的分类，但这些分类肯定会帮助人们更清楚地理解问题的性质，如图 2.1 所示。

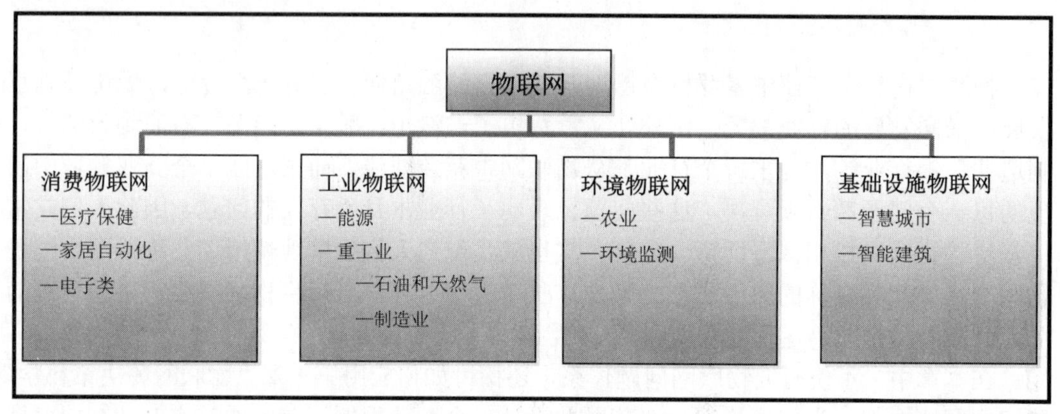

图 2.1

当观察物联网领域的全貌时，可以思考有助于物联网发展演变的 4 个广泛领域。这些领域的问题都是与消费者、工业、环境或基础设施相关的一组问题。顾名思义，所有可以直接标记给消费者的东西，即电子产品、家用电器、医疗保健、零售、汽车等，每一种都可以单独代表一组问题，这些种类就归类为消费物联网。这个领域的问题需要采取不同的方式来解决，因为它直接与消费者互动。同样，垂直行业也可以视为所有结果直接标记给机器的领域，如制造业和工程行业等使用机器的领域。重工业、智能工厂、石油和天然气以及能源领域现在都配有相互通信的机器和物联网。还会有更多的分类，而垂直行业的分类永无止境，每个行业的每个领域里都有共同问题。

从整体角度来看待物联网问题，可以归结为两个简单分类：

- 资产互联。
- 运营互联。

解决问题时，尽管用一个较小分类去代表一个较小领域总有颇多益处，但从更广泛的层面上看，上述两个分类中任何一个都能够直接代表物联网中存在的任何问题。下面就开始探索物联网问题的关键所在：资产互联和运营互联。

2.1.1　物与智能之物的互联

把物连接到网络揭开了物联网革命的一个新篇章。俗话说：“关系网乃是企业成功的关键。”物联网产业也是基于这个原则构建而成的。这里举一个简单的例子来理解这一点。比如，您是一个软件工程师，非常渴望能够转行从事分析行业的工作，但是目前这个领域对您来说属于一个全新的领域，几乎没有任何朋友可以帮助您从头起步。因此，您利用互联网搜索与分析行业有关的信息，通过阅读大量书籍和观看视频来研究学习。经过 3 个月废寝忘食的学习，您向多家公司申请了他们的分析师职位。在参加了几次面试后，发现在一些主题上还需要从专业角度进行深入钻研，做好更充分的准备。于是，您继续努力学习，不断地参加面试，经过多次尝试后成功通过了面试。假设整个过程花了您大约 6 个月的时间，那么还有什么其他方法比这更容易的呢？如果您认识从事分析行业的业内人士，他们中有人可能会指导您学习他们公司招聘职位所需的技能。这样整个学习过程也许会缩短至两个月！而这无疑是一个很好的节省时间的方法。关系网，如图 2.2 所示（亦即网络）可以帮助您更快捷、更容易地获得所需的信息，这反过来又能帮助您更好地做出决策、更快地发展。

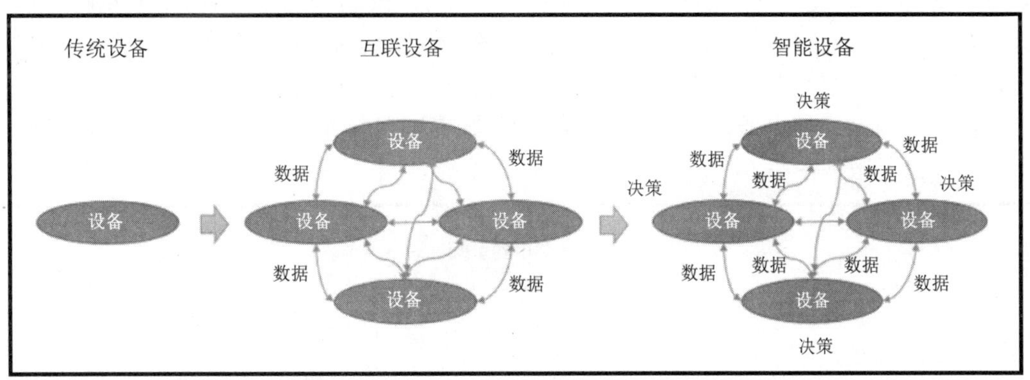

图 2.2

不妨将上述类比应用到物联网领域上来。生态系统中的物联网首先要将设备/物连接起来。一旦设备连接了起来后，即可相互通信；而一旦设备相互通信，就会变得更为智能。为了简单起见，举一个家用空调的例子。很早以前，家庭里的空调只是一个独立的设备，需要时才打开/关闭。随着时间的推移，空调可以连接到了一个网络，现在使用连接到互联网的遥控器/智能手机或平板电脑就能控制空调的开关。因此，这些空调俨然成了“互联设备”，为人们提供更加方便的服务。假设您离开家时忘了关掉空调，而在路上才突然意识到这一点。即使您还在上班途中，也可以用智能手机迅速把空调关闭。最后，当这些设备连接时，起初不可用的大量数据也随之传输到了这些设备上。人们可以利用这些数据做出决策，让生活变得越发舒适。连接后的空调既能通过互联网连接到智能手机，也能连接到一个传感器，这个传感器会检测房间里的人数，然后根据数据自动调整设置。因此，这台空调就摇身变成了一台智能空调。如果有人进入房间时，它会自动开启电源，当进入房间的人越来越多，它就会相应地调整设置。一旦设备连接起来，下一步就是要让它们变得更加智能。

这个经验法则也一样适用于其他用例。

当今世界，智能互联设备蓬勃发展。几乎所有的商业模式早已意识到可从智能互联设备中挖掘出它们的潜在价值。这个设备可能只是家庭自动化里的一台机器或者工厂里的一架庞然大物；如果物物相连，人们肯定能够发掘出具有连城之价的信息。

2.1.2　一个现实生活的场景：资产互联

这里举一个现实生活中的例子，了解资产互联在一家大型公司里是如何运作的。为了更清楚地理解这一点，将咖啡机当作一个研究用例（见图 2.3）。市场上的咖啡机，如赛奇电器公司（Sage Appliances）正计划推出一款名为 Caffeine Express 的新型咖啡机，这款新机也会成为制造商资产互联实验的一部分。那么传统商业是如何运作的呢？首先，公司会向全世界客户销售这个产品，在战略地点建立服务中心。为了简单起见，假设他们只在一个国家销售电器，最好在首都或重要城市设立服务中心。比如在一个国家共 5 个城市设立了服务中心。

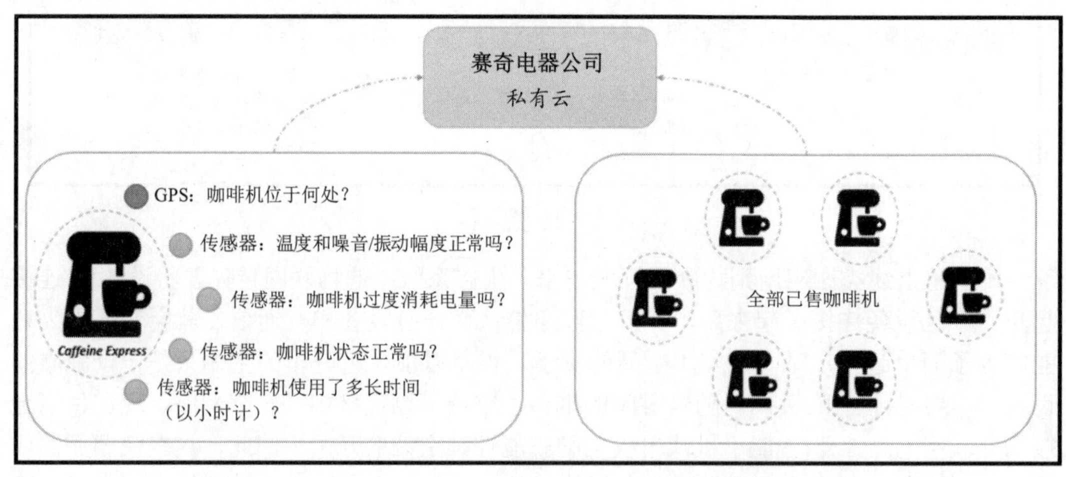

图 2.3

在传统商业模式中，电器销售后，公司只掌握了极为有限的销售信息或电器运行的大致情况。他们可能知悉迄今为止的销售总额，以及在线销售或实体商店的销售量。也清楚哪个商店/地区出售了多少台电器和其他一些细枝末节。此外，公司还知道用户是如何使用电器的，并通过社交媒体或客户服务中心的用户意见获知电器运行情况。但是，从整体角度来看，这些信息还远未达到他们的要求。

现在用物联网商业模式来分析。假设每台售出的 Caffeine Express 咖啡机都配备了一个 GPS、Wi-Fi 连接互联网的功能，以及一些能够监控内部参数的传感器。GPS 根据地理位置定位咖啡机，传感器从咖啡机定期收集数据，了解每天冲泡多少杯咖啡以及冲泡的时间。传感器还可以捕获咖啡机的运行参数，如电机的健康指数、设备的温度、耗费的电量、噪声和振动幅度等。经客户允许后，所有这些信息都会发送到公司的私有云。如今，物联网加入生态系统后，即使产品出售给了客户，公司也能够与售出后的设备保持着连接，这种情况是前所未有的。今天，公司不仅可以利用极其丰富的数据来源来帮助客户，与此同时也发展他们自身的业务。从技术上来看，这就是一个“资产互联”的简单例子。在本例中，每台咖啡机都配备了互联网连接、传感器和 GPS，可以连接到公司私有云上的中央服务器。

那么，设备互联后到底会发生什么？互联后会带来什么益处？

这正是资产互联与众不同之处。以前公司都是通过判断、启发法和市场调查来制订决策的。在最终确定服务中心设立的地点之前，公司都要事先进行研究和试验，看看哪种媒介适合市场营销，哪些州/城市更注重销售等。而借助物联网中的资产互联，所有这些决策在数据基础上会变得更加准确。

赛奇电器公司现在能够确切掌握每个区域销售了多少台咖啡机，这些咖啡机的使用频率以及运行情况等。之前做出的决策可能并不准确，但如今所有这些决策都可以通过数据来验证。假设原来观察发现咖啡机在伦敦销售量最大，因而在伦敦北部建立了客户服务中心。但是，如果从伦敦所有销售中发现 90%销售来源于伦敦南部呢？假设伦敦南部的顾客为了享受一些优惠而前往伦敦北部购买了咖啡机，如果公司在伦敦南部设立客户服务中心，那么就会大大提高最终用户的便利性。

同样，咖啡机上安装的传感器会向公司的云端周期性地发送自身使用情况和状态的信息。这些数据帮助公司了解咖啡机的运行情况以及是否濒临损坏。咖啡机是否不按常规使用？是否加热过度还是功率损耗过大？所有这些问题的答案，都将有助于公司更好地以数据为基础分析决定如何解决这些问题。公司可以积极主动地联系客户，在咖啡机发生故障前派去技术人员，或者采取积极措施，通知客户如何对功率损耗过大而发生故障的咖啡机进行修复。不仅如此，根据咖啡机运行数据研究得出的信息，还能够帮助该公司更好地为客户服务中心计划准备库存。

从长远来看，客户和企业都能从这个相互连接的生态系统受益匪浅。客户以最小的成本获得世界一流的服务，而企业可以通过降低运营成本和有效计划商业活动获得更多利润。

2.1.3　运营互联——下一场革命

物联网问题的第二部分是“运营互联”。一般而言，企业首先要为互联的资产准备好一个生态系统。一旦生态系统足够成熟，就可以将运营连接起来以实现下一级的连接。这些运营可能与公司制造、库存、供应链、市场营销、运输、配送、客户服务等相关。假设一个企业让所有这些运营相互连接并简化流程，就可以消除整个瓶颈区域，整个流程也会变得非常高效顺畅且节省成本。目前，业界正在慢慢地朝着一场革命迈进。这场革命即工业 4.0，有时也称为智能工厂。

什么是工业 4.0

现今所处的时代即第四次工业革命，这次工业革命由物联网引发。回顾历史，工业机械化时，第一次工业革命就出现了。那时整个工业劳动都由劳动者完成，而到 18 世纪初时，工厂在纺织工业中首次实行机械化，取得了工业革命的第一个突破。以前纺织都是分散在数百家纺织工人的小屋里手工完成的，后来都被集中在一家棉纺厂中完成，这时工厂顺其自然出现了。第二次工业革命（工业 2.0）诞生于 20 世纪初，当时亨利 • 福特（Henry Ford）创新了装配流水线从而引发了大规模生产的革命。这些革命给人类不仅在城市化上也在财富上都带来了巨大的利益。不久以前，人们见证了信息技术诞生的第三次工业革命（工业 3.0）。无数事物都是数字化的，而且信息技术在工业变革中扮演着举足轻重的角色。人们在世界各地看到的主要组织仍然属于第三次工业革命的一部分。

工业 4.0，即第四次工业革命，随着物联网的兴起而开始蓬勃发展。资产互联的开始，最终会产生运营互联的概念，并且将一个智能工厂的想法概念化。一个智能工厂可以让所有运营互相通信，协调自动决策，从而降低运营成本，这是一个真正具有革命性的产业。

现举一个简单的例子，探寻工业 4.0 智能工厂是如何工作的。采用前面的咖啡机案例。比如在工厂的场景中，会有多种运营或流程。假设以下流程是整个运营列表中的一部分，比方说有供应链、制造、运输、配送和客户服务。

运营的生命周期如图 2.4 所示。

下面假设一个简化的流程。

从不同的供应商采购原材料之后，只要库存达到了制造的需求量，系统就开始制造产品。产品制造和包装后，就运送到国内各个城市/州的仓库。接着，将货物从这些仓库中配送到各个商店给顾客购买。客户使用咖啡机一段时间后，有些客户会返回服务中心处理他们遇到的问题。这些产品可能需要维修或更换，于是就回归到了配送链。这种模型就是一家包含了各种各样运营的工厂的一个通用模型。一个人负责每一个中间过程，以采取下一步的行动。

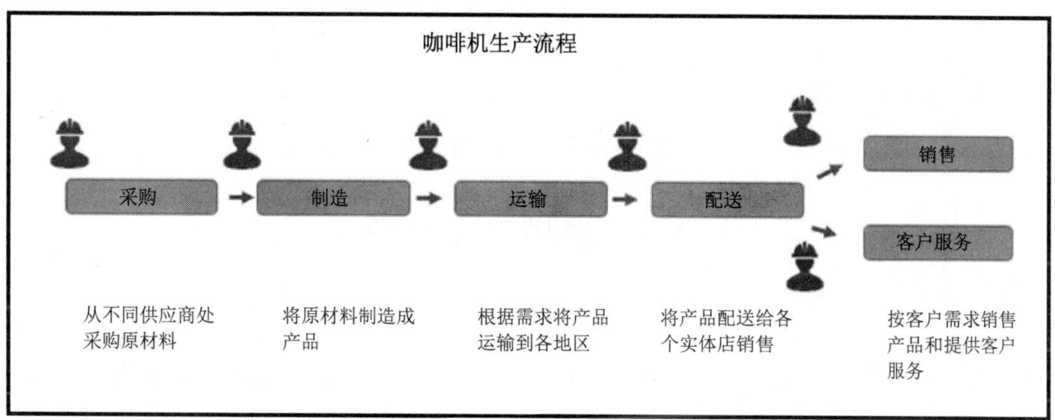

图 2.4

现在来对智能工厂中的运营互联（见图 2.5）一探究竟。

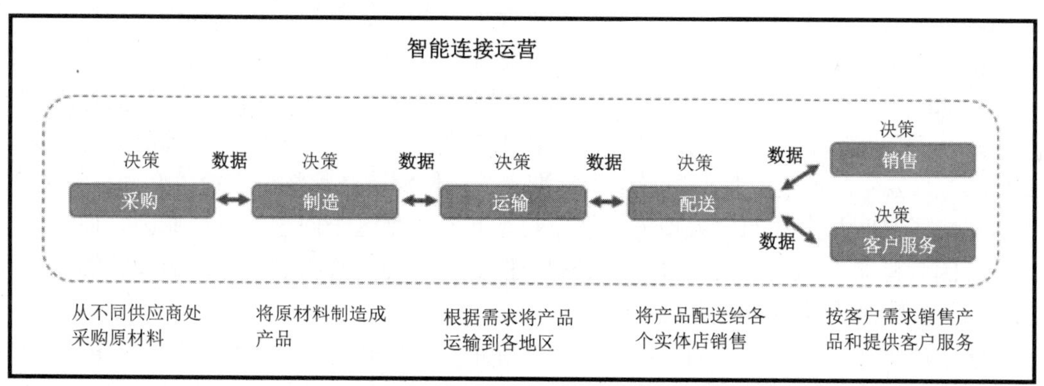

图 2.5

如果上面所有这些运营都可以相互通信，会发生什么呢？通过这些运营之间的通信，它们也可以自己做出决定，以获得最佳和最优化的结果。比如，一旦原材料供应在工厂库房准备就绪，制造环节就自动启动一个流程，从源头按生产的需求量来采集相应的原材料进行生产。制造运营可以跟运输运营通信；因此，根据制造的产品，制造运营自动决定要运送到不同地点的产品的类型和数量。运输运营接收来自制造运营的信息，自动地将货物分配给不同的卡车（用于运输的车辆），而且将货物运输目的地（仓库）以及预期到达时间通知与之关联的驾驶员。于是，驾驶员很快将货物运送到各自的目的地。

货物到达仓库后，系统会自动更新库存的数据库。然后配送运营收到商店信息，即哪家商店需要多少产品以及哪种产品的信息；系统此时会自动为每家商店按最小货量分配货物，并通知每个分销商。产品最终到达商店上架销售。一旦库存即将售罄，商店/销售运营自动发出信息要求补充货物，而其他运营最终也会收到这个信息。

从中得以窥视到一个智能工厂，也就是工业 4.0 的一种场景，每个运营都可以与其他运营进行通信并且做出决策，从而将传统工厂转变为智能连接工厂。

2.2　解析商业用例

到目前为止，已经清楚了在典型的物联网场景中会出现什么样的问题，以及如何将其分类为运营互联和资产互联。下面，着重于设计和解决物联网的实际商业用例。这里将探讨如何应用物联网决策科学的跨学科方法来解决问题。

本节从制造业的一个简单问题开始。假设有一家大型的跨国消费品公司，例如拥有各种海量产品的宝洁公司（Procter＆Gamble）。采用他们的汰渍洗涤产品作为研究案例。汰渍既有洗衣粉，也有洗衣液，而且这些产品的气味截然不同，洁净度也各不相同。假如宝洁公司拥有一家生产洗衣粉的工厂，而这家工厂有一条生产线（生产货物的流水线是端到端的生产线）。工厂一次性生产 500 千克的洗衣粉。工厂的运营主管约翰遇到一个问题，希望我方团队能够帮助他。约翰认为制造环节中生产的洗涤剂的质量往往达不到要求。只要生产的洗衣粉的质量低于标准水平，他们就必须将洗衣粉丢弃并重新生产。而这造成了时间和金钱的巨大损失。然而约翰并不清楚这个问题的确切原因。他认为这可能是因为机器故障或工人失误而导致的，但他并不确定真正的原因。因此，约翰向我们求助，看看是否能够帮他走出困境。

这时决策科学就大有作为了。问题已经确定，只要找到问题的解决方案就能帮助约翰做出更好的决策。于是我们向约翰承诺，一定会帮助他解决这个问题。约翰听后松了一口气，接着继续忙碌起来。在他回去工作之前，他被告知第二天可以和他见面讨论这个问题。

这样听起来是不是棒极了？现在就来迅速地探清解决这个问题需要做些什么。首先，从约翰那里听到的仅仅是问题陈述（在把事件作为一个问题陈述之前，它仍然是原始的问题，还需要很多改进）。约翰多次提到洗涤产品的质量低于可接受的范围，因此不得不将产品丢弃，从而也造成了经济损失。那么如何才能帮助他呢？可以执行哪些不同的分析操作？如何找出产品质量不好的原因？是否需要减少财务损失或提高产品质量？此时此刻有太多的问题，千头万绪无从下手。对于每个试图解决问题的人来说，这种情况实属常见。稍事休息，先去仔细思考如何才能更好地构建问题和理解问题。

在解决问题时有一个重要法则，即对于任何用例，都要按简单却重要的 5 个步骤去计划和执行：

（1）解析问题。

（2）研究和收集背景信息。

（3）根据数据的可用性优先考虑和构建假设。

（4）验证和改进假设（重复步骤（2）和（3））。

（5）吸收结果并呈现故事（即解决方案）。

下面就来一步步地实施上述用例。

2.2.1　解析问题

解决任何问题时，第一步必须清楚地解析问题。接下来，采取言简意赅的陈述方式对问题进行解析。为了达到这个目的，将采用一个众所周知的框架。业内一些领先者如麦肯锡公司、穆西格玛公司等均采用这个框架，通过一种结构化的分析方式来呈现问题，这种结构即为“情景-冲突-疑问（Situation,Complication, Question，简称 SCQ）”。

为了解析这个问题，需提出以下 3 个简单的问题：

- ❑ 情景即现在面临的问题是什么？
- ❑ 解决问题时所面临的冲突有哪些？
- ❑ 为了解决问题，有哪些疑问需要解答？

在收集这 3 个简单问题的答案时，就能将一个问题陈述用最清晰的语言表述出来。下面着手构建一个 SCQ 框架。

图 2.6 即是商业用例 SCQ 的简化表示。

以上简明扼要地描述了问题的情景，也突显出了在解决问题时所面临的主要冲突。在这个用例中，不确定是什么因素，导致了在生产洗涤剂的环节中出现了失误或产出了不良品，因此，将这个因素突出强调为主要冲突。为了解决这个问题，还需要回答几个疑问。可以直接从冲突的角度来了解需要回答的几个主要问题：即哪些因素对质量下降产生影响，它们又是如何影响质量的？在清楚了每个因素是如何影响洗涤剂生产质量之后，也需要知道要如何去改善洗涤剂的质量。最后，一旦对 SCQ 做出了明确的解析，就能够轻松地找到解决问题所需的解决方案（请参见图 2.6 最右边的方框内容）。

SCQ 框架可用来简洁地呈现任何问题。只要对商业问题清晰地进行解析，就可以继续下一个解决问题的逻辑步骤，即收集更多的背景信息，为问题罗列出一个详尽的假设列表。

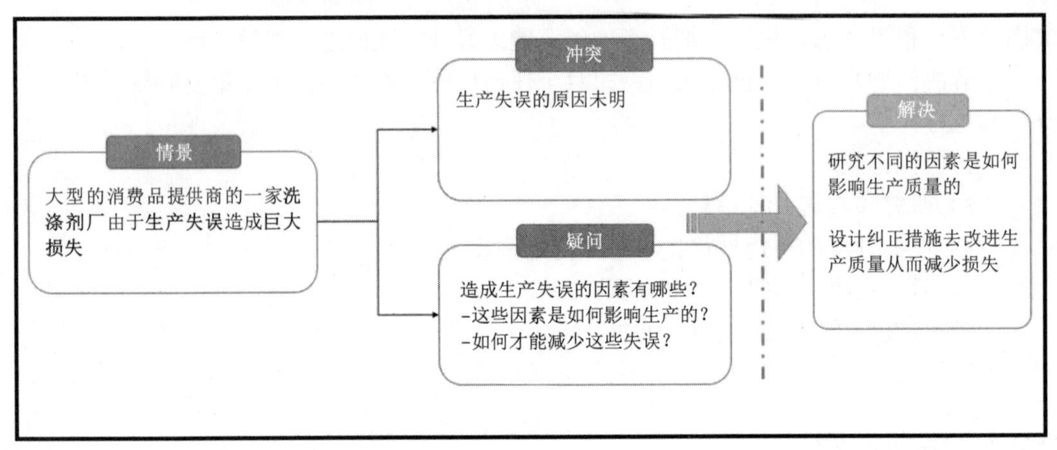

图 2.6

2.2.2 研究和收集背景信息

研究问题和收集越来越多的背景信息是一个漫长的过程。这个过程远比想象的要付出更艰辛的努力。而且，在分析过程中不断发现更多更新的信息时，这个步骤就会反反复复地进行。

在上述用例中，需要解决洗涤剂生产公司的一个小问题。这家公司拥有一家生产工厂，由于生产质量欠佳，在时间和金钱上都蒙受了巨大损失。为了更清楚地查明影响质量的因素及其原因并且解决问题，需要更深入地探查问题的背景。除了利用敏锐的洞察力对所发生的事情进行研究以外，在一定程度上也要知道这些事情在生产过程中发生的原因。首先，可以从工程师角度去思考生产工厂的运营开始，试着更多地了解运营和原料等。研究的范围包括查清洗涤剂生产过程，使用什么样的原料，需要多长时间，以及公司使用什么机器。但是，在开始研究之前，先来仔细分析正要解决的问题。

正如第 1 章所讨论的，从 3 个简单的维度分析问题的类型，即问题的生命阶段，问题的频率和影响，以及问题的性质。

1. 收集背景信息——查验问题的类型

这个问题绝对不是一个全新的问题，因为几乎所有其他生产厂家都会遇到这种类似的问题，而且他们也都试图去解决过。但是这个问题还没有完全解决，解决的方法仍有很大的改进空间。因此，此问题处于混沌不清的状态中。问题的发生频率虽然不是极高，但也相当高。发生频率每周一次甚至每天一次。同样，由于耽误生产过程造成了宝贵的时间、精力和资源的损失，该问题的影响肯定属于中高程度的影响。因此，可将这个问题确定为中度频率和中度影响。现在不妨分析一下前面试图回答的几个疑问，以更好地了解问题的性质。如果回顾第 1 章的内容，就会发现这里试图回答的几个疑问指的是“为什么/如何”——这表明问题的性质最初属于探查性的。

故而可以得出结论，这个问题仍处在混沌不清的状态，需要通过实验去探究和理解问题。此外，问题的影响和频率均属中高程度，所以解决这个问题是非常有价值的。最后，目前问题的性质为探查性的，故要采取研究取证的方法去解决问题并找到根本原因。随着问题不断地向前发展，从解决方案中挖掘到的发现可能会改变问题的性质——根据我们从分析中获得的洞见，问题可能会从探查性变成预测性甚至规范性。换言之，此时有必要继续探清这个用例的商业背景信息。

2. 收集背景信息——研究和收集背景信息

为了更好地解决问题，做好全面基础的研究和积累有关问题的扎实背景信息举足轻重。对公司、生产环境、生产过程等信息掌握得越多，对我们的方法和解决方案就越有帮助。上网查阅各种文章并观看各种视频，了解更高层次的流程，以及与厂方/工人互动交流运营的情况等，多做研究对问题相关的信息了如指掌。引领读者实际操作整个研究流程超出了本书讨论的范围，但是本书会通过更高层次的流程来对研究方法进行讨论。

接下来将通过探究问题中显而易见的差距，即在 SCQ 框架中定义的冲突，开始对该用例进行研究。这个冲突引出了一些问题需要回答。

图 2.7 所示为洗涤剂生产质量用例的研究和背景信息收集的流程作为洗涤剂制造质量用例。

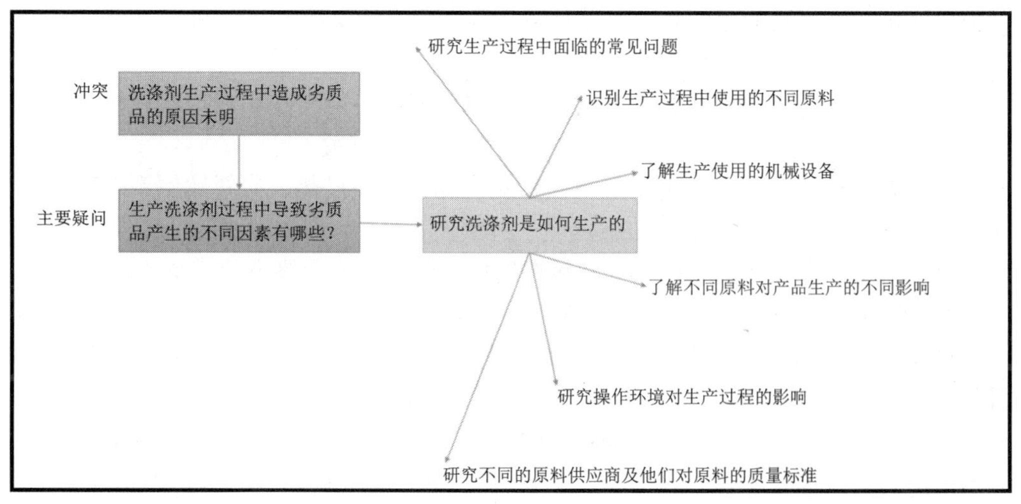

图 2.7

这里就从一个主要的疑问开始：在生产洗涤剂的环节中，导致劣质品产生的不同因素有哪些？

为了回答这个问题，可以从第一个想到的领域开始研究，也就是研究洗涤剂在工业中是如何生产的。当粗略了解了这个过程后，自然而然地就会想到许多需要研究的邻接领域。比如调查不同原料对最终产品的影响，研究在生产中面临的常见问题，探查在生产过程中用机械设备的信息，深入了解原料对生产的影响，查明在整个生产过程中操作环境和操作参数所起的作用，以及探寻由不同供应商供应的相同的原料是否会造成问题。当对不同的主题进行更多的探索和研究时，就会对正在努力解决的问题获得更深刻和更具体的理解。接下来，假设下面的研究结果。

3. 研究结果

以下节选的内容十分简短精练。但是，在实际研究一个问题时，都会有大量的背景信息并给出所有问题答案。

（1）洗涤剂是如何生产出来的？

下面内容详述了一种通用洗涤剂生产过程。在大型工业中洗涤剂的生产方式是截然不同的，由于一些显而易见的原因，在这里不能详细阐述。

生产洗涤剂分为 4 个简单的步骤：皂化、去除甘油、提纯和整理。皂化主要涉及用氢氧化钠加热动物脂肪和油。然后把所得溶液里的甘油去除，再加入弱酸将溶液纯化。最后，通过成团、喷雾干燥和干混来制备洗涤剂粉末，并将防腐剂、着色剂和香料加入到粉末中。

对复杂的制造过程的理解目前可以抽象为一个较高的层次。

（2）洗涤剂生产过程中常见的问题是什么？

在生产阶段，总会出现各种各样的问题。这些问题可能与使用的原料或机械设备有关，也可能与工厂/地点或生产过程（配方）的操作条件有关。

在洗涤剂生产的用例中，观察到一些常见问题，比如过热、原料比例不合理、原料质量差、工厂操作条件不合适、加工延误、机械设备问题（例如，振动）、不洁容器、操作不准确等。所有这些问题以及一些潜在的问题都会造成最终产品质量差。

（3）洗涤剂生产过程中使用什么样的机械设备？

生产工厂中的相关生产线由多台机器（例如混合机、搅拌机等）组成，通过传送带相互连接。机器处理原料，然后将物料装进容器中用传送带输送给另一台机器。洗涤剂生产过程包括 4～5 个阶段，每个阶段可配有多台机器。在目前的情况下，可以假定生产过程中的每个阶段只配有一台机器。请参阅图 2.8 从更高层次去了解该系统概览。

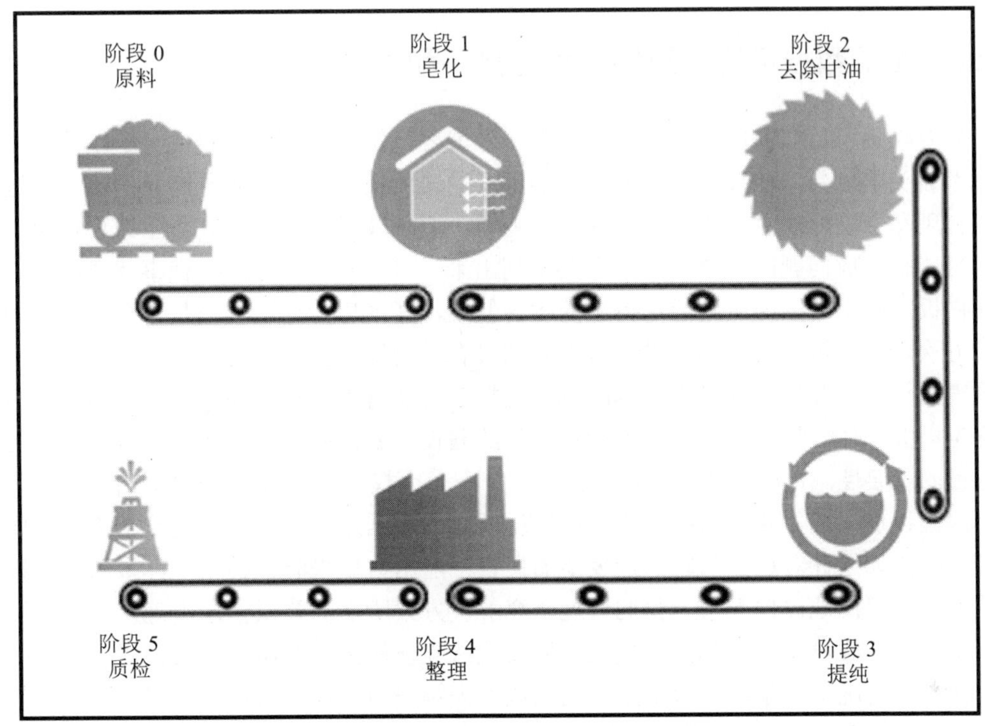

图 2.8

不同的原料如动物脂肪、氢氧化钠、椰子油等装进不一样的容器后送入生产过程。系统自动消耗生产所需的原料量。在第一阶段，这些原料被加工、加热并混合形成一团混合物。然后通过传送带将混合物输送到下一个阶段。接着第二阶段，机器处理混合物溶液除去甘油。这时将盐和一些其他原料加入溶液中分离出甘油。而在第三阶段，添加弱酸来除去残留的杂质和水。随后第四阶段，机器为所生产的洗涤剂添加防腐剂、香料和其他所需物料。最后，到了第五阶段，采用各种质量参数来检验洗涤剂。如果产品质量保持在理想的水平，则产品被送去包装，否则被丢弃，然后从头开始重新生产。

（4）需要深入了解公司、生产环境和运营的哪些情况？

这家洗涤剂公司的生产工厂遍布全球，每家工厂都拥有多条生产线。工厂里的生产线是一条通过不同的机器传送原料并最终交付制成品的流水线。因为有近 10 条不同的生产线，所以多种消费品都在同一工厂生产。假设其中一家工厂位于印度浦那，而约翰主管洗涤剂产品汰渍的业务，并且负责公司多种产品的生产运营。约翰需确保及时生产和交付高质量的产品，降低运营成本，以及降低拒收率。然而，最近约翰观察到，生产的洗涤剂的质量往往低于可接受的水平，工厂已经蒙受了巨大的损失。

2.2.3　根据数据可用性对假设优先排序和构建

只要收集了足够的问题背景信息，下一步就要开始构建假设。要像一个团队一样进行思考和头脑风暴，挖掘所有可能有用的因素，帮助找出造成低质量产品的原因。这样的头脑风暴会议可以由 3 个或更多的人员参加。首先将所有想法写在纸上或白板上，把认为可能是造成问题的一个个潜在原因都列出来。讨论了一会之后，稍事休息，努力消化在白板上列出的围绕所列想法得出的各种假设，仔细思考这些假设是否会有用。如此三番五次之后，可以将全部假设中最重要和最有效的假设汇集归结起来。一个理想的假设列表应该是相互排斥且集中详尽的，但是极有可能得不到这个完美无缺的列表。不过这样也无关大体。只要取得了一个相对详尽的假设列表，接下来就可以分析已列出的每个假设的重要性，再根据假设的重要性给它分配一个权重/优先级。一旦评估和优先考虑所有的假设后，就需要找出哪些假设可以用现有的数据进行验证。这是一个格外重要的步骤，因为如果针对这个问题的最重要的假设不能用数据来验证的话，许多问题的解决方法就会无限期地停顿下来。我们通过研究解决方案所需的背景信息来确定问题，构建出一个详尽的假设列表，却由于缺乏数据而无法验证最重要的假设，这种情况会时有发生。在这种情况下，验证其余不太重要的假设来解决问题是没有任何意义的，因为在整幅解决方案图上仍然会错过许多分析。

如果有数据去验证一大堆重要的假设，可以把这些假设归类并逐一验证。在某些情况下，结果可能是违反直觉的，但是仍然需要在构思最后的解决方案时考虑这些结果。对于当前的用例，本书会在第 3 章“探索性决策科学在物联网中的应用内容和原因”中对数据进行探索。因此，在本章中，只是为这些假设草拟一个初始列表并加以改进（见图 2.9）。在第 3 章将详细讨论可用假设的构建和优先顺序。

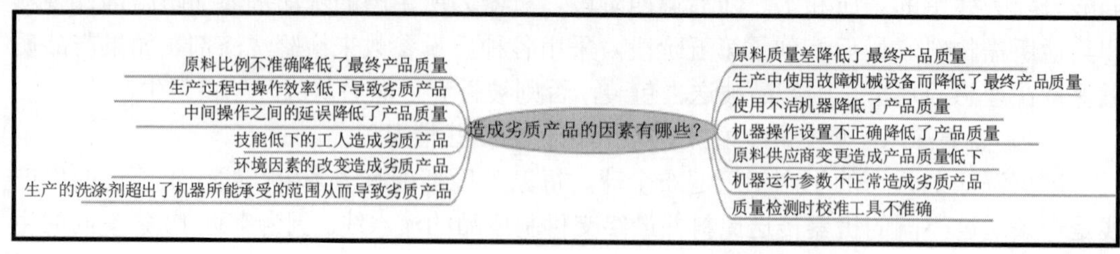

图 2.9

从假设列表中可知，团队举行头脑风暴会议后，对于问题陈述拟出了一个较高层次的假设列表，大约列出了 12～13 个假设。这些假设源自一些简单的想法，比如和操作参数、原料、生产过程等有关的问题、工人问题、机械设备问题等。可以从这些宽泛的想法中，列出一些假设，而这些假设有时是显而易见的，有时只是一种直觉。综合收集所有这些可能的假设，再经过团队有理有据地推理进行筛选，这样的做法值得称赞。

通常，头脑风暴会议能够就一个普通的问题，收集到与问题有关的 15～20 个宽泛的想法或原因，而这会产生 50～60 个各种各样的假设。经过仔细讨论并且研究缩小范围后，可能会找出 20～30 个具有良好建设性的假设。最后，在对数据可用性进行优先级排序和检查之后，将得到 15～20 个可以用数据验证的假设。而从最终确定的 15 个优先考虑的假设中，会出现 5～6 个已经确定的非常重要和关键的假设，这些假设将会构成解决方案的主要部分。

2.2.4　验证和改进假设（重复步骤（2）和（3））

问题解决流程中的下一个逻辑步骤，根据一致同意的最终假设列表开始逐一验证假设。与此同时对数据深入研究并进行各种分析检验和检查。首先从单变量分析开始，然后进行二元变量分析，甚至多元变量分析。基于这些假设，可能会进行一些统计检验/假设检验来验证这种研究和启发法（如果读者对双变量、单变量或统计检验这些术语并不熟悉，在本书第 3 章会详细讨论，因此无须担心）。在分析过程中，可能会发现许多违反直觉的结果，有时也要更新最初对于研究的理解，这种情况时有发生。这样会让我们调整现有的假设，并且在某些情况下，甚至需要增加或删除一些假设。

通过文字描述过于抽象，也让事情变得略微难以理解。为了更好地理解这一步骤，请看下面一个小例子。假设我们的问题陈述清晰明确，解决问题的研究也是详尽完整的，而且起草了一个按优先顺序排序的最终假设列表。现在深入研究数据，开始使用各种方法进行验证。假如正在验证这个假设：即原料质量很差造成最终产品质量欠佳。这个假设看起来非常明显。可以预料到，无论什么时候工厂生产洗涤剂，原料质量与预期质量不一致时，最终产品的质量总是很差。但是，如果发现结果完全违反直觉呢？这可能是因为研究的不够完整，也许只有在原料质量超出了可接受的范围时，最终产品的质量才会受到影响。也可能是考虑的质量参数不够详尽，或者这些参数可能不是检验假设的有效参数。任何原因都可能存在，可能会找到答案或可能找不到答案。在分析过程中会经常遇到这种情况。这时，要暂停分析探索数据/假设检验，而回到最初的基础研究。通过更有针对性地研究相关特定领域，让我们的启发法焕然一新。经过一番研究，可能会发现，如果操作温度低于特定温度，原料的质量就变得十分重要。然后，调整假设以验证一个更准确的假设。在某些情况下，可能发现更有趣的信息，有时就会添加新的假设，有时也会删除既有的假设。

总而言之，解决问题流程中的这一步骤是一个反反复复的过程，可能需要多次迭代才能获得更加完善和精炼的假设结果。

2.2.5　吸收结果并呈现解决方案

理想情况下，这个步骤是解决问题流程中的最后一步。在很多情况下，一个全新的问题得以确定，并且分析的进程也会朝着一个新的方向发展。当到达这一步时，会对所有精炼和调整后的假设进行检验。在研究和背景信息收集的流程基础上，启发法和判断在此时将会得出一个更具体的答案。但是，还没有解决问题！仍需要综合结果来呈现故事（即解决方案），找出造成劣质洗涤剂的原因。这时得将所有结果一一罗列到白板上，可能会有 15～20 个或者更少的假设与结果一起验证。这些结果可能与直觉相反或者并不完整，但重要的是要把它们归集起来，了解一个结果与另一个结果是如何相辅相成的，探明造成所有问题的根源是什么。下面将介绍如何形成一个简单的方案。

以下示例只是帮助我们理解的一个例子，并不一定适用于任何洗涤剂生产公司，甚至也不一定适用于我们的用例。

生产洗涤剂时，最终产品质量欠佳的主要原因是由于生产工厂的操作参数不合适以及环境因素不适宜。超载运行的机械设备无法产生加热原料所需的温度，混合机的转速（RPM）下降 20%，从而导致第一阶段就出现了半加工混合物溶液。如果两种最重要的原料的投入量有变，即使这种变化很小，产品质量也会深受影响。此外，如果来自不同供应商的相同原料在投入质量参数上有差异，则也许会提高最终产品的质量。而且，当机械设备超载运行时，生产过程延迟了大约 5%的时间，并且导致不恰当的中间解决方案。

因此，可以得出结论：主要是因为机械设备超载运行，造成操作参数不准确，从而导致了洗涤剂生产工厂的损失。同样，由于供应商各异，原料的质量差异以及重要原料投入比例的偏差，也造成洗涤剂质量变差。而且，也可断言，在生产过程中造成劣质产品，工人在其中起的作用是微乎其微的。

描述问题汇总结论的过程通常枯燥乏味，在大多数情况下，需要仰赖具备精深领域知识的业务团队的意见。而且还会遇到不少情况，即一些结果可能具有统计学意义，但可能并不具有任何商业价值。有的团队拥有广泛的领域知识，也可以帮助更有效地起草问题的结论。最后的解决方案最好用清晰明确的文字去总结，回答在上一部分 SCQ 框架中草拟的疑问。努力将解决的问题的最终结果/答案，在一个含有解决方案的 SCQ 框架中完整体现出来。

2.3　感知相关的潜在问题

现实生活中的问题往往不是孤立存在的，这些问题大多与其他多个问题相互关联。决策科学也不例外。在解决决策科学问题的同时，经常会发现：知道解决与之关联的问题比当前问题更为重要。某些情况下，解决这些相关的问题是不可避免的。在这种情况下，除非解决了那些相关的问题，否则将无法实际解决当前的问题。

举个例子来更透彻地理解这一点。比如解决问题过程中确定生产劣质洗涤剂的原因，同时推断问题的根源出自不同供应商的原料差异，或者由于生产厂家的劳动力不足（假设）。在某些情况下，机器停机或效率低下也是造成质量问题的重要原因。在这种情形下，经常要解决多个问题，尽管刚开始解决的是一个简单的问题。问题本质上往往是相互关联的，要解决整个问题，可能需要解决多个问题，从而形成了一个问题体系。这时，要将供应商管理视为一个单独的问题，将劳动力优化视为另一个问题。在现实生活中，也面临类似的情况。在许多情况下，解决当前的问题可能并没有那么重要，因为一个更大的问题会被确定为另一个问题。

在物联网的核心问题中，希望在整幅解决方案图内感知那些与之相关的问题变得异常困难，因为那些问题大多是潜在的问题。因此，感知这些潜在的问题以确定一个问题体系无疑是一个更巨大的挑战。在解决物联网或任何其他问题的同时，会逐步推进，将一个较大的问题分解为多个较小的问题，然后逐个处理。感知潜在问题是解决问题流程中最具挑战性的一步。在任何解决问题的过程中，没有任何预设规则来帮助识别相关潜在问题。简单地说，复查已确定的最终假设列表大有裨益。对于在启发法和研究基础上得出的假设，要仔细甄别其细微差别，尤其是在验证假设时所得结果违反了直觉的情况下。

这些领域可以作为一个起点，以便于识别出与问题相关的潜在问题。随后，要对数据进行广泛深入的研究，并就其他每一个维度进行交叉维度分析，以便找到任何与问题既相关又令人感兴趣的信息。从干扰中识别出这些信息需要具备精深的业务和领域知识。随后将在第 7 章“规范性科学与决策”中更深入地探讨这个话题。届时，读者学习解决了足够多的用例和实验，实际尝试且找出问题发出的潜在信号以形成一幅完整的解决方案图。

2.4　设计启发法驱动的假设矩阵

设计用于启发法驱动假设和数据驱动假设的框架构成了问题解决框架的基础。问题和问题体系的整个蓝图可以在这一单个框架中展现出来。这不是一个奇特的文件或任何复杂的工具，而只是一种通过简单而直接的方式来构建和表示解决问题的方法。

这个框架包含 3 个部分：

- 启发法驱动的假设矩阵（Heuristics-driven Hypotheses Matrix，HDH）。
- 数据驱动的假设矩阵（Data-driven Hypotheses Matrix，DDH）。
- HDH 和 DDH 两者的融合。

前面讨论的假设列表，最终精炼出来的假设就是启发法驱动的假设。该矩阵囊括了对假设所需的每一个细节。它有助于根据数据可用性和其他结果进行优先排序和过滤假设，也帮助把全部结果集中在一个地方消化，以便呈现一个完美的故事（即解决方案）。只要整个 HDH 矩阵填得满满当当的，故事渲染的初始部分就能变得无比顺利和明确。

HDH 矩阵展现了问题初始部分的整个蓝图。但是，随着问题在范围和性质上的演变，也将各式各样的问题不断地添加到当前问题中去。在分析中发现了违反直觉的结果，因而假设也随之演变。演变后得出的假设和结果全部都列到 DDH 矩阵里。HDH 和 DDH 共同形成一个统一的结构来表示和解决问题。接下来的步骤以及识别与问题相关的问题和发现潜在信号，变得格外清晰更加易于分析和解决。

将在第 3 章更详细地探讨 DDH 矩阵以及 DDH 和 HDH 两者的融合，届时会将数据、假设和结果集中一起来讨论。

图 2.10 是 HDH 的一个示例图。

启发法驱动的假设矩阵

想法	假设	重要性	优先顺序	数据可用性	结果	研究背景	需复查
X 类别	xxx	高	1	是	阳性	yyyy	否
X 类别	x1	中等	2	是	阴性	yyyy	否
M 类别	m	中等	8	是	阴性	x-x-x-x-x	是

图 2.10

2.5　小　　结

在本章中，详细探索了运营互联和资产互联，进而掌握了物联网问题体系。还学习了如何应用具体的例子来对洗涤剂生产问题刨根问底，并采用问题解决框架为问题设计一个蓝图，从而设计出一个物联网商业用例。

通过设计 SCQ 框架，理解如何从整体上解析问题，最终完成了学习。还研究了如何确定与问题相关的以及潜在的问题，最后探讨了如何为这个问题设计 HDH 矩阵。

至第 3 章时，将选用 R 语言去解决一个数据集的商业用例。本章在解析问题和设计问题的过程中所讨论的全部背景和研究，都会逐步用在解决这个用例上。

第 3 章　探索性决策科学在物联网中的应用内容和原因

任何情况下，问题总是不断地发展变化的，解决方案亦是如此。在解决问题时所确定的假设，会随着新的发现而不断改进，解决问题的方法也随之部分改变或完全改变。因而要允许解决问题的方法灵活机动。解决的问题往往是相互关联的，一个大问题往往是由多个小问题组成的一个网络。这些较小的问题从完全不同的领域中冒出来，所以采用的方法要能够适应问题多样性的情况。不仅如此，解决方案根据问题情况采用的方法迥然不同。既可使用自上而下，也可以是自下而上或各种方法混合应用的方法。因此，解决方案要灵活机动。最后，问题也可能会发展成一个庞大的规模，所以解决方案也需具有可调性。

本章将着力解决第 2 章“物联网问题体系研究和用例设计”中解析的商业问题。后续将采用洗涤剂生产公司一个已经屏蔽和加密后的数据集来解决这个问题。首先从了解数据开始，然后尝试回答“是什么和为什么”的问题，即描述性分析和探查性分析。在分析的过程中，可能会发现之前没有考虑到的反直觉结果和潜在模式。这时需要考虑新的洞见，随时将新发现补充到解决方案中去，更加灵活机动地运用解决方法。本书会在第 4 章中介绍“何时”的问题，即预测性分析。

本章涵盖了以下内容：

- 识别有用数据做出决策（描述性统计）。
- 通过数据探索物联网生态系统的每个维度（单变量分析）。
- 研究各种关系（双变量分析、相关分析和其他统计方法）。
- 探索性数据分析。
- 根本原因分析。

在本章的最后，将深入探索和研究这些数据，回答“是什么和为什么”这两个问题，同时呈现描述性分析和探查性分析。而且也会草拟出数据驱动的假设（DDH）矩阵的首个示例，改进以前设计的启发法驱动的假设（HDH）。

3.1　识别有用数据做出决策

首先，在深入挖掘数据和分析阶段之前，需要将有用数据从数据中识别出来。在第 2

章中，设计了启发法驱动假设（HDH），同时解析了问题。现在要复查和探索这个列表，了解是否准备好了采用这些数据来解决问题。通过检查和验证所确定的假设数据源，就可以达到这个目标。如果没有数据来证明/反驳大多数重要的假设，那么继续采用目前的方法将不会增加任何价值。拥有了数据之后，即可着手编写代码去拟出解决方案。

3.1.1 查验假设的数据来源

从第 2 章的“2.2.3 根据数据可用性对假设优先排序和构建”小节可以看到，已经列出了几个假设，这些假设可能会是挖掘出（有用）洞见的潜在领域。这个假设列表如图 3.1 所示。

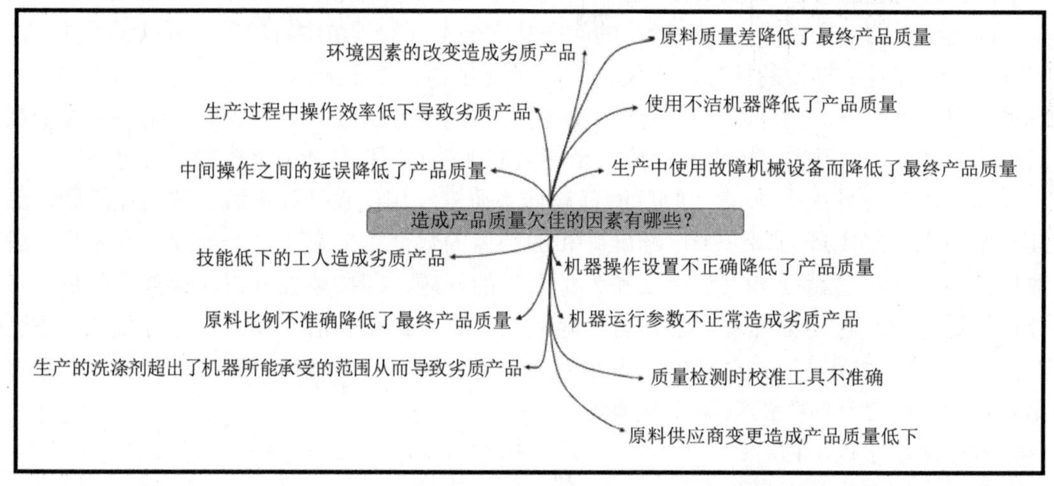

图 3.1

假设列表包括原料使用比例不正确、操作效率低下、中间操作之间发生延误、工人技能、环境条件、机器运行能力、原料质量、机器故障、机器清洁度、机器操作配置、原料供应商情况、操作参数和与工具校准相关的主题。下面从更高层次去快速探究数据，看看是否对利用这些数据来分析和验证假设胸有成竹。

如果读者注册了帕克特出版有限公司的网站账号，登录后可从他们的存储库中下载本章数据。里面提供了一个电子表格，其中包含数据集中每列的元数据，供读者参考。在下载数据之前，先要分析清楚需用到哪些不同类型的数据。答案总是“越多越好”，但是根据解决方案设计，至少应该识别出一些对解决问题比较重要的领域。

如同从假设中看到的，希望数据能够为下述内容提供所需的信息。

- 原料比例/数量/质量的数据：这些数据涉及使用了哪些不同的原料，使用了多少，以及是否过量使用。此外，检测原料质量所采用的全部重要参数及其所产生数据有哪些。

- 操作数据：提供生产过程中的延迟、超时或丢失等与生产过程相关的数据。
- 技术员技能数据：提供负责处理生产过程的工人/技术人员的相关技能数据。
- 机器配置和校准数据：生产过程中机器配置和校准设置的数据采集。
- 供应商数据：有关各原料供应商信息的数据。
- 其他数据源：关于环境条件的信息；外部数据对当前问题解决也会有帮助。

注意：

读者可以浏览包含用例元数据的 csv 文件。

接着来查看这些数据，探索可用的数据源，查验数据的可用程度。这些数据提供了 1000 条记录，代表了 1000 个生产过程。每一行的数据对应一个生产订单，为一个完整的批次数据。在洗涤剂生产行业中，最终产品都是批量生产，后来再分成小包装。一个生产订单/批次可能有 1000 千克的洗涤剂或甚至更多。整个批次用一行数据来表示，提供生产过程所有数据维度的信息。

那么，这些数据提供了什么维度的信息？

- 最终产品相关信息：产品 ID、产品名称、产品需求量和成品质量参数（4 个不同的参数）。
- 生产环境信息：有关地点和位置、流水线和已用资源的详细信息。
- 原料数据：生产过程中每个阶段的原料及其质量参数的详细信息。
- 操作数据：关于加工时间、加工阶段、不同阶段延迟的指标、原料消耗量、每个阶段/时期层级的质量参数数据，每个阶段/时期层级的加工时间等的生产过程数据。

注意：

这个列表看起来十分完美！可是，有没有遗漏了什么？

3.1.2　解决问题时的数据探查工作

虽然获得了相当数量的数据可用于继续分析，但是确实遗漏了原料供应商、技术人员技能和机器配置数据等相关信息。可是，现有的假设列表早塞得满满当当的了，这些假设已足以帮助开始着手分析。这时利用既有数据，可以尝试去证明 60%以上已形成的假设中，其中大多数都极具影响力（具有高优先级）。有关环境条件和其他事件的外部数据可以从互联网上获取，以便了解更多具体情况。不妨暂将这些想法留着以备后用，这时先开始深入研究数据。

那么，在前面提到的每个数据源中都包含了哪些维度的信息？

1. 最终产品相关信息

此处用例的最终产品（假设）是一种洗衣粉，即汰渍。相关的数据源提供了一些信息，比如应该生产多少千克洗衣粉，还有洗衣粉的 4 个不同最终质量参数（即质量参数 1、2、3 和 4）。这些质量参数决定了最终产品为良品或不良品，从而决定产品为合格或不合格。

2. 生产环境信息

这里的信息包括工厂在生产过程中使用的各种机械设备，以及它们经常在不同的时间使用相同的资源/流水线生产不同的产品。而且还包括在生产过程中发出的一个提示（flag），让人注意到在资源或机器中生产过的先前产品是一样的还是不一样的。同样，数据源还提供在生产过程中每个阶段的加工时间（产品的生产通常有 5～6 个阶段或时期）。

3. 原料数据信息

提供所用原料、生产过程之前的质量参数以及中间质量参数的详细信息。假设在第一阶段，两种原料混合并加工形成一种混合物料，然后将混合物料与一种或两种其他新原料一起传送到第二阶段。接着，在生产过程之前对每种单一原料检测并记录质量参数，同样地每个阶段混合物料后也需如此。另外，还记录了各个生产阶段所需原料的数量/比例和原料的实际消耗量。

4. 操作数据信息

操作数据提供了在每个阶段/时期中加工所需的时间信息。记录了每个阶段中不同加工阶段和延迟指标的单独详情。在每个阶段，应该按照预设的配方消耗规定量的原料。有时这些数量会被操作员/技术人员所忽略。还详细提供了每种单一原料的预估消耗量、实际消耗量以及可接受的浮动范围的信息。

至此对数据的维度已一清二楚，下面进一步去解决问题。

为了研究哪些因素影响了洗涤剂的成品质量，尝试探究整个数据维度的全貌。稍后将采用免费的 R 语言和集成开发环境 RStudio 来处理和可视化数据，这两者可用于各种 UNIX 平台、Windows 和 Mac OS 系统。对共同结果的解释与代码无关。如果读者在技术上不熟悉编程，则只需阅读代码或跳过代码直接转到结果以理解步骤。读者不会因此错过解决问题和结果解释步骤的任何细节。

首先，导入数据，全方面地探索数据集。

数据可直接从作者（为本书创建）的公共存储库下载，或者通过从帕克特出版有限公司的存储库下载 csv 文件。为了方便起见，这里通过直接的公共存储库链接来获取数据：

```
#Read data
（读取数据）
url<-
"https://github.com/jojo62000/Smarter_Decisions/raw/master/Chapter%203
/Data/BO5341_IoTData.csv"

data<-read.csv(url)
#Check the dimensions of the dataset
（检查数据集的维度）

#Result
（结果）

> dim(data)
[1] 1000 122

> colnames(data)[1:20]
 [1] "X"                              "Product_Qty_Unit"
 [3] "Product_ID"                     "Production_Start_Time"
 [5] "Output_QualityParameter1"       "Material_ID"
 [7] "Product_Name"                   "Output_QualityParameter2"
 [9] "Output_QualityParameter3"       "Output_QualityParameter4"
[11] "ManufacturingOrder_ID"          "AssemblyLine_ID"
[13] "Order_Quantity"                 "Produced_Quantity"
[15] "Site_location"                  "Manufacturing_StartDate"
[17] "Manufacturing_EndDate"          "Manufacturing_StartTS"
[19] "Manufacturing_EndTS"            "Total_Manufacturing_Time_mins"
```

数据导入软件后，可检查数据集的大小或维度。数据集显示为 1000×122，这表明数据有 1000 行和 122 列。另外，通过查看数据中前 20 列的名称，可看到 Product ID（产品 ID）和 Product Name（产品名称）、Output Quality Parameters（成品质量参数）以及其他一些与生产加工相关的列。为了查明数据是如何组成的，这时要去探索每一列的内容：

注意：

由于列数非常高（>100），此处将采用一小块数据（一次 20 列）来探索数据。同时也可到互联网上免费获取一些 R 语言软件包。如果要在 R 语言中安装新软件包，请执行以下命令：

```
> e.g. install.packages("package-name")
```

注意：

安装完成后，可用'library'命令将软件包加载到内存中：

```
>library(package-name)
```

```
> library(dplyr)
> glimpse(data[1:20])

Observations: 1,000 Variables: 20 $ X (int) 1, 2, 3, 4, 5, 6, 7, 8, 9,... $
Product_Qty_Unit (fctr) KG, KG, KG, KG, KG, KG, KG... $ Product_ID (fctr)
Product_0407, Product_040... $ Production_Start_Time (int) 40656, 201026,
81616, 202857,.. $ Output_QualityParameter1 (dbl) 380.0000, 391.0821,
386.162,... $ Material_ID (int) 1234, 1234, 1234, 1234, 1234... $
Product_Name (fctr) Tide Plus Oxi, Tide Plus Ox... $
Output_QualityParameter2 (dbl) 15625.00, 14202.98, 16356.87,.. $
Output_QualityParameter3 (dbl) 39000.00, 36257.61, 39566.61,. $
Output_QualityParameter4 (dbl) 7550.000, 7151.502, 8368.513,. $
ManufacturingOrder_ID (int) 1, 2, 3, 4, 5, 6, 7, 8, 9, 10,. $
AssemblyLine_ID (fctr) Line 2, Line 2, Line 2, Line.. $ Order_Quantity
(int) 3800, 3800, 3800, 3800, 3800,. $ Produced_Quantity (dbl) 0, 3140, 0,
3800, 0, 4142,... $ Site_location (fctr) Pune, Pune, Pune, Pune, P... $
Manufacturing_StartDate (fctr) 20-02-2014 00:00, 24-02-201... $
Manufacturing_EndDate (fctr) 20-02-2014 00:00, 25-02-20... $
Manufacturing_StartTS (fctr) 20-02-2014 04:06, 24-02-20... $
Manufacturing_EndTS (fctr) 20-02-2014 10:06, 25-02-201.. $
Total_Manufacturing_Time_mins (int) 360, 1080, 180, 360, 240,...
```

接着将在 R 语言中选用一个名为 dplyr 的特殊软件包，毫不费力地完成这些数据工程步骤。dplyr 软件包中的 glimpse 命令可帮助深入查看数据集。在这里开始探索前 20 列的内容，努力地将数据理解透彻。

第 1 列的 X 是一个整数变量和一个序列号。下面来验证这一点：

```
> length(unique(data$X)) # counting the number of unique values（计算唯一值的数目）
[1] 1000
```

确实是有 1000 行数据，而 unique 函数求出该列的数据点计数也是 1000。

Product_Qty_Unit（即产品数量单位）表示产品（即生产的洗涤剂）数量的测量单位。下面来看看采用了哪些不同的单位来测量产品的数量：

```
> unique(data$Product_Qty_Unit)
[1] KG
Levels: KG
```

上述代码求出该列的值只有一个，因此可得出结论，所有记录产品生产量的计量单位都是相同的。

Product_ID 和 Material_ID 是工厂生产的每个产品的唯一标识，可查看数据集里不同数量的产品。但是，在本用例的数据集里只有一种材料和一种产品的数据。假设产品是 Apple iPhone 6S，材料是 iPhone 6S 64 GB。在本用例中，材料 Tide Plus Oxi 是产品汰渍的一种洗衣粉变体。以下代码可探查数据中 Product_ID 和 Material_ID 的不同计数，并可查看相应的值：

```
> length(unique(data$Product_ID))
[1] 1
> length(unique(data$Material_ID))
[1] 1
> length(unique(data$Product_Name))
[1] 1
> unique(data$Product_Name)
[1] Tide Plus Oxi
Levels: Tide Plus Oxi
```

Output_Quality Parameter（即成品质量参数）1～4 列记录了产品的最终成品质量。这些参数共同决定最终产品是合格还是不合格。为了解决问题，接着就来探究成品质量的各项参数。

以下代码使用 sunmmary 命令给出了 4 个列的分位数分布摘要信息：

```
> summary(data$Output_QualityParameter1)
   Min.  1st Qu.  Median   Mean  3rd Qu.   Max.
```

```
 368.6   390.5    421.1  414.3   437.5  478.4
> summary(data$Output_QualityParameter2)
  Min.  1st Qu.  Median   Mean  3rd Qu.   Max.
 12130    14330   15220  15280    16110  20800
> summary(data$Output_QualityParameter3)
  Min.  1st Qu.   Median   Mean  3rd Qu.   Max.
 29220    35020    37150  37320    39650  48000
> summary(data$Output_QualityParameter4)
  Min.  1st Qu.   Median  Mean  3rd Qu.   Max.
  5725     7550     8012  8029     8485  10600
```

如上所示，全部 4 个参数在范围、数值和分布方面完全不同。Output Quality Parameter 1（成品质量参数 1）的数值大部分落在 350～500，而 Output Quality Parameter 2（成品质量参数 2）的范围则是从 12000 到 25000 不等，其他参数依此类推。

ManufacturingOrder_ID（即生产订单 ID）表示用于每个生产订单的一个唯一键值（a unique key）。此处的数据表明一行数据即代表一个生产订单。

AssemblyLine_ID（即生产线 ID）表示在哪条生产线上生产的产品。一般而言，在任何一个生产车间里，都会有多条生产多种产品的生产线。在这里，从下面代码可看到，有两条用于生产的不同生产线，即 Line 1 和 Line 2：

```
> unique(data$AssemblyLine_ID)
[1] Line 2 Line 1
Levels: Line 1 Line 2
```

Order_Quantity（订单量）和 Produced_Quantity（生产量）表明订单的需求量和实际生产量。下面看看这两者数量是否总是完全相同或总是截然不同：

```
> summary(data$Order_Quantity)
  Min.  1st Qu.  Median   Mean  3rd Qu.  Max.①
     0     5000    5000   4983     5600  5600
> summary(data$Produced_Quantity)
  Min.  1st Qu.  Median   Mean  3rd Qu.  Max.
     0     4980    5280   5171     5757  8064
>#Let's summarize the absolute difference between the two
```

① Min.（最小值）、1st Qu.（第一四分位数）、Median（中位数）、Mean（均值）、3rd Qu.（第三四分位数）以及 Max.（最大值）。——译者注

```
(这里来总结两者的绝对差值)
> summary(abs(data$Produced_Quantity - data$Order_Quantity))
   Min.  1st Qu.  Median   Mean  3rd Qu.    Max.
    0.0     89.6   201.6  344.8    336.0  5600.0
```

上述代码给出了 Order_Quantity、Produced_Quantity 的摘要（即分位数分布）信息，以及这两者绝对差值。在大多数情况下，order_quantity 订单需求量大约是 5000 千克（请参阅 order_quantity 摘要中的中位数），但是生产量处处相差很小。生产量和需求量的绝对差值摘要显示为一个平均数，约为 345，而中位数即第 50 百分位数则约为 200，这表明在大多数情况下，需求量和生产量之间肯定存在差异。

Site_location（即生产地点）提供了生产产品的工厂地点。在这里的用例中，只有一个工厂地点的数据（因为该运营负责人只负责一个地点的生产）：

```
> unique(data$Site_location)
[1] Pune
Levels: Pune
```

Manufacturing_StartDate、Manufacturing_EndDate、Manufacturing_StartTS 和 Manufacturing_EndTS 分别记录每个生产订单的开始日期、结束日期、开始时间戳和结束时间戳。Total_Manufacturing_Time_mins 则以分钟为单位记录总加工时间。

```
> summary(data$Total_Manufacturing_Time_mins)
   Min.  1st Qu.  Median   Mean  3rd Qu.    Max.
    0.0    180.0   240.0  257.8    240.0  2880.0
```

从加工时间的分布来看，很容易地发现异常值（第三四分位数与最大值之间的巨大差值），因此需要分别处理。可能有一些异常数据点的加工时间为 0。

快速浏览了以上数据集的前 20 列之后，接着查看下一个 20 列的数据：

```
> colnames(data)[21:45]

 [1] "Stage1_PrevProduct"              "Stage1_DelayFlag"
 [3] "Stage1_ProcessingTime_mins"      "Stage1_RM1_QParameter2"
 [5] "Stage1_RM1_QParameter1"          "Stage1_RM2_QParameter2"
 [7] "Stage1_RM2_QParameter1"          "Stage1_RM2_RequiredQty"
 [9] "Stage1_RM2_ConsumedQty"          "Stage1_RM2_ToleranceQty"
[11] "Stage1_ProductChange_Flag"       "Stage1_QP1_Low"
[13] "Stage1_QP1_Actual"               "Stage1_QP1_High"
```

```
[15] "Stage1_QP2_Low"                "Stage1_QP2_Actual"
[17] "Stage1_QP2_High"               "Stage1_QP3_Low"
[19] "Stage1_QP3_Actual"             "Stage1_QP3_High"
[21] "Stage1_QP4_Low"                "Stage1_QP4_Actual"
[23] "Stage1_QP4_High"               "Stage1_ResourceName"
[25] "Stage2_DelayFlag"
```

在探索接下来的 25 个列时，会看到这些列提供了更多阶段层级上的详情。第一阶段的所有属性都以 Stage1 作为后缀。如果查看前面全部的列，就能清晰地发现在目前的产品生产过程中，恰好包含有 5 个阶段：

```
> #Identify the distinct Stages present in the data
（识别数据中的各个不同阶段）
> unique(substring(colnames(data)[grep("Stage",colnames(data))],1,6))
[1] "Stage1" "Stage2" "Stage3" "Stage4" "Stage5"
```

上述代码首先从以 Stage 和名称中的前 6 个字符开头的列名中提取索引，最后再检查那些唯一索引。

在阶段 1（Stage 1）中，Stage1_DelayFlag（即阶段 1 延迟提示）表明生产过程中阶段 1 是否有延迟。同样，Stage1_ProductChange_Flag（即阶段 1 产品变化提示）表示生产过程中产品是否发生了变化，即同一台机器上生产的先前产品是否不相同或是否相同：

```
> unique(data$Stage1_DelayFlag)
[1] No Yes
Levels: No Yes
> unique(data$Stage1_ProductChange_Flag)
[1] No Yes
Levels: No Yes
```

Stage1_RM1_QParameter1（即阶段 1 原料 1 质量参数 1）提供第一阶段中采用的第一种原料的第一个质量参数的一些值。

以上的命名规则相当简单，即按照 Stage-x 的形式进行命名。这里，x 表示加工的阶段，可以是 1～5 的任何值。RM 代表原料，RM1 代表原料 1 等。QParameter1 表示质量参数，1 表示第一个。因此，Stage1_RM1_QParameter1 表示第一阶段中采用的第一种原材料的第一个质量参数。同样地，Stage1_RM1_QParameter2 表示在第一阶段中采用的第一种原材料的第二个质量参数。在特定阶段，可以采用多种原料，并且这些原料都可以各有多个质量参数。

而 Stage1_QP2_Low（即阶段 1 质量参数 2 下限）说明阶段 1 中合成混合物的第二个质量参数。Low（下限）、High（上限）和 Actual（实际）分别表示每个参数的相应值。Low 表示控制下限，High 表示控制上限，而 Actual 表示合成混合物质量检验的实际值。

同样地，Stage1_RM2_ConsumedQty（即阶段 1 原料 2 消耗量）表示阶段 1 原料 2 的消耗数量，并且 Stage1_RM2_RequiredQty（即阶段 1 原料 2 需求量）指明了相应原料的需求量。在每个阶段，每种原料都设定有各不相同的消耗量以及可接受的浮动范围。每种原料的需求量、消耗量和可接受范围也可能有或者可能没有。

Stage1_PrevProduct（即阶段 1 先前产品）提供了前一个生产订单中在机器上生产的先前产品，并且 Stage1_ResourceName 表明了在阶段 1 生产过程中采用了哪些资源/机器。

阶段 2 至阶段 5 也采用了上述同样的命名规则。

下面详细探讨更多阶段 1 的信息：

```
> summary(data$Stage1_RM1_QParameter1)
 Min.  1st Qu.  Median  Mean  3rd Qu.  Max.
 3765     4267    4275  4275     4319  4932
> summary(data$Stage1_RM1_QParameter2)
  Min.  1st Qu.  Median  Mean  3rd Qu.  Max.
 2.400    3.361   3.394 3.394   3.454 4.230
> summary(data$Stage1_RM2_QParameter1)
  Min.  1st Qu.  Median  Mean  3rd Qu.  Max.
 132.0    138.8   146.8 146.8   155.0  162.7
> summary(data$Stage1_RM2_QParameter2)
  Min.  1st Qu.  Median  Mean  3rd Qu.  Max.
 41.29    46.53   50.22 50.22   52.76  68.82
```

阶段 1 中采用了两种原料，而每一种原料都有两个质量参数用于检测。此外，每个质量参数的值都落在不同的范围内。

同样，通过查看阶段 1 每种原料的需求量和消耗量，就能发现它们存在微小的差异，并且在很多情况下，可以断言这些需求量和消耗量都超出了可接受的量：

```
> summary(data$Stage1_RM2_RequiredQty)
  Min.  1st Qu.   Median  Mean  3rd Qu.  Max.
 300.0    450.0    450.0 443.7    504.0 504.0
> summary(data$Stage1_RM2_ConsumedQty)
  Min.  1st Qu.   Median  Mean  3rd Qu.  Max.
 291.0    448.5    451.5 442.9    505.7 505.7
```

```
> summary(data$Stage1_RM2_ToleranceQty)
   Min.  1st Qu.  Median   Mean  3rd Qu.   Max.
  1.000   1.500   1.500  1.478   1.680  1.680

> Studying the summary of absolute difference between Required and Consumed
Quantity
（研究需求量与消耗量的绝对差值摘要）

> summary(abs(data$Stage1_RM2_RequiredQty- data$Stage1_RM2_ConsumedQty))
   Min.  1st Qu.  Median   Mean  3rd Qu.   Max.
  0.000   1.500   1.500  2.522   1.680  10.080
```

同样，在阶段 1 的加工完成之后，从原料 1 和原料 2 产生一种最终混合物。Stage1_QP1_Low 列含有这个最终混合物质量参数的下限值。加工完成后，每个阶段检测 4 个不同的质量参数：

```
> summary(data$Stage1_QP1_Low)
   Min.  1st Qu.  Median   Mean  3rd Qu.   Max.
  180.0   188.3   195.5  203.1   217.4  254.8
> summary(data$Stage1_QP1_Actual)
   Min.  1st Qu.  Median   Mean  3rd Qu.   Max.
  194.4   246.5   270.0  277.8   298.7  2760.0
> summary(data$Stage1_QP1_High)
   Min.  1st Qu.  Median   Mean  3rd Qu.   Max.
  280.0   292.9   304.2  315.4   337.9  396.4
```

最后，资源名称（resource name）表示用于生产过程的机器和有关先前产品生产的信息。简而言之，在阶段 1 使用了 5 台不同的机器，以及在生产现有产品之前，机器先前生产了大约 26 种不同的产品：

```
> length(unique(data$Stage1_PrevProduct))
[1] 26
> length(unique(data$Stage1_ResourceName))
[1] 5
```

可用类似的方式去探究阶段 2、3、4 和 5 的数据维度。每个阶段的列名称的命名规则都和阶段 1 保持一致。本书建议在进入探索性数据分析步骤之前，先要仔细地对所有列进行自探索。

最后的一个列为 Detergent_Quality（即洗涤剂质量），它指明生产出来的产品的质量最终为 Good Quality（良品）或 Bad Quality（不良品）。这个数据维度对即将进行的分析大有帮助。以下代码显示了该列的摘要。可以看到，大约 20%的产品因为属于不良品而被视为不合格产品。

```
> summary(data$Detergent_Quality)
Bad  Good
225  775
```

5. 数据探查信息汇总

目前对数据进行的数据探索性练习仍然十分浅显朴素。至此仅仅对所能够证明的假设，数据是什么样的，以及数据提供的信息等有了粗浅的了解而已。因此，从所有这些练习中所学习到的知识也只是鸟瞰一窥仅领略粗浅。前面研究了生产过程的各种数据维度，比如生产地点、生产出来的产品，生产量和需求量，以及其他高层次的细节。对于阶段 1，探索了采用的单种原料和在阶段 1 生成的混合物的各种质量参数。还探查了每种原料的需求量和消耗量以及各自的可接受的浮动范围。此外，也深入了解阶段延迟，产品变化提示和阶段加工时间等各种类别因素。这里强烈建议对阶段 2、3、4 和 5 的所有数据维度都进行进一步的自探索。

3.1.3　特征探索

以上在数据探查过程中对数据进行了广泛的研究。在此基础上，就可以切实地找出数据中有希望深入挖掘的领域。如果决策科学家深入彻底地研究数据，并且能够找出具体关键点或关键领域，这对决策科学家无疑收获很大。在这一节中，不会对各个方面深入研究，而是留待后续章节进行探讨。当前的主要任务是找到在前面练习期间所用数据的关键点。

首先学习用于深入分析数据的特征，即“特征工程”，这是一个应用领域知识创建特征/变量的过程。在探索较高层次的数据时，从直接使用的角度来看，数据集当中的一些变量/列具有不少分析价值。例如，生产起始日期或结束日期在开始时并不会真正增加任何分析价值。然而，如果仔细研究一下，那么对于生产中某一周或某一月的某一天极有可能是会产生影响的。原因可能各种各样，而且在许多情况下，最终对比后发现这些变化产生的影响可能极其微小。但是，如果在用例中出现这样一个罕见的情况，那么产生的效益却可能是无比巨大的。为了更透彻地理解这一点，以烹饪为例。在一年四季中，炒菜所需的时间会发生微小的变化。在一些特定的生产情况下，这种细微变化会造成不良品，因此研究季节性的影响并相应地采取预防措施不可或缺。

同样地，还有一些变量给出了不同阶段原料的消耗量、需求量和可接受的浮动范围。这三者是数据集当中的 3 个不同的变量，但是可以通过指出在原料消耗过程中观察到的偏差百分比，从而形成一个新的特征。这时从外行人的角度来思考：如果从一个特征获得的结果影响更大也更容易理解，那么就远远好过结合多个变量推断出的相同结果。这个过程不断地在演变。在许多情况下，创建出的一些特征不仅仅是由领域知识驱动的，而是统计学和业务知识两者的结合。可能有一些情况下，要用到更强大的统计技术去发掘数据中的潜在特征，帮助更清楚地理解问题。类似地，也可以应用诸如主成分分析（PCA）的复杂算法来创建完全由统计驱动的特征。从外行人的角度来看，这些特征可能并不是非常直观，但是当努力深入研究（探查性和预测性的）问题时，这些特征是大有作为的。

在接下来的小节和第 4 章节中，将详细探讨每一种情况，以便更好地解决问题。

3.1.4 了解数据全貌

1. 搭建数据的背景信息

截至目前，仅从数据的角度来处理数据，换言之，对与数据和问题有关的领域知识的掌握依然十分有限。在这种情况下，只是探清了数据的概况，还需对领域和流程相关的知识加以利用，深入接触和理解数据，以便更好地解决问题。在任何决策科学用例中，只要接收到了数据，最常采用的方法都是从端到端地探索数据。这种探索包括深入到数据的每个维度穷原竟委，努力发掘潜在的数据信息和模式，应用数据驱动的洞见去找出问题内在的联系。可是在这里，却忽略了领域的背景信息！而这些背景信息无疑是举足轻重，不可或缺的。在获得了更为详细的领域背景信息和流程层级的信息之后，才能够更透彻地理解数据。

为了识别出有价值的数据，可下一步查明与数据相关的领域和流程的信息。通常采取的做法是对数据进行初步的探查研究，再向行业专家（subject matter expert，SME）或领域专家针对数据提出问题，同时请他们对此做出澄清。为了方便起见，这里预先提供了解决问题所需的初始背景和几个与领域相关方面的信息。通常，在解决问题时，强烈建议读者向行业专家请教与问题相关的全部综合问题，以便完整无缺地把握数据的全貌。

2. 数据的领域背景信息

以下摘录为数据和问题提供了更为深入的领域知识。在现实生活中，只需与几位领域专家、数据专家和运营专家口头交流并虚心求教，接着再对领域进行研究，就能实现这一目标。

在本用例中，宝洁公司是一家领先的消费品生产商，在全球各地生产大量的产品。宝洁公司其中一家生产工厂位于印度浦那。那里的生产车间拥有大约 10 条流水线（一条流水线负责一种产品的端到端生产）。每一条流水线都配备了多台机器，即资源，每台机器在生产过程中负责一个阶段的生产。一条流水线可以生产多种产品，比如不同品牌的洗涤剂可细分为各不相同的产品，并在同一条流水线上生产。

该用例涉及洗衣粉的生产，（假设）该洗衣粉是汰渍的另一种产品变体。在一个单独生产过程中，生产出大约 5000 千克的洗衣粉，再分装成 1 千克/0.5 千克的小包装等。生产过程部分自动化，而负责该生产过程的技术人员有时可能会重置一些设置以避免生产出不良品。为了较好地理解这一点，用一个咖喱烹饪例子来做类比。比如您正在烹饪西红柿咖喱，而且您对配方也了如指掌。在烹饪过程中，您发现加了太多的水。所以继续加热咖喱混合物并搅拌一段时间，以期最后能按食谱做出您所期待的咖喱菜肴。当您发现从不同的供应商购买来的相同产品，却拥有不同的口味，有时您就可能会在菜肴中添加其他一些盐或香料。这种情况在洗涤剂生产过程中也同样适用。尽管生产流程的主要部分是自动化的，但是同一种产品有可能采用多种方式生产，而且仍然产生相同的结果（属性）。

在用例中，洗涤剂生产过程分为 5 个不同的阶段/时期。每个阶段都要完成一个特定的过程（如果是做一碗面条，把煮面当成第一阶段，接着把香料和蔬菜一起煮为第二阶段，最后第三阶段将蔬菜混合物浇淋在面条上成为一道面食）。在这个过程的不同阶段可以加入各种原料。在此用例中，阶段 1 有两种原料混合在一起形成混合物。在机器中加热数分钟后加工该混合物。加工后，混合物就被输送到阶段 2，这时混合物按照不同的设置进行加工，此处无须添加任何新的原料（成分），之后加工后的混合物又被传送到下一个阶段。在阶段 3 中，加入两种新的原料，然后将得到的混合物加工几分钟以形成新的混合物。接着将阶段 3 的混合物传输到阶段 4 和阶段 5，并在压力/温度等不同的设置下进一步加工。最后，阶段 5 的成品就是在生产过程中生产的洗涤剂。

图 3.2 从更高层次描述了整个生产过程。

整个生产过程采用监控和数据采集（supervisory control and data acquisition，SCADA）系统进行监控。负责加工的技术人员可从中捕获到生产过程中和生产过程后每个阶段的有关成品和属性的数据。通过 SCADA 系统收集数据，再存储到其他地方用于调查和分析。在用例中，选用仅在印度浦那的一个地点生产的一种产品的数据。

出于安全原因，这里屏蔽了原料名称和质量参数名称。同样地，质量参数的值已利用算法进行缩放方便观察，但同时却保持（数据）关系完整。如果一些质量参数的值看起来没有科学意义，则假定这些值已被屏蔽。

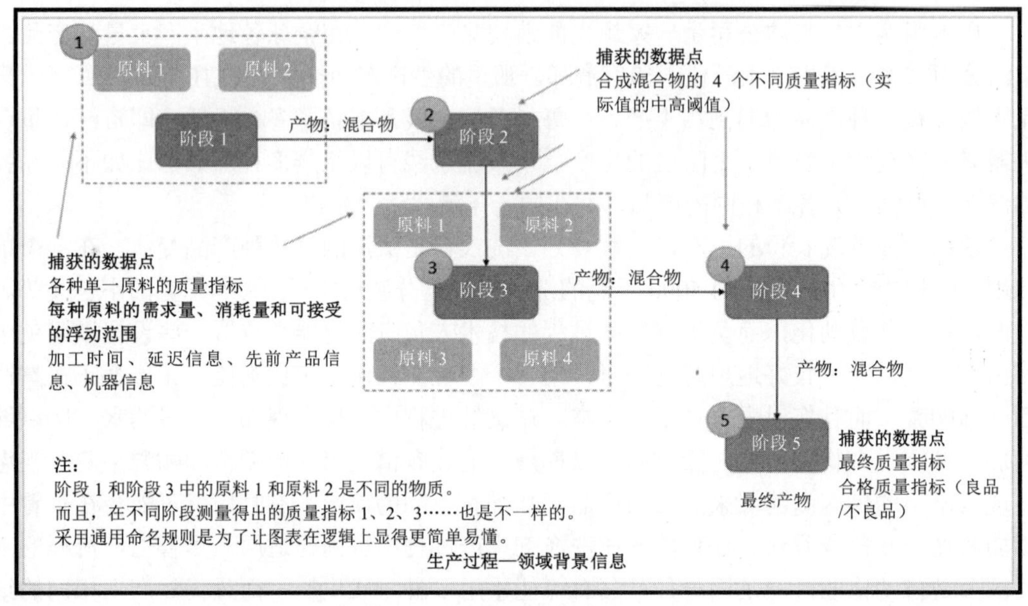

图 3.2

图 3.3 让读者对生产工厂数据进行采集、处理和分析的整个过程了解得一清二楚。

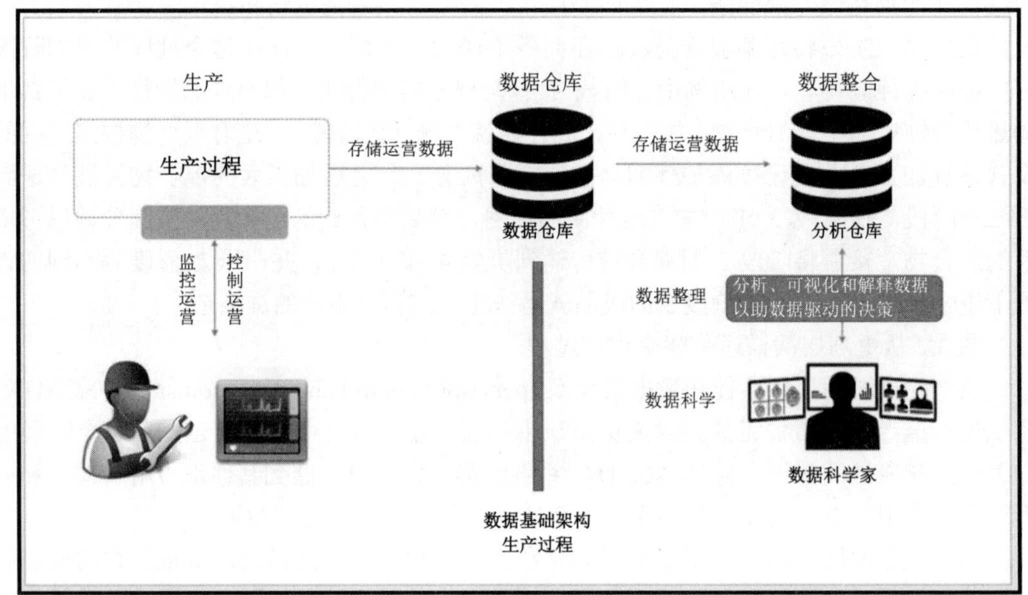

图 3.3

生产过程是在工厂中进行的，技术人员负责监督整个过程。主管可以访问复杂的软件和系统即控制基础架构，这有助于实时监控质量参数和生产过程相关参数。在现有条件的基础上，技术人员可能会在特定阶段采取加热或加工更长的时间。 然后将生产过程中监控的数据存储到数据仓库中，稍后用于调查和分析。随后决策科学家访问该分析仓库（即分析就绪的数据仓库）进行分析。为了找出有助于决策过程的模式，决策科学家对海量数据进行提取、处理和搜集分析。

创建专门用于用例的各种分析表的过程称为数据整合（即针对特定用例将不同来源的数据整理在一起）。同样，采用这些数据集来探索数据，导出新数据并发现潜在模式的过程被称为数据整理。最后，使用新创建的、派生的和现有数据集去发现模式、解决问题和回答商业问题的技术和科学被称为决策科学。

3.2　通过数据（单变量）探索物联网生态系统各个维度

本节将深入探究物联网用例中的每个维度，更加切实地了解数据展示的信息。而且进行广泛的单变量分析，研究整个数据全貌并将其可视化。

3.2.1　数据显示了什么

（在上一节“3.1　识别有用数据做出决策”中）访问了数据维度，同时探索了数据中有用的数据，并且明白了 Product_Qty_Unit、Product_ID、Material_ID 和 Product_Name 这些名称所代表的含义，即表明这些列包含有一个单值。因此，可得出结论：用例中的数据是为特定产品提供的，其成品以千克为单位来衡量。下面将细细研究 Order Quantity（订单量）和 Produced Quantity（生产量）。前面探究数据维度时，使用了（R 语言）summary 命令来求出百分位分布。接下来还会做更进一步的研究。

Order Quantity 和 Produced Quantity 都属于连续变量，换言之，一个变量可以有无数个可能的值（比如零到一百万之间的任意数字）。这时可用直方图或频数多边图（frequency polygon）研究连续变量，并且研究数据的分布情况：

```
#We will use the library 'ggplot2' to visualize the data
（这里将采用'ggplot2'库来可视化数据）
> library(ggplot2)

#Plot a Histogram for Order Quantity
```

```
（绘制一个 Order Quantity（订单量）的直方图）

> #setting Bin width to 500, as we have a range of 0 to 5000+
（因为数据范围为 0 to 5000+，所以将 Bin 宽度设为 500）
> ggplot(data = data, aes(data$Order_Quantity))
+geom_histogram(binwidth=500)

#Plot a Histogram for Produced Quantity
（绘制一个 Produced Quantity（生产量）的直方图）
> ggplot(data = data, aes(data$Produced_Quantity))
+geom_histogram(binwidth=500)
```

上面的代码给 Order Quantity 和 Produced Quantity 变量绘制了两个单独的直方图。只需随便一瞥，就能清楚地看出这两个变量之间存在差异，但是要将两个几乎相同的相似物进行比较颇有困难。图 3.4 中每个 Bin 的宽度为 500，可以看到，Produced Quantity 中的数值比 Order Quantity 的更多地分布在 2500～7500。

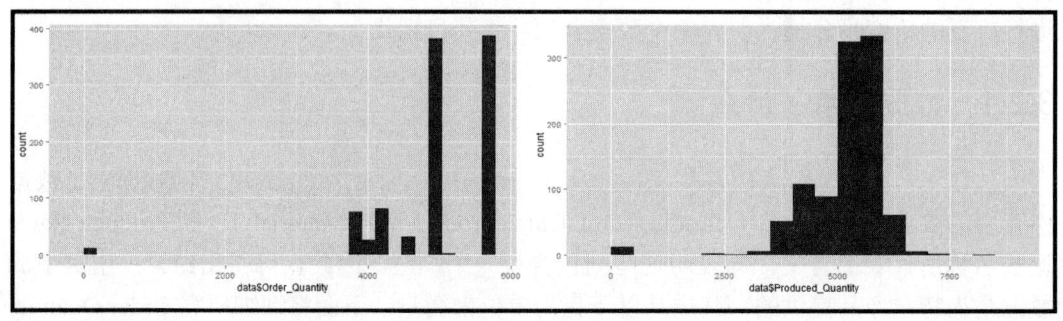

图 3.4

为了便于比较，采用一个频数多边形。在需要同时比较两个数据维度的情况下，使用频数多边形而非直方图，如图 3.5 所示。

```
ggplot(data = data) +
geom_freqpoly(binwidth=500,aes(data$Order_Quantity),color="red",size=1) +
geom_freqpoly(binwidth
=500,aes(data$Produced_Quantity),color="blue",size=1)
```

图 3.5 中的频数多边形同时展示了生产量和（订单）需求量的分布。从数据中可清楚地发现这两个变量之间存在一个细微的差别。订单量在 5000～6000 出现了小幅上扬波动，在 6000～7000 的范围内，也发生了同样的波动但却是下降的，此处显示出生产量高于订

单量。简而言之，可以明确地得出结论，对于很多资源来说，当订单量约为 5000 千克时，生产量就会更高。不需将这些变量作为两个单独的变量，而是将它们创建为一个特征并将其用于进一步分析。

```
>ggplot(data = data) +
    geom_freqpoly(binwidth=10,aes(abs(data$Order_Quantity -
data$Produced_Quantity)))
```

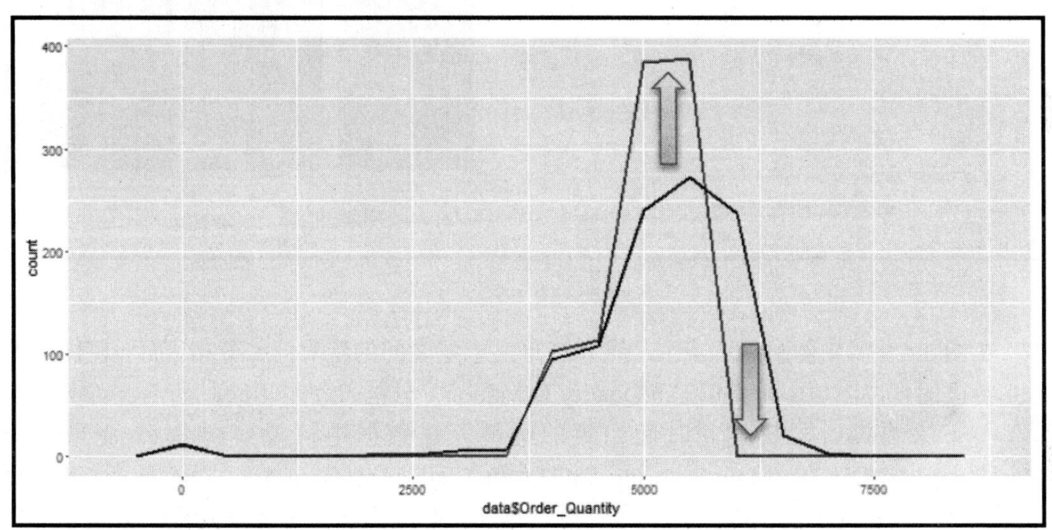

图 3.5

观察图 3.6 可以肯定，有相当多的记录与实际的订单有 0～500 个单位的偏差。可采用每个生产订单中的偏差，而不是分别使用这两个变量。新的变量比另外两个包含更多的信息。同样，也可考虑为该偏差创建一个新的类别，即高（High）、中（Medium）以及低（Low）。并且观察偏差的分布，比如落在第一个分区的第 30～40 百分位数中的为低，落在下一个分区为中，最后一个分区则为高。所有落在相似范围内的偏差都极有可能代表类似行为导致的结果，也就是生产过程中产生的类似错误或模式。因此，定义一个类别来代表这些偏差有助于让分析变得更加轻松。

```
#Creating a new feature/segments for Quantity deviations
（给数量偏差"Quantity Deviation"创建一个新的特征/分区）


>temp<-(abs(data$Order_Quantity - data$Produced_Quantity))
>data$Quantity_Deviation<-ifelse(temp<= 150,"Low",ifelse(temp<=
```

```
300,"Medium","High"))

>ggplot(data, aes(x=Quantity_Deviation)) + geom_bar()
```

绘制出的图放在图 3.6 左侧。

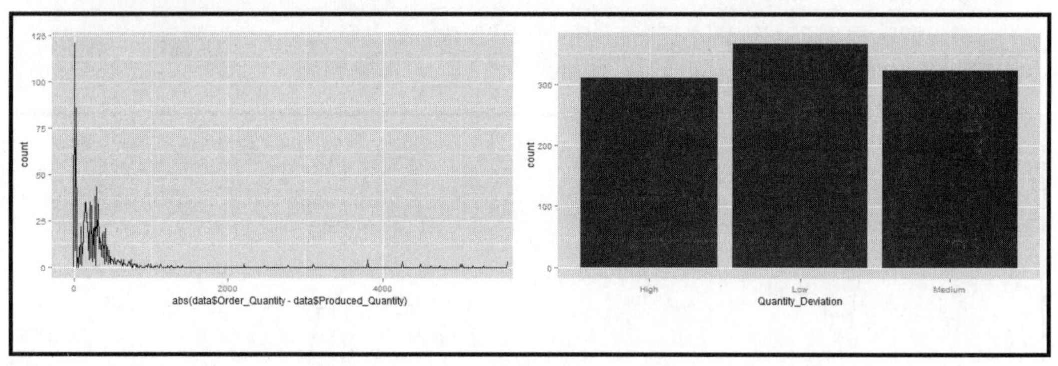

图 3.6

在图 3.6 中，左侧图显示了生产量和订单需求量之间的绝对偏差分布，而右侧图表明派生特征的直方图，即质量偏差（Quality Deviation）分区。

接下来将探讨与日期和时间相关的维度。在数据中可观察到 3 个变量，即 Manufacturing_StartTS、Manufacturing_EndTS 和 Total_Manufacturing_Time_mins，其中给出了生产日期和时间的详细信息。尽管可以将加工时间当作一个重要变量，但生产开始和结束的时间戳不会真正增加价值，因为该变量可能有 1000 个不同的时间戳。相反，如果尝试创建一个特征，从较少数据收集信息，则解释模式将变得格外简单。可以创建一些特征，诸如一天的某个小时、一周的某一天以及一个月的某一天，了解时间上的变化是否会对最终的问题产生影响。另外，如果创建一个将加工时间与季节特征叠加起来的特征，那么新的结果特征将变成问题解决中非常强大的一个维度：

```
>
quantile(data$Total_Manufacturing_Time_mins,c(0.1,0.5,0.7,0.9,0.95,0.98,0.99,1.0))
  10%    50%    70%    90%    95%    98%    99%    100%
180.0  240.0  240.0  300.0  360.0  600.0  842.4  2880.0
```

观察加工时间的百分位数分布，可以明显地看到有一个异常值存在（从 98%到 100%）。从经验法则出发，为了去除异常值，需用 98%的值取代所有高于 98%的值。如果没有处理异常值，错误解释数据的概率则会非常高：

```
#Treating outliers, by replacing the values above 98th percentile with the
98th percentile
（异常值处理，用第 98 个百分位数的值取代所有高于第 98 个百分位数的值）

> threshold<-quantile(data$Total_Manufacturing_Time_mins,0.98)
> temp<-data$Total_Manufacturing_Time_mins
> temp<-ifelse(temp>threshold,threshold,temp)
> data$Total_Manufacturing_Time_mins<-temp
> quantile(data$Total_Manufacturing_Time_mins)

0%  25%  50%  75%  100%
 0  180  240  240   600
```

在生产过程层级上抓取数据信息的其他变量，即 Product ID（产品 ID）、Product Name（产品名称）、Manufacturing Order ID（生产订单 ID）、Assembly Line ID（流水线 ID）和 Site Location（工厂地点），这些变量在前面章节（参见 3.1 节）中已探讨过了。所有其他维度为我们提供了有关数据的背景信息，如正在生产的产品，生产工厂的地点位置等。由于这些维度（除了 Assembly Line ID 以外），只有一种表现形式，即只有一个值，因此在后续的分析中考虑这些维度是没有多大价值的。Assembly Line ID 可用于进一步分析，因为这个维度能够确定哪条流水线用于生产哪种产品。

接下来，再从更细粒度层面去探究阶段层级的维度。以下是表示阶段 1 过程的各种维度：

```
> colnames(data[21:44])

 [1] "Stage1_PrevProduct"            "Stage1_DelayFlag"
 [3] "Stage1_ProcessingTime_mins"    "Stage1_RM1_QParameter2"
 [5] "Stage1_RM1_QParameter1"        "Stage1_RM2_QParameter2"
 [7] "Stage1_RM2_QParameter1"        "Stage1_RM2_RequiredQty"
 [9] "Stage1_RM2_ConsumedQty"        "Stage1_RM2_ToleranceQty"
[11] "Stage1_ProductChange_Flag"     "Stage1_QP1_Low"
[13] "Stage1_QP1_Actual"             "Stage1_QP1_High"
[15] "Stage1_QP2_Low"                "Stage1_QP2_Actual"
[17] "Stage1_QP2_High"               "Stage1_QP3_Low"
[19] "Stage1_QP3_Actual"             "Stage1_QP3_High"
[21] "Stage1_QP4_Low"                "Stage1_QP4_Actual"
[23] "Stage1_QP4_High"               "Stage1_ResourceName"
```

从 Stage1_PrevProduct 和 Stage1_ProductChange_Flag 开始分析，前者表示在同一生产线上以前生产的产品，而后者表明了对生产的产品出现不一样的情况发出一个提示（flag）。产品变化提示十分直观，可直接用于分析。这解释了在大约有 35%的情况下，在同一条生产线上生产的先前产品是不一样的。因此可以推测，在同一生产线上生产产品时，可能因为与之前使用的其他原料发生了轻微化学反应而产生了许多不良品，从而造成产品发生变化。

3.2.2 探索先前产品……

为了能够不费吹灰之力完成报告，现去找出每个单独的先前产品维度（即 stage1）出现的百分比：

```
>library(dplyr)
#通过使用"tapply"操作来分组进行聚合计数
> temp<-
as.data.frame(tapply(data$Product_ID,data$Stage1_PrevProduct,length))

> colnames(temp)<-"prev_product_count"
> temp$Product<-rownames(temp)

> temp$product_perc<-temp$prev_product_count/sum(temp$prev_product_count)

> temp<-arrange(temp,desc(product_perc))
> temp<-mutate(temp,cum_perc=cumsum(product_perc))

> nrow(temp)
[1] 26

> head(temp)

  prev_product_count     Product  product_perc  cum_perc
1                469 Product_545         0.469     0.469
2                352 Product_543         0.352     0.821
3                 30 Product_547         0.030     0.851
4                 26 Product_546         0.026     0.877
5                 18 Product_555         0.018     0.895
6                 16 Product_563         0.016     0.911
```

从上面可看出，在生产产品汰渍之前，大约有 26 种不同的产品都在同一生产线上生产。26 是一个相当大的数字——但不确定是否能够从中找出任何数据模式。现在先来观察这些产品在数据中是如何分布的。上述代码汇总了先前产品的频率计数，并计算总频率的百分比。product_perc 列显示每种产品在数据记录中所占的百分比。通过累计百分比总和，按序显示前六行。可以发现在先前产品的百分比分布有一个巨大的差距。在同一生产线的“汰渍”生产之前，生产 Product_545 的次数占了约 50%。而在 26 种产品中，名列前五名的产品贡献了大约 90%的数据。可把前五名产品分成 5 种类别而其余 21 种产品则为“Others（其他）”类别，或者只把 26 种产品分成两个类别，即“Product_545”和“All others（所有其他）”，因为第一个“Product_545”的百分比比所有其他产品的都高出许多。创建一个含有 6 个类别的新特征，即前五名产品各为 5 种类别，其他的全部产品为一种类别；或者创建只包含两个类别的新特征，即“Product_545”和“All others”所有其他的类别，这样可以帮助查清产生不良品的原因。将多个类别聚合在一起并减少层级，不仅能够减少数据中的噪声，还可使模式查找变得更容易、更直观，同时也利于数据科学家进行分析以及提高算法执行效率。下面就去创建这两个特征，稍后再去找出哪一个特征更加适合分析使用。

- 创建第一个特征：

```
>temp<-ifelse(data$Stage1_PrevProduct== "Product_545",
"Product_545","Others")
>data$Stage1_PrevProduct_1<-as.factor(temp)

>temp<-ifelse(data$Stage1_PrevProduct %in%
c("Product_545","Product_543",
"Product_547","Product_546","Product_555"),as.character(data$Stage1_Pr
evProduct),"Others")
```

- 创建第二个可选特征：

```
>data$Stage1_PrevProduct_2<-as.factor(temp)

>summary(data$Stage1_PrevProduct_1)
   Others     Product_545
    531          469

> summary(data$Stage1_PrevProduct_2)
Others   Product_543 Product_545 Product_546 Product_547 Product_555
  105        352         469          26          30          18
```

与总体加工时间类似，在阶段 1 的加工时间中出现了异常值，这时可采取前面的方法即以第 98 百分位数的值来取代这些异常值：

```
> quantile(data$Stage1_ProcessingTime_mins,c(0.1,0.5,0.9,0.98,1))
     10%        50%        90%        98%        100%
  35.0380    50.1500    79.0500    136.1852    2578.4800

> threshold<-quantile(data$Stage1_ProcessingTime_mins,0.98)

> temp<-data$Stage1_ProcessingTime_mins
> temp<-ifelse(temp>threshold,threshold,temp)

> summary(temp)
  Min.   1st Qu.   Median   Mean  3rd Qu.   Max.
  0.92    40.77     50.15   52.28   57.57  136.20
> data$Stage1_ProcessingTime_mins<-temp
```

紧接着探究 Raw Material Quality（原料质量）中的原料。阶段 1 使用了两种原料，每种都有两个独立的质量参数。正如前面章节“识别有用数据”中所探讨的那样，原料的所有质量参数都是连续的，它们的标准差远低于均值。因此，不需要对变量进行任何重大的转换。至多可能需要在预测性分析过程中对其进行归一化（第 4 章会讲述更多这方面的内容）。

通过以下代码，可获得阶段 1 每种原料的所有质量参数的均值、标准差、最小值和最大值：

```
#creating a temporary dataframe
（创建一个临时数据框）
> sample<-data[,c("Stage1_RM1_QParameter1","Stage1_RM1_QParameter2",
+                 "Stage1_RM2_QParameter1","Stage1_RM2_QParameter2")]
> t(apply(sample,2,function(x) c(min=min(x),max=max(x),sd=sd(x))))

                            min          max          mean          sd[①]
Stage1_RM1_QParameter1  3765.00000  4932.332160  4274.782808  210.39327
Stage1_RM1_QParameter2     2.40000     4.229568     3.394041  0.2802995
Stage1_RM2_QParameter1   132.00000   162.657600   146.784481    8.62362
Stage1_RM2_QParameter2    41.28572    68.820011    50.222232    4.38986
```

① sd：standard deviation 即标准差的缩写。——译者注

接下来的一个维度中包含了 Stage1_RM2_RequiredQty（阶段 1 原料 2 需求量）、Stage1_RM2_ConsumedQty（阶段 1 原料 2 消耗量）和 Stage1_RM2_ToleranceQty（阶段 1 原料 2 可接受浮动量）。这些命名都十分直观易懂，方便了解这些参数代表的意思。现在来看看前六行的数据以获得更多细节：

```
> head(data[,c("Stage1_RM2_RequiredQty",
"Stage1_RM2_ConsumedQty","Stage1_RM2_ToleranceQty")])
Stage1_RM2_RequiredQty Stage1_RM2_ConsumedQty Stage1_RM2_ToleranceQty
  1                     300                    292
  2                     300                    292
  3                     300                    292
  4                     300                    292
  5                     300                    292
  6                     300                    292
```

正如所看到的，上述代码显示了各种原料需求量以及在可允许的偏差的情况下消耗了多少原料。前六行似乎都超出了正常的消耗范围。现在创建一个名为 Stage1_RM2_ConsumptionFlag（阶段 1 原料 2 消耗提示）的特征，根据需求量和消耗量与可接受的浮动范围之间的差异来指明消耗属于正常还是异常。这里可以注意到，在大约 50%的情况下，都会出现异常情况：

```
> temp<-abs(data$Stage1_RM2_RequiredQty -
data$Stage1_RM2_ConsumedQty)
> temp<-ifelse(temp>data$Stage1_RM2_ToleranceQty,
  "Abnormal","Normal")
> data$Stage1_RM2_Consumption_Flag <-as.factor(temp)

> summary(data$Stage1_RM2_Consumption_Flag)

  Abnormal  Normal
    489       511
```

除了原料消耗细节和质量参数之外，还有阶段 1（以及所有其他阶段）合成混合物的质量参数。为该混合物检测的所有 4 个质量参数都包含在内，而且提供了每个质量参数的较低和较高阈值。接下来仔细观察这些数据：

```
head(data[,32:34],3)
Stage1_QP1_Low   Stage1_QP1_Actual Stage1_QP1_High
```

```
1        180.000         250.0000         280.00
2        181.035         231.3225         281.61
3        182.070         242.7600         283.22
```

如上所示，每个质量参数每一行都含有实际值、较低阈值和较高阈值。类似于以前的转换，可创建一个新的特征来表示质量参数落在正常范围之内还是之外：

```
> temp<-ifelse(data$Stage1_QP1_Actual > data$Stage1_QP1_Low &
data$Stage1_QP1_Actual > data$Stage1_QP1_High,"Normal","Abnormal")
> summary(as.factor(temp))

Abnormal   Normal
  976        24
```

然而，从上面看出，超过 90%的读数是不正常的。那么，如果把它们归类为正常和异常，那么并不会真正增加价值。在这种情况下，可采用正常范围的偏差百分比来表示。假设预期的值为 90～110，实际值是 140，那么正常值的偏差百分比为均值(90,110)= 100，与 100 的偏差是 40，因此得出 40%。

以下代码可求出阶段 1 质量参数 1（Quality Parameter 1）的偏差百分比：

```
> temp<-(data$Stage1_QP1_High + data$Stage1_QP1_Low)/2
> temp<-abs(data$Stage1_QP1_Actual-temp)/temp
> data$Stage1_QP1_deviation<-temp
> summary(data$Stage1_QP1_deviation)

   Min.  1st Qu.  Median     Mean  3rd Qu.    Max.
0.00000 0.04348  0.11300  0.13180  0.13040  9.67800
```

确实从上面发现了异常值，大约 900%的偏差。这时仍采取之前的方法即以第 98 百分位数的值取代这些异常值：

```
> threshold<-quantile(data$Stage1_QP1_deviation,0.98)
> temp<-data$Stage1_QP1_deviation
> temp<-ifelse(temp>threshold,threshold,temp)
> summary(temp)

   Min.  1st Qu.  Median     Mean  3rd  Qu.    Max.
0.00000 0.04348  0.11300  0.11280  0.13040  0.26090


> data$Stage1_QP1_deviation<-temp
```

同样，根据条件，可为阶段 1 最终混合物的其他 3 个质量参数创建特征。请参见以下代码，即给阶段 1 的其余 3 个质量参数创建了类似的特征：

```
#Extract the required column names
（提取所需的列名）
col_matrix<-t(matrix(colnames(data)[32:43],ncol=4,nrow=3))
#Iterate through loop for all the remaining 3 parameters
（循环遍历其余所有的 3 个参数）
for(x in 2:nrow(col_matrix))
                              {
                                 low<-col_matrix[x,1]
                                 high<-col_matrix[x,3]
                                 actual<-col_matrix[x,2]
                                 temp<-(data[,low] + data[,high])/2
                                 temp<-abs(data[,actual]-temp)/temp
                                 var<-paste0("Stage1_QP",x,"_deviation")
                                 print(var)
                                 data[,var]<-temp
                              }
```

同样地，可从阶段层级上对每个维度进行粒度级的探索，并且在所有其他阶段（阶段 2、3、4 和 5）更好地将维度转换成适合分析需求的维度。

注意：

建议读者采用类似的方法探索其余阶段的各个数据维度。

最后，该是研究最终结果的时候了。此时采用 4 个质量参数检测最终混合物即阶段 5 的成品。根据这 4 个参数决定最终产品是弃是留。下面来观察结果究竟如何：

```
# Collecting all the 4 output parameters together
（将 4 个成品参数汇集起来）
> a<-c("Output_QualityParameter1","Output_QualityParameter2",
"Output_QualityParameter3","Output_QualityParameter4")
> head(data[,a])
```

	Output_QualityParameter1	Output_QualityParameter2	Output_QualityParameter3	Output_QualityParameter4
1	380.0000	15625.00	39000.00	7550.000
2	391.0821	14202.98	36257.61	7151.502
3	386.1621	16356.87	39566.61	8368.513
4	392.7473	12883.11	36072.71	7164.511
5	386.8247	12485.48	34779.19	8256.930
6	394.4137	13013.65	36613.40	7257.613

从上面 4 个参数中，对制成品做出最终判断，确定为合格品还是不合格品：

```
> sample<-data[,a]
> t(apply(sample,2,function(x)
c(min=min(x),max=max(x),mean=mean(x),sd=sd(x))))

                                min        max       mean          sd
Output_QualityParameter1   368.5864    478.445   414.2725    25.13131
Output_QualityParameter2 12127.8443  20796.288 15278.1903  1258.28580
Output_QualityParameter3 29222.8600  47995.730 37320.7930  3063.96085
Output_QualityParameter4  5724.6521  10595.364  8029.0012   643.45730
```

如料想的一样，成品质量参数的标准差也低于均值。

从这 4 个成品质量参数中，应用一些加权算法来确定洗涤剂的最终质量。最终结果如下：

```
> summary(data$Detergent_Quality)
 Bad Good
 225  775
```

3.2.3 本节小结

在整个练习中，仔细地探讨了物联网生态系统中各种不同的数据维度。现在对每个维度所提供的内容已了如指掌，并且清楚地知道如何在分析中加以利用。接下来，将探究这些不同维度之间的关系。

3.3 研究数据关系

工厂生产的产品最终结果只有两种，即良品为合格，不良品则为不合格。每个生产过程可用“Detergent_Quality（洗涤剂质量）”这一数据维度去确定上述结果，将与最终洗涤剂生产相关的 4 个成品质量参数都纳入考量，再应用一些加权算法计算出来。最终目标是找出最终产品不合格的原因，这表明须对产品质量欠佳的根源寻根问底。这些原因可能不计其数，但如何确定真正的原因呢？此时，研究数据关系的任务就该由决策科学家接力完成了。这里有许多自变量，这些变量要么是连续变量，要么是分类变量。努力探清这些独立的维度对成品的最终影响，这也正是为何研究它们之间关系的原因所在。

本节整个练习可以简单地确定为双变量分析，即同时分析两个维度。在进入分析数据之前，先了解双变量分析必备的一些基础结构和先决条件。

3.3.1　相关性是什么

相关性是一种统计技术，可以表明两两变量是否具有强相关以及强相关的程度。例如，身高和体重具有相关性，高个子往往比矮个子更重。这种关系并不十分完美，但是它的结果能够让人了解这两个维度是如何相关的。在身高和体重的例子中，可以说“体重随着身高的增加而增加”，而且在大多数情况下都是如此（当然例外的情况亦不可避免）。

相关性检验的结果被称为相关系数（或“r”）。r 范围是-1.0～+1.0。r 越接近+1 或-1，这两个变量就越相关。解释相关系数非常简单直观。如果身高与体重的相关系数为 0.8，则可以推断两者存在较强的正相关关系。随着身高的增加，体重也增加，反之亦然。

假如学生上学缺勤记录与学习成绩之间的相关系数为 0.75，则可推断学生的缺勤记录与成绩之间存在负相关关系。随着缺勤记录的增加，成绩也会降低。

在找出成品质量参数和各个独立维度之间的相关性之前，先返回了解是如何定义良品或不良品参数的。在前面的用例中，一共有 4 个成品质量参数用于洗涤剂生产。下面观察成品参数如何与合格产品提示/不合格产品提示进行比较：

```
> library(reshape2)
> library(dplyr)
  # Selecting the required variables
  （选择所需变量）
> sample<-select(data,
                Output_QualityParameter1,
                Output_QualityParameter2,
                Output_QualityParameter3,
                Output_QualityParameter4,
                Detergent_Quality)
> melted <- melt(sample, id.vars = c("Detergent_Quality"))

#Calculating the mean of the Quality parameter
（计算“质量参数”的均值）
#across the Detergent Quality
（遍历“洗涤剂质量”的所有参数）

> dcast(melted,variable~Detergent_Quality,mean)
```

```
                  variable         Bad        Good
1  Output_QualityParameter1    432.2532    409.0523
2  Output_QualityParameter2  16008.0896  15066.2840
3  Output_QualityParameter3  39101.2648  36803.8819
4  Output_QualityParameter4   8381.1793   7926.7560

#Calculating the Standard Deviation of the Quality parameter
（计算“质量参数”的标准差）
#across the accept flag
（遍历“合格产品提示”的所有参数）

> dcast(melted,variable~Detergent_Quality,sd)

                  variable          Bad        Good
1  Output_QualityParameter1     6.430605    26.11407
2  Output_QualityParameter2   533.959565  1327.09995
3  Output_QualityParameter3  1401.156940  3218.63850
4  Output_QualityParameter4   285.606162   681.37160
```

当观察 Detergent Quality（洗涤剂质量）所有质量参数的均值和标准差时，可以发现 Good（良品）与 Bad（不良品）之间的标准差相当高。再观察“合格产品提示”的全部均值，则可得出结论，即该参数的值越低，产品合格的概率就越高。如果仔细观察标准差，就能发觉这种关系可能不是一个简单而直接的关系。比如 Quality Parameter 1（质量参数 1）；查看它的均值时，可以假设该参数值越高，质量为佳的可能性就越低，即 Bad（不良品）=432 和 Good（良品）=409。但是，如果细看标准差，就能理解在该记录中有一个非常大的变动就是 Good（良品），即为 26。这就意味着优质洗涤剂的大致范围可落在 383～435，而 Bad（不良品）的范围大约在 426～438 内。Output Quality Parameter1（成品质量参数 1）在 Good（良品）和 Bad（不良品）的这些记录之间出现明显的重叠。对于其他 3 个参数，也可以观察到类似的情况。

接着去探究其他变量，看看自变量和最终结果之间的主要关系到底如何。

有两个主要的独立维度类别：生产流程层级和单个阶段/时期层级的维度。在每个类别中创建了一些特征，帮助收集比单个维度更多的信息。每次凡是发现一些有趣的结果，就需要将这些结果添加到假设列表中去，最终创建出数据驱动的假设矩阵。

对于生产过程，现有的最重要的维度是流水线 ID（Assembly Line ID）、总生产时间（total manufacturing time）以及创建的特征即订单量偏差（order quantity deviation）。下面从 Assembly Line ID 开始，它是一个含有两个层级的分类变量。接着来观察整条流水线上良品与不良品的百分比分布。以下代码汇总了整条流水线上的良品与不良品记录的计数，然后计算每个类别中不良品的百分比。

```
> temp<- as.data.frame(
tapply(data$Material_ID,
list(data$AssemblyLine_ID,data$Detergent_Quality), length))
> temp$bad_perc<-temp$Bad/(temp$Bad + temp$Good)
> temp

        Bad  Good   bad_perc
Line 1  183   602  0.2331210
Line 2   42   173  0.1953488
```

如上所示，Line 1 不良品的百分比略高于 Line 2 的。但是差别不是很高，目前还不能确定下面的观察结果是否真实，或者是数据异常造成的结果。无论如何，需要将这一点情况添加到 DDH 矩阵中。稍后再通过深入研究来验证结果。

紧接着来查清另外两个维度的关系：

```
#Studying the average time across Detergent Quality
（研究“洗涤剂质量”参数的平均时间）
> tapply(data$Total_Manufacturing_Time_mins,
data$Detergent_Quality,mean)
     Bad      Good
 251.4667  244.1806

#Studying the Standard Deviation in time across Detergent Quality
（研究“洗涤剂质量”参数时间的标准差）
> tapply(data$Total_Manufacturing_Time_mins,
data$ Detergent_Quality,sd)
     Bad      Good
 90.06981  82.18633
```

上述结果没有显示出两者之间存在任何显著关系。为了确认这一点，下面来研究两者之间的关系以及 4 个成品质量参数。以下代码将生产时间和 4 个成品质量参数之间的关系可视化。良品和不良品分别由两种不同的颜色表示，结果如图 3.7 所示。

```
> ggplot(data,
    aes(x=Total_Manufacturing_Time_mins,
```

```
y=Output_QualityParameter1)) +
   geom_point(aes(color=Detergent_Quality))

> ggplot(data,
   aes(x=Total_Manufacturing_Time_mins,
  y=Output_QualityParameter2)) +
   geom_point(aes(color= Detergent_Quality))

> ggplot(data,
   aes(x=Total_Manufacturing_Time_mins,
  y=Output_QualityParameter3)) +
   geom_point(aes(color=Detergent_Quality))

> ggplot(data,
   aes(x=Total_Manufacturing_Time_mins,
  y=Output_QualityParameter4)) +
   geom_point(aes(color= Detergent_Quality))
```

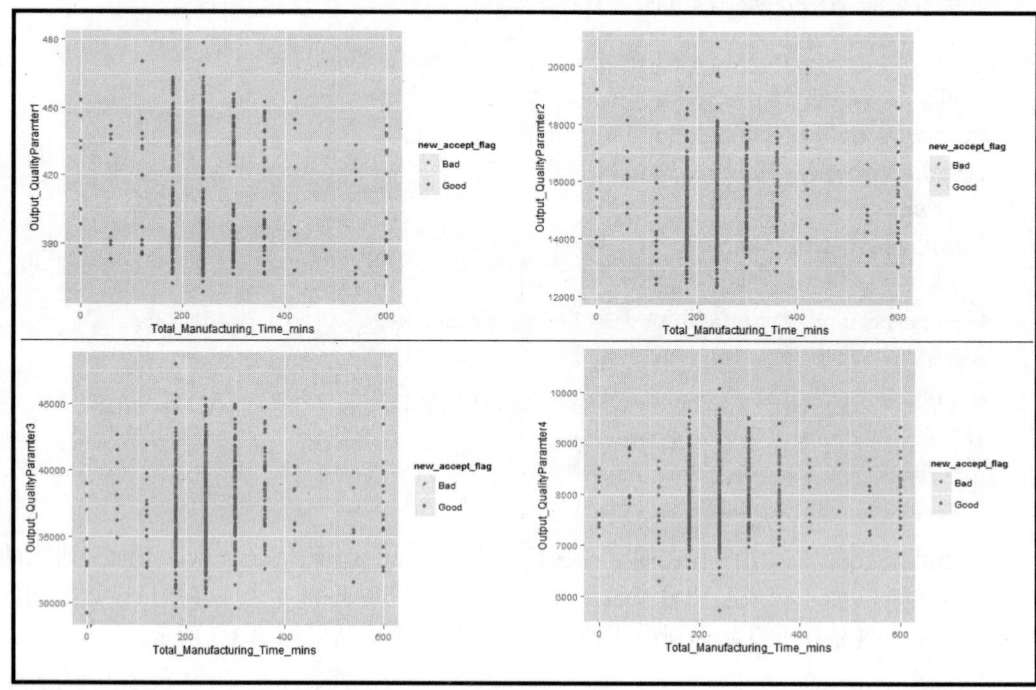

图 3.7

结果清楚地表明这两个维度之间没有任何强相关关系。那么，下面接着探讨下一个维度，即（在“3.2　通过数据（单变量）探索物联网生态系统各个维度”中创建的特征）订单量偏差：

```
> #Aggregating the data over Quantity_Deviation + Detergent_Quality
（聚合 Quantity_Deviation（订单量偏差） + Detergent_Quality（洗涤剂质量）的数据）
> #and creating a dataframe
（并创建一个数据框）
> temp<-as.data.frame(
+     tapply(data$Material_ID,
+            list(data$Quantity_Deviation,data$Detergent_Quality),
+            length))
> #Calculating the percentage of Bad records in each category
（计算每个类别中不良品记录的百分比）
> temp$Bad_Perc<- temp$Bad/(temp$Bad + temp$Good)

> temp

        Bad  Good   Bad_Perc
High     89   221  0.2870968
Low      74   293  0.2016349
Medium   62   261  0.1919505
```

上述结果看起来十分乐观！可以观察到，当偏差很高时，不良品的比例也非常高。因此，将这个假设添加到 DDH 矩阵中。

接下来研究阶段层级的维度。表 3.1 是之前练习中探索的维度列表。从阶段层级上对各个维度开始进行探究：

表 3.1　维度列表

阶　段	探索/创建的维度（特征）
阶段 1	先前产品、产品变化提示、延迟提示、加工时间、资源、两种原料的两个 x 2 质量参数、阶段 1 的 4 个成品质量参数（特征）
阶段 2	产品变化提示、延迟提示、加工时间、阶段 2 的 4 个成品质量参数（特征）
阶段 3	延迟提示、已用资源、两种已用原料的两个 x 2 质量参数、4 种产品的 4 个消耗提示（特征）、阶段 3 的 4 个成品质量参数（特征）
阶段 4	先前产品、延迟提示、加工时间、已用资源
阶段 5	产品变化提示、延迟提示、加工时间、阶段 5 的 3 个成品质量参数（特征）

3.3.2　探索阶段 1 的数据维度

前面为“先前产品”类别创建了两个特征：Stage1_PrevProduct_1（阶段 1 先前产品 1）和 Stage1_PrevProduct_2（阶段 1 先前产品 2）：

```
> summary(data$Stage1_PrevProduct_1)
     Others Product_545
        531         469
> summary(data$Stage1_PrevProduct_2)
 Others Product_543  Product_545  Product_546  Product_547  Product_555
 105         352          469           26           30           18
```

这两个特征之间的差异只是类别的数量。先从各个角度研究第一个特征，然后根据结果再继续研究下一个。类似于以前的探索方法，尝试研究每个类别中不良品记录的百分比：

```
> #Aggregating the data over Stage1_PrevProduct_2 + Detergent_Quality
（将 Stage1_PrevProduct_2（阶段 1 先前产品 2） + Detergent_Quality（洗涤剂质量）
的数据聚合）
> #and creating a dataframe
（并且创建一个数据框）
> temp<-as.data.frame(
+     tapply(data$Material_ID,
+            list(data$Stage1_PrevProduct_2,data$Detergent_Quality),
+            length))
> #Calculating the percentage of Bad records in each category
（计算每个类别中不良品记录的百分比）
> temp$Bad_Perc<- temp$Bad/(temp$Bad + temp$Good)
> temp

              Bad  Good   Bad_Perc
Others         14    91  0.1333333
Product_543    85   267  0.2414773
Product_545   113   356  0.2409382
Product_546     3    23  0.1153846
Product_547     5    25  0.1666667
Product_555     5    13  0.2777778
```

Product_543 和 Product_545 类别的记录数目最大，而且两者都没有出现特别有趣的趋势。因此，不再去探索另外一个特征而是继续往前分析。

下面代码段有助于研究阶段 1 中的延迟提示与最终产品的良品/不良品之间的关系：

```
> summary(data$Stage1_DelayFlag)
 No Yes
637 363
> #Aggregating the data over Stage1_DelayFlag + Detergent_Quality
（将 Stage1_DelayFlag（阶段延迟提示）+ Detergent_Quality（洗涤剂质量）的数据聚合）
> #and creating a dataframe
（并且创建一个数据框）
> temp<-as.data.frame(
+     tapply(data$Material_ID,
+            list(data$Stage1_DelayFlag,data$Detergent_Quality),
+            length))
> #Calculating the percentage of Bad records in each category
（计算每个类别中不良品记录的百分比）
> temp$Bad_Perc<- temp$Bad/(temp$Bad + temp$Good)
> temp
     Bad  Good  Bad_Perc
No   147   490 0.2307692
Yes   78   285 0.2148760
```

同样，还是没有发现比较乐观的结果。两类产品的不良品百分比的差异微小。

现在来探查使用的原料对洗涤剂最终质量的影响。这是启发法驱动假说中最重要的假设之一。原料属性是一个连续变量，所以需要计算它们之间的相关性，以研究原料和成品质量参数之间的关系。

```
> cor(data$Stage1_RM1_QParameter1,data$Output_QualityParameter1)
[1] 0.5653402
> cor(data$Stage1_RM1_QParameter1,data$Output_QualityParameter2)
[1] 0.4431995
> cor(data$Stage1_RM1_QParameter1,data$Output_QualityParameter3)
[1] 0.3992361
> cor(data$Stage1_RM1_QParameter1,data$Output_QualityParameter4)
[1] 0.4460737
```

相关性检验表明两者之间几乎不存在任何关系。为了进一步调查，将结果可视化，看看能否找到直观有用的信息。以下代码绘制出原料和成品质量参数之间的散点图（见图 3.8），用不同颜色区分良品和不良品记录。

```
#Plotting a scatter plot of Raw Material Quality parameter and all 4 output
quality parameters
（绘制原料质量参数和全部 4 个成品质量参数的散点图）
> ggplot(data,
   aes(x=Stage1_RM1_QParameter1,y=Output_QualityParameter1)) +
   geom_point(aes(color=Detergent_Quality))

> ggplot(data,
   aes(x=Stage1_RM1_QParameter1,y=Output_QualityParameter2)) +
   geom_point(aes(color= Detergent_Quality))

> ggplot(data,
   aes(x=Stage1_RM1_QParameter1,y=Output_QualityParameter3)) +
   geom_point(aes(color=Detergent_Quality))

> ggplot(data,
   aes(x=Stage1_RM1_QParameter1,y=Output_QualityParameter4)) +
   geom_point(aes(color= Detergent_Quality))
```

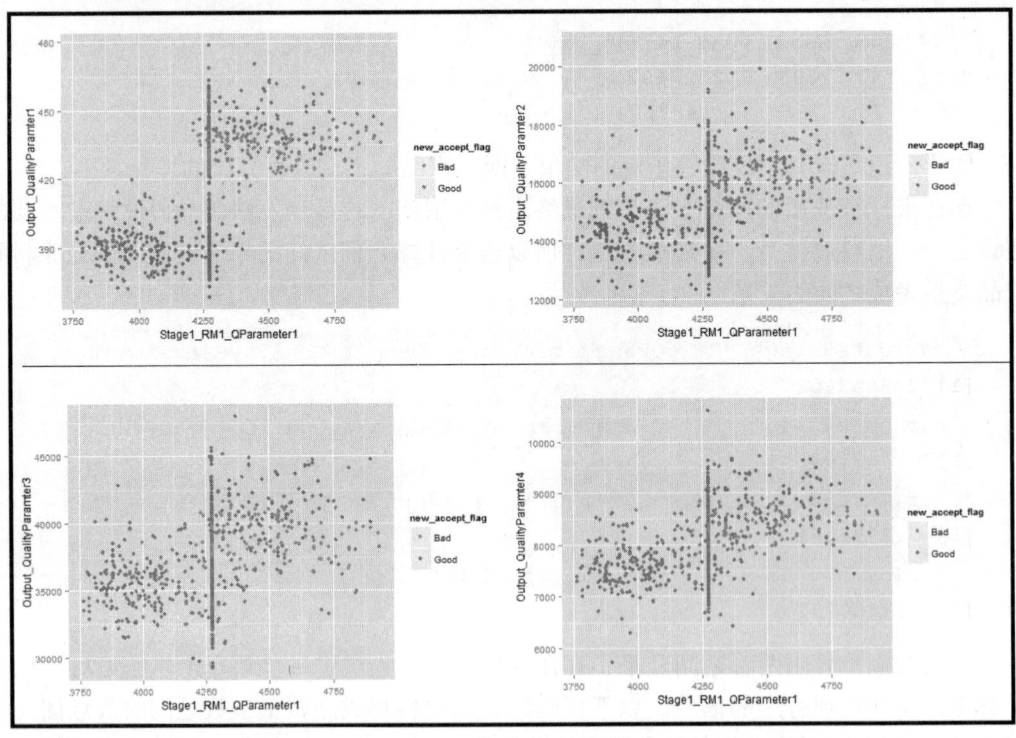

图 3.8

如上所示，原料 1 的质量参数和最终产品的成品质量参数之间肯定存在一定的关系。简而言之，观察到在数据中大多数不良品超出了阈值。良品和不良品之间一定存在重叠，这可能是由于迄今尚未观察到的一些潜在特征造成的。但是，基于以上结果，此刻可以笃定地将观测值添加到 DDH 矩阵中。

如果在 4 个不同的成品质量参数上，采用同样的方法将原料 1 的第二个质量参数可视化并观察它，则会发现非常相似的信息。从相关性的角度来看，这种关系可能不是很强，但是在进一步分析中，确实存在一些能够帮助找出根本原因的模式，如图 3.9 所示。

```
> ggplot(data,
    aes(x=Stage1_RM1_QParameter2,y=Output_QualityParameter1)) +
    geom_point(aes(color=Detergent_Quality))

> ggplot(data,
    aes(x=Stage1_RM1_QParameter2,y=Output_QualityParameter2)) +
    geom_point(aes(color= Detergent_Quality))

> ggplot(data,
    aes(x=Stage1_RM1_QParameter2,y=Output_QualityParameter3)) +
    geom_point(aes(color= Detergent_Quality))

> ggplot(data,
    aes(x=Stage1_RM1_QParameter2,y=Output_QualityParameter4)) +
    geom_point(aes(color= Detergent_Quality))
```

为了观察阶段层级最终质量参数中的偏差情况，创建出了另外一个特征，即 Stage1_QP1_deviation（阶段 1 质量参数 1 偏差）以及其他。下面运算相关性检验，观察这两者是否存在任何显著关系：

```
> cor(data$Stage1_QP1_deviation,data$Output_QualityParameter1)
[1] 0.05035061

> cor(data$Stage1_QP1_deviation,data$Output_QualityParameter2)
[1] -0.05433026

> cor(data$Stage1_QP1_deviation,data$Output_QualityParameter3)
[1] -0.0584961
```

```
> cor(data$Stage1_QP1_deviation,data$Output_QualityParameter4)
[1] -0.03834813
```

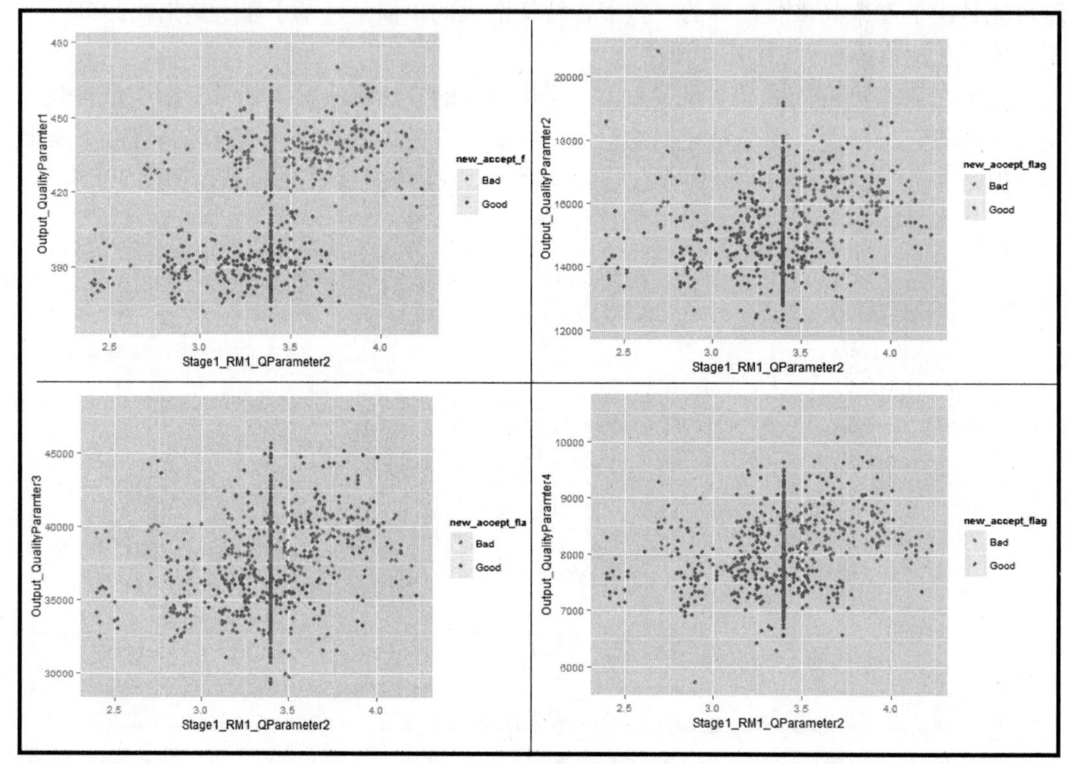

图 3.9

在这里注意到，相关性检验表明这两个维度之间绝对没有任何关系。对于阶段 1 的其他 3 个质量参数也是如此。为了安全起见，下面用散点图可视化来验证是否存在可见的模式。以下可视化图表（见图 3.10）展示了阶段 1 的质量参数 1 与（全部 4 个）最终成品质量参数的散点图。因此，可以得出结论：这两者不存在可用以研究的清晰关系或有趣模式。

复查 DDH 矩阵

至今为止，已经对数据进行了深入的研究，并探索了生产层级和阶段 1 的所有重要维度。对阶段 2、3、4 和 5 也可以采用同样的方法进行研究分析。

在分析过程中，发现了一些有趣的结果，而有些结果根本没有任何意义。现在稍事休息，回去复查 DDH，把在数据挖掘和关系研究阶段中收集到的所有假设罗列出来（见表 3.2）。

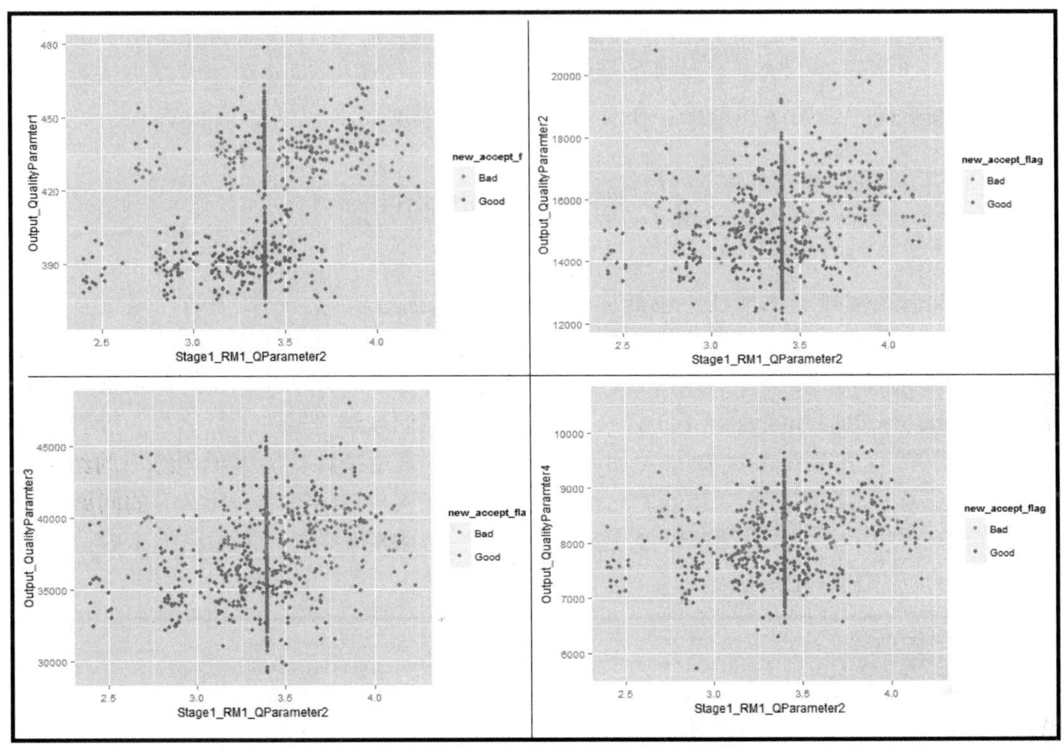

图 3.10

表 3.2　相关假设

数 据 维 度	假　　设
订单量偏差	由于订单量与实际生产量之间的偏差增加，生产出劣质洗涤剂的可能性也增加
流水线 ID	Line 1 生产出更多劣质洗涤剂的可能性总体较高
阶段 1 原料特性	原料质量参数对洗涤剂的最终质量产生影响
阶段 3 原料特性	原料质量参数对洗涤剂的最终质量产生影响
阶段 3 资源	在阶段 3 生产期间使用的资源对洗涤剂的最终质量产生影响
阶段 3 延迟	在阶段 3 中生产的延迟会影响洗涤剂的最终质量
阶段 3 资源	在阶段 4 生产过程中使用的资源会影响洗涤剂的最终质量

注意：

关于阶段 3 和以前未曾讨论过的其他内容的洞见，都是在阶段 2、3、4 和 5 中研究数据关系时收集而来的。对每个阶段都深入讨论超出了本书的范围。建议读者对其他阶段数据进行探索练习后再继续学习。

前面从数据探查和数据关系研究的练习中产生的假设，几乎没有再派生更多的假设了。然而，这些假设仍然不是具体的结果。为了得到一个更为现实和让人充满信心的答案，须通过统计学证明这些结果。在下一节中，将仔细研究如何验证这些结果。

3.4　探索性数据分析

这一部分在问题解决堆栈中也被称为“验证性数据分析”。一般而言，通过互联网和其他学习资源所接触的问题，即一个简称为 ECR[①]的堆栈，亦即探索性数据分析+验证性数据分析+根本原因分析三者的组合体。这与我们所考虑的方法相同，即探索性数据分析（Exploratory Data Analysis，EDA），这个方法让我们理解“发生了什么”。接着是验证性数据分析（Confirmatory Data Analysis，CDA），采用统计检验来巩固练习的结果。最后，会使用根本原因分析（Root Cause Analysis，RCA）来回答“为什么”的问题。本书在目前的方法中，采用了相同的方法，但是命名规则略有不同，下面已把步骤分解得非常细化了，如图 3.11 所示。

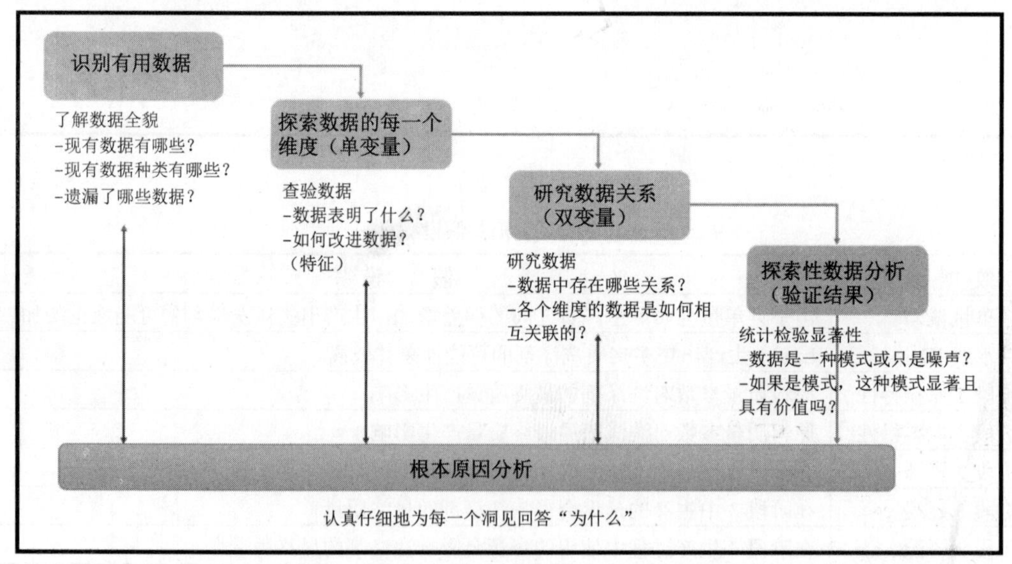

图 3.11

现在进入了探索性数据分析阶段，也就是要去验证在数据中观察到的洞见和模式。

---

① ECR 为 **E**xploratory Data Analysis +**C**onfirmatory Data Analysis + **R**oot Cause Analysis 的缩写，即探索性数据分析+验证性数据分析+根本原因分析。——译者注

下面从理解如何实现这一目标开始。回顾前面的学习过程，先是解析问题，之后假设可能造成问题原因存在的不同因素，并创建一个可以迭代问题、解决问题和让问题演变的框架，以及探索和研究数据，最后找到可以回答疑问的模式。此时，则需要应用各种统计技术来验证我们的发现。

3.4.1　那么，应该如何验证发现

这里运用一种假设检验的统计技术，帮助判别我们所关心的那些假设为真的概率有多高。

3.4.2　假设检验是如何起作用的

假设检验主要对一种情况的两个互斥陈述进行评估，用以判别其中的一个陈述是否须由样本数据提供充分的支持。当我们说一个发现结果具有统计意义时，这表明我们的假设是正确的，而不是仅仅当作异常现象来观察。

在用例里，从我们早期练习中确定了一些假设/场景。下面将检验这些假设，查明它们是否有效，或者仅仅是因为数据中的噪声才出现的。

假设检验技术取决于以下几点：

- 被分析的结果变量的类型（连续型或类别型）。
- 调查中对照组[①]的数量。
- 对照组是否独立。

下面阐述有助于更清楚地理解这一点。数据维度可为连续型或类别型，换言之，含有值（Yes/No）的 Delay_Flag（延迟提示）属于类别型的，而以分钟为单位的生产时间却是连续型的。对于两个独立的分类变量/连续变量或分类变量+连续变量，会采取不同的检验方法。同样地，根据分类变量中的对照组数量，检验方法也会有所不同。例如，Delay_Flag 有两个值，即 Yes/No，而资源变量有多个层级，如 Resource 1、Resource 2 等。检验方法最终也需根据那些对照组进行——不管它们是独立的或不独立的。在用例中，那些数据维度都是独立的。接着可通过下面的例子来研究因变量和自变量。假设一家制药公司想要检验新药降血压的有效性，他们会从同一个人在服用新药之前和之后的血压记录中采集数据。这些数据在检验前后都是从同一个人收集而来的，因此这些维度都是不独立的。如果数据分别从两个单独的小组收集，即一组服用了药物，另一组则没有服用药物，那么这些小组的数据维度就是独立的。

以下备忘表（见表 3.3）有助于理解在用例中应该采用哪种统计检验。

[①] comparison group——译者注。

表 3.3　备忘表

		因变量	
		类别型	连续型
自变量	类别型	卡方检验	T 检验/方差分析
	连续型	LDA/QDA①	回归分析

后续将根据需要详细阐述所需的检验方法。下面先介绍一个简单的检验方法。表 3.4 列出了不同的假设及其因变量和自变量类型以及验证假设相应的检验方法。

表 3.4　假设检验

假　　设	自变量维度	因变量维度	检 验 方 法
Line 1 生产出更多劣质洗涤剂的可能性总体较高	流水线 类别型 （2 级）	合格提示 类别型 （2 级）	卡方检验
	流水线 类别型 （2 级）	成品质量参数 连续变量	T 检验
由于订单量与实际生产量之间的偏差增加，生产出劣质洗涤剂的可能性也增加	订单量偏差 类别型 （3 级）	合格提示 类别型 （2 级）	卡方检验
	订单量偏差 类别型 （3 级）	成品质量参数 连续变量	方差分析
阶段 1 原料质量参数对洗涤剂的最终质量产生影响	2×2 原料质量参数 连续变量	成品质量参数 连续变量	回归分析
阶段 3 原料质量参数对洗涤剂的最终质量产生影响	2×2 原料质量参数 连续变量	成品质量参数 连续变量	回归分析
在阶段 3 生产期间使用的资源对洗涤剂的最终质量产生影响	资源 ID 分类变量 （>2 级）	合格提示 类别型 （2 级）	卡方检验
在阶段 3 中生产的延迟会影响洗涤剂的最终质量	阶段 3 延迟提示 分类变量 （2 级）	合格提示 类别型 （2 级）	卡方检验

① LDA：Latent Dirichlet Allocation，即潜在狄利克雷分布。QDA：Quantitative Descriptive Analysis，即定量描述分析。——译者注

3.4.3　验证假设——类别 1

从第一个假设开始分析，Line 1 流水线生产更多劣质洗涤剂的可能性总体较高。为了验证这个检验，需要证明两个数据维度之间存在一个关系，即流水线维度和洗涤剂的最终质量不是两个独立的维度，而是这两者之间存在一些关系。一旦证明了这种关系，就可以断定生产过程中所用的流水线确实对洗涤剂的质量产生影响。

此处有两个维度作为分类变量，即流水线 ID 所含有的两个不同的值 Line 1 和 Line 2。同样，洗涤剂的质量也是一个包含有良品/不良品这两个值的分类变量。在这种情况下，因变量和自变量都属于类别型的，因此采用的统计检验为卡方独立性检验。为了进行统计检验，还需建立一个原假设（H0）和备择假设（H1）。原假设本质上极其麻烦，因为它总是假设我们努力证明的任何事情都没有发生。而备择假设（H1）恰恰与原假设相反。

这里的统计检验拥有以下特征。

- H0：用于生产的流水线与所生产的洗涤剂的最终质量之间没有关系。
- H1：用于生产的流水线与所生产的洗涤剂的最终质量之间存在关系。

3.4.4　卡方检验的原理是什么

假设有一个结果和一个被认为可能有影响的变量（在用例中，这个结果指的是洗涤剂的质量，有关的变量则为所使用的流水线）。于是采用有关变量或者不用有关变量，分别去观察结果的观测值。然后用统计推导的公式计算期望值。从结果中，可计算出所观察到的偏差，并且极有可能再观察到一些偏差。接着根据期望值调整偏差并且对样本集数做出调整。卡方统计量是衡量这种偏差的一个度量，用以证明观察到的结果是随机的或者不可能是随机的。

全球知名的统计学家计算出了一个名为卡方表的查询表。对于观察到的偏差，可用该表来计算这个偏差为偶然的概率有多大。如果这个概率（p 值）非常小，那么可以很肯定地得出结论：这个偏差不是偶然的。有关变量和结果之间确实存在一些关系。认为任何一个 p 值如果低于 5%都是很小的。另一方面，如果 p 值大于 5%，那么可以得出结论为：所看到的观测值/关系纯粹属于偶然的，因此两者之间不存在任何关系。总而言之，卡方检验是一个衡量偏差的度量，与预先计算的数值进行比较，能够告诉我们这些偏差的概率有多大。

R 语言中的卡方检验是完全自动化的，不需要为检验而编写代码。下面选用 R 语言 stats 包中现有的 chisq.test()函数：

```
> #Creating a table of the frequency count for the two variables
（为两个变量创建一个频率计数表）
> #that is, Outcome v/s Variable of Interest
（即结果 v/s 有关变量）
> sample<-table(data$AssemblyLine_ID,data$Detergent_Quality)
> sample    #View the actual table
         Bad  Good
  Line 1  183   602
  Line 2   42   173
>
> #Perform the Chi Squared Test of Independence
（进行卡方独立性检验）
> chisq.test(sample)

    Pearson's Chi-squared test with Yates' continuity correction[1]

data:   sample
X-squared = 1.1728, df = 1, p-value = 0.2788
```

可以看到，上述结果中 p 值= 0.27，即 27%，这个值非常高。因此很容易就得出这样的结论：原假设是正确的，这意味着流水线和洗涤剂质量是两个独立的维度，两者之间不存在任何关系。因此，可以从 DDH 矩阵中剔除一个假设。

在继续分析之前，还需进行多次检查。通过采用（没有留意到的）一些加权算法，将洗涤剂的 4 个成品质量参数组合起来，计算洗涤剂的最终质量。如果一个参数给出了超出范围的值，最终结果可能为“不良品”或“良品”。因此，我们不是试图找出最终质量和流水线之间是否存在关系（即良品/不良品），而实际上是要继续找出流水线和任何一个成品质量参数之间是否存在关系。在这里，需要进行的检验方法会随着维度类型的变化而变化。现在已有相同的自变量，即流水线 ID（此为含有 2 级分类的类别型变量），以及因变量成品质量参数（此为连续型变量）。因而可以考虑 4 个变量中的任何一个。但在此处不会使用前面的卡方检验。在这种情况下须采用双样本 T 检验（请参阅上一节中的备忘表）。

那么，什么是双样本 T 检验？

双样本 T 检验是最常用的假设检验之一。它可以比较两组间的平均差异是否真的非

[1] 用 Yates 连续性校正进行皮尔逊卡方检验。——译者注

常显著或者只是随机偶然出现的。就用例而言，这两个组指的是两条不同的流水线（Line 1 和 Line 2）。可用双样本 T 检验去验证这两个维度是否没有存在任何关系，的确是相互独立的，或者验证它们是否相关从而造成流水线对相应的成品质量参数产生影响。任何假设检验的开始过程都与卡方检验中所示的过程完全类似，首先要定义一个原假设和一个备择假设。由于用例有 4 个不同的成品质量参数，因此可单独检验流水线与任何一个成品质量参数之间是否存在关系。

因此，此处的双样本 T 检验（比如成品质量参数 1）具有以下特征。

- H0：用于生产的流水线与所生产的洗涤剂的质量参数 1 之间没有关系。
- H1：用于生产的流水线与所生产的洗涤剂的质量参数 1 之间存在关系。

与卡方检验类似，选择 R 语言 stats 包中的 t.test()函数自动进行 T 检验：

```
> t.test(data$Output_QualityParameter1~data$AssemblyLine_ID)

Welch Two Sample t-test①

data: data$Output_QualityParameter1 by data$AssemblyLine_ID

t = -0.87375,  df = 341.76,  p-value = 0.3829

alternative hypothesis: true difference in means is not equal to 0②

95 percent confidence interval:③
-5.478854    2.108418

sample estimates:④
mean in group Line 1      mean in group Line 2⑤
           413.9102             415.5954
```

结果显示 p 值非常高，H0 原假设是正确的。因此流水线和质量参数 1 是两个独立的维度，即流水线对质量参数 1 不产生影响。

下面尝试应用与质量参数 1 相同的方法对其他 3 个成品质量参数进行 T 检验：

---

① 韦尔奇双样本 T 检验。——译者注

② 备择假设：正确。均值差异不等于 0。——译者注

③ 95%的置信区间。——译者注

④ 样本估计。——译者注

⑤ Line 1 和 Line 2 两组维度的均值。——译者注

```
> t.test(data$Output_QualityParameter2~data$AssemblyLine_ID)

Welch Two Sample t-test

data: data$Output_QualityParameter2 by data$AssemblyLine_ID

t = -5.2088,    df = 307.57,    p-value = 3.487e-07

alternative hypothesis: true difference in means is not equal to 0

95 percent confidence interval:
-742.4911   -335.3277
sample estimates:
mean in group Line 1 mean in group Line 2
           15162.32             15701.23

> t.test(data$Output_QualityParameter3~data$AssemblyLine_ID)

Welch Two Sample t-test

data: data$Output_QualityParameter3 by data$AssemblyLine_ID

t = -6.4768,    df = 315.18,    p-value = 3.596e-10

alternative hypothesis: true difference in means is not equal to 0
95 percent confidence interval:
 -2067.649  -1104.125

sample estimates:
mean in group Line 1  mean in group Line 2
           36979.83             38565.71

> t.test(data$Output_QualityParameter4~data$AssemblyLine_ID)

    Welch Two Sample t-test
```

```
data: data$Output_QualityParameter4 by data$AssemblyLine_ID

t = -3.1554, df = 309.4, p-value = 0.001761

alternative hypothesis: true difference in means is not equal to 0

95 percent confidence interval:
 -272.34233    -63.13942

sample estimates:
mean in group Line 1  mean in group Line 2
          7992.937             8160.678
```

观察上述结果并留意 p 值时，可看到 p 值很低（远低于 5%），从这可推断出原假设可被拒绝。因此，可以得出结论：流水线确实对成品质量参数 2、3 和 4 产生影响。

因此，验证了前面矩阵中的第一个和第二个假设。接下来继续验证第三个和第四个假设。

3.4.5　验证假设——类别 2

这里需要验证的假设是，当订单量和实际生产量之间的偏差增加时，生产出劣质洗涤剂的可能性也会增加。

类似于前面的假设，此处有两个类别的数据：第一个类别，因变量指的是最终结果即良品/不良品。第二个类别，因变量（连续型）为 4 个成品质量参数之一。第一种情况与前面的假设完全相似，即自变量和因变量都是类别型的。那么，直接定义 H0 和 H1，采用 R 语言现有的函数进行卡方检验。

原假设和备择假设定义如下。

- H0：订单量与生产量和所生产的洗涤剂最终质量之间的数量偏差没有关系。
- H1：订单量与生产量和所生产的洗涤剂最终质量之间的数量偏差存在关系。

```
> #Creating a table of the frequency count for the two variables
（为两个变量创建一个频率计数表）
> #that is, Outcome v/s Variable of Interest
（即结果 v/s 有关变量）
> sample<-table(data$Quantity_Deviation,data$Detergent_Quality)
> sample    #View the actual table（查看实际的表）
```

```
         Bad  Good
  High    89   221
  Low     74   293
  Medium  62   261
>
> #Perform the Chi Squared Test of Independence
（进行卡方独立性检验）
> chisq.test(sample)

    Pearson's Chi-squared test

data: sample
X-squared = 10.027, df = 2, p-value = 0.006646
```

p 值略高于所期望的临界值，即 5%，这表明原假设为真。生产订单量的偏差对生产的洗涤剂质量没有影响。卡方检验的本质问题在于，分类数据的方式须从多个角度去思考。假设有关变量是“年龄”，把年龄分成 5 组，如 0～18、18～35 等。卡方检验永远无法确定哪些分组是否有意义，它只会对分组中所含的值进行检验。

回顾前面的数据探查练习，已根据百分位数值创建了一个特征，即第 30 百分位数以下的值为低，落在约 30～70 百分位数的值为适中等。为了研究模式，下面稍微调整一下这些数字，这样能让这些数字仍然处于大致百分位数的范围内，但是可能更有意义：

```
> #Calculating the deviation between Order and Produced Quantity
（计算订单量和生产量之间的偏差）
> temp<-(abs(data$Order_Quantity - data$Produced_Quantity))
> data$Quantity_Deviation_new <-
as.factor(ifelse(temp<= 140,"Low",
                        ifelse(temp<= 280,"Medium","High")))
##View the frequency of each category
（查看每个类别的频率）
> summary(data$Quantity_Deviation_new)
  High  Low  Medium
   351 365     284
```

现在稍微修改了在数量偏差中创建分区的规则，接下来对新创建的维度进行卡方检验。

```
> #Creating a table of the frequency count for the two variables
（为两个变量创建一个频率计数表）
> #that is, Outcome v/s Variable of Interest
（即结果 v/s 有关变量）
> sample<-table(data$Quantity_Deviation_new,data$Detergent_Quality)
> sample    # View the actual table（查看实际的表）
        Bad  Good
 High   100   251
 Low     74   291
 Medium  51   233
>
> #Perform the Chi Squared Test of Independence
（进行卡方独立性检验）
> chisq.test(sample)

   Pearson's Chi-squared test

data:   sample
X-squared = 11.62, df = 2, p-value = 0.002998
```

此刻，清楚地看到 p 值已经下降到 5%以下，因此可以拒绝原假设。这样就得出结论：订单量和生产量之间的数量偏差与所生产洗涤剂的最终质量确实存在关系。

接着深入细致地观察更多信息，现在去了解 Qunatity_Deviation_new（新的数量偏差）维度和洗涤剂的每个单独成品质量参数之间是否存在任何关系。在探索维度时，已经知道了有一个类别型的自变量和一个连续型的因变量。首先想到的是像验证前面的假设一样，用 T 检验来验证这个假设。遗憾的是，这是行不通的。那么，下面先定义 H0 和 H1 去试一试。

回想之前的假设，将原假设和备择假设定义如下。

- ❑ H0：订单量与生产量和所生产的洗涤剂的质量参数 1 之间的数量偏差不存在关系。
- ❑ H1：订单量与生产量和所生产的洗涤剂的质量参数 1 之间的数量偏差存在关系。

如果像前面情况那样进行一个简单的双样本 T 检验，则会出现以下错误：

```
> t.test(data$Output_QualityParameter1~data$Quantity_Deviation_new)
Error in t.test.formula(data$Output_QualityParameter1 ~
data$Quantity_Deviation_new) :
  grouping factor must have exactly 2 levels
```

只有包含两级（分类）的有关变量才能进行 T 检验，但此用例中有三级（高/中/低）分类。那么该如何处理？

一个简单的技巧就是创建 3 个不同的虚拟变量，即一个用于 High（高），另一个用于 Medium（中）等。然后对每个变量进行 3 个单独的检验，并努力对原假设是否可以被拒绝取得结论。但是，这种方法在处理第一类错误的问题时，存在一个巨大的缺陷。

1. 什么是第一类错误

在假设检验的过程中，由于数据问题，即使原假设是正确的，也有可能最终拒绝原假设，或者即使原假设不正确，也可能会接受它。这两种情况被分别称为第一类错误（Type 1 error）和第二类错误（Type 2 error），如表 3.5 所示[①]。

表 3.5　两类错误

<table>
<tr><td rowspan="5">基于一个随机样本的决策</td><td colspan="3">假设原假设是</td></tr>
<tr><td></td><td>真的</td><td>假的</td></tr>
<tr><td>拒绝</td><td>第一类错误</td><td>正确决策</td></tr>
<tr><td>不拒绝</td><td>正确决策</td><td>第二类错误</td></tr>
<tr><td colspan="3">决策时的两类错误</td></tr>
</table>

T 检验更容易实施，但是由于第一类错误，需要转而采取更好的技术，因为使用的假设检验越多，发生第一类错误的风险越高，检验的效用越低。毫无疑问，T 检验改变了统计，它具有利用样本找出显著性的能力，然而如果变量有两个以上的均值时，就会采用方差分析。

2. 什么是方差分析

方差分析（Analysis of Variance，ANOVA）是一种统计方法，用于检验两个或两个以上的均值之间的差异。事实上，当有关的变量只有两级（分类）时（只是设想），也可不用 T 检验而是采用方差分析。

下面选取 R 语言 stars 包提供的 aov()函数进行方差分析检验：

```
> #Output Quality Parameter 1
（成品质量参数 1）
> anova_model<-
aov(data$Output_QualityParameter1~data$Quantity_Deviation_new)
> summary(anova_model)
```

① 在统计学上，第一类错误亦称为 I 型错误，第二类错误也称为 II 型错误。——译者注

```
                              Df  Sum Sq  Mean Sq  F value  Pr(>F)
data$Quantity_Deviation_new    2    2007   1003.5    1.591   0.204
Residuals                    997  628944    630.8
```

在检验数量偏差和成品质量参数 1 的方差分析时，可以看到 p 值高于验收范围。因此，可推断两个维度即数量偏差和成品质量参数 1 之间没有关系：

```
> #Output Quality Parameter 2
（成品质量参数 2）
> anova_model<-
aov(data$Output_QualityParameter2~data$Quantity_Deviation_new)
> summary(anova_model)
                              Df     Sum Sq  Mean Sq  F value  Pr(>F)
data$Quantity_Deviation_new    2  1.061e+07  5306477    3.367  0.0349 *
Residuals                    997  1.571e+09  1575814
---
Signif. codes: 0 '***' 0.001 '**' 0.01 '*' 0.05 '.' 0.1 ' ' 1
>

> #Output Quality Parameter 3
（成品质量参数 3）
> anova_model<-
aov(data$Output_QualityParameter3~data$Quantity_Deviation_new)
> summary(anova_model)
                              Df     Sum Sq   Mean Sq  F value  Pr(>F)
data$Quantity_Deviation_new    2  6.913e+07  34563909    3.702   0.025 *
Residuals                    997  9.309e+09   9337352
---
Signif. codes: 0 '***' 0.001 '**' 0.01 '*' 0.05 '.' 0.1 ' ' 1
>

> #Output Quality Parameter 4
（成品质量参数 4）

> anova_model<-
aov(data$Output_QualityParameter4~data$Quantity_Deviation_new)
> summary(anova_model)
```

```
                              Df    Sum Sq  Mean Sq  F value   Pr(>F)
data$Quantity_Deviation_new    2   4815985  2407992    5.873  0.00291 **
Residuals                    997 408807280   410037
---
Signif. codes: 0 '***' 0.001 '**' 0.01 '*' 0.05 '.' 0.1 ' ' 1
```

上述代码对有关的变量实施方差分析检验：即具有三级（分类）的数量偏差和其余 3 个成品质量参数。从方差分析的结果中观察 p 值，可以拒绝原假设，并断定数量偏差对所生产的洗涤剂的成品质量参数 2、3 和 4 产生影响。

3.4.6 验证假设——类别 3

这里的假设指的是“阶段 1 原料质量参数对洗涤剂的最终质量产生影响”。

迄今为止，完成了 4 个类别中的其中两类的统计检验。在每个类别中，因为有不同种类的自变量和因变量，采用了不同类型的检验。在当前的类别中，既有连续型的自变量也有连续型的因变量。因此，不能使用迄今探索过的检验来验证目前的假设。如果回顾前面的备忘表，就会发现必须应用回归分析来解决这些问题。

什么是回归分析？

回归分析是估计变量之间关系的一个统计过程。具体而言，当任何一个自变量发生变化而其他自变量固定不变时，因变量的典型值会如何变化，回归分析正有助于理解这一点。

因此，如果将范围限制在当前用例情景中，则可理解为回归分析能够帮助确定多个自变量和一个因变量之间是否存在任何关系。接着会更深入地探索回归分析，但是对于当前的情况，先将回归分析的范围限制为研究有关变量之间的关系。

在我们的假设中，阶段 1 有两种原料，每种原料都有两个单独的质量参数，即 4 个原料质量参数。类似地，第二个假设在阶段 3 的原料参数上体现出来了。与阶段 1 不同，阶段 3 有 4 种原料，但质量参数仅可用于其中的 3 种。现在共有（2 + 1 + 2）= 5 的原料质量参数。

那么，把所有这些维度组合成一个单一的方程，然后探究因变量和自变量之间是否存在关系。另外，由于有 4 个不同的成品质量参数作为因变量，因此进行 4 次检验来收集结果：

```
> #Performing a regression model with
（用以下参数执行一个回归模型）
```

```
> #4 quality parameters from Stage 1 and
（阶段 1 的 4 个质量参数以及）
> #5 quality parameters from Stage 3
（阶段 3 的 5 个质量参数）
>
> regression_model<-lm(Output_QualityParameter1~
data$Stage1_RM2_QParameter1 +
                          data$Stage1_RM2_QParameter2 +
                          data$Stage1_RM1_QParameter1 +
                          data$Stage1_RM1_QParameter2 +
                          data$Stage3_RM1_QParameter1 +
                          data$Stage3_RM1_QParameter2 +
                          data$Stage3_RM2_QParameter1 +
                          data$Stage3_RM3_QParameter1 +
                          data$Stage3_RM3_QParameter2 ,
                      data=data)
> anova(regression_model)
Analysis of Variance Table

Response: Output_QualityParameter1

                            Df Sum Sq Mean Sq  F value    Pr(>F)
data$Stage1_RM2_QParameter1  1 489966  489966 6551.5908 < 2.2e-16 ***
data$Stage1_RM2_QParameter2  1    696     696    9.3112  0.002338 **
data$Stage1_RM1_QParameter1  1   1671    1671   22.3399 2.615e-06 ***
data$Stage1_RM1_QParameter2  1   1307    1307   17.4746 3.169e-05 ***
data$Stage3_RM1_QParameter1  1  38932   38932  520.5839 < 2.2e-16 ***
data$Stage3_RM1_QParameter2  1    471     471    6.2975  0.012250 *
data$Stage3_RM2_QParameter1  1   6253    6253   83.6113 < 2.2e-16 ***
data$Stage3_RM3_QParameter1  1  10512   10512  140.5668 < 2.2e-16 ***
data$Stage3_RM3_QParameter2  1   7105    7105   95.0078 < 2.2e-16 ***
Residuals                  990  74038      75
---
Signif. codes:  0 '***' 0.001 '**' 0.01 '*' 0.05 '.' 0.1 ' ' 1
>
Signif. codes:  0 '***' 0.001 '**' 0.01 '*' 0.05 '.' 0.1 ' ' 1
```

从回归模型的结果发现，所有 9 个维度，即阶段 3 的 5 个原料质量参数和阶段 1 的 4 个质量参数的 p 值都小于 5%，这意味着可以拒绝原假设，而且确定原料性质确实对洗涤剂的成品质量参数 1 产生影响。

下面采用同样的方式来研究其余 3 个成品质量参数的关系。

将上述代码中的因变量替换为不同的因变量（即成品质量参数 2、3 和 4），即可得出以下结果。

```
#For Output_QualityParameter2
(用于 Output_QualityParameter2)
> anova(regression_model)
Analysis of Variance Table

Response: Output_QualityParameter2
                              Df    Sum Sq   Mean Sq  F value   Pr(>F)
data$Stage1_RM2_QParameter1    1 679471149 679471149 807.4247 < 2.2e-16 ***
data$Stage1_RM2_QParameter2    1    220054    220054   0.2615  0.609210
data$Stage1_RM1_QParameter1    1   7626898   7626898  9. 0631  0.002674  **
data$Stage1_RM1_QParameter2    1      1865      1865   0.0022  0.962466
data$Stage3_RM1_QParameter1    1  28665642  28665642  34.0638 7.222e-09 **
data$Stage3_RM1_QParameter2    1     16686     16686   0.0198  0.888048
data$Stage3_RM2_QParameter1    1   7902621   7902621   9.3908  0.002240 **
data$Stage3_RM3_QParameter1    1  21963781  21963781  26.0999 3.889e-07 **
data$Stage3_RM3_QParameter2    1   2717698   2717698   3.2295  0.072628 .
Residuals                    990 833113480    841529
---
Signif. codes:  0 '***' 0.001 '**' 0.01 '*' 0.05 '.' 0.1 ' ' 1

# Performing a regression model for Output_QualityParameter3
(为 Output_QualityParameter3 执行一个回归模型)
> anova(regression_model)
Analysis of Variance Table

Response: Output_QualityParameter3
                              Df     Sum Sq    Mean Sq  F value  Pr(>F)
data$Stage1_RM2_QParameter1    1 4040239678 4040239678 802.2017 < 2.2e-16 *
data$Stage1_RM2_QParameter2    1     928873     928873   0.1844   0.66769
```

```
data$Stage1_RM1_QParameter1 1    1806552     1806552   0.3587    .54937
data$Stage1_RM1_QParameter2 1     154571      154571   0.0307   0.86097
data$Stage3_RM1_QParameter1 1  223809743   223809743  44.4381 4.354e-11
data$Stage3_RM1_QParameter2 1   14285485    14285485   2.8364   0.09246 .
data$Stage3_RM2_QParameter1 1   83651956    83651956  16.6093 4.960e-05 *
data$Stage3_RM3_QParameter1 1   23903953    23903953   4.7462   0.02960
data$Stage3_RM3_QParameter2 1    3612936     3612936   0.7174   0.39722
Residuals                 990 4986074467     5036439
---
Signif. codes:  0 '***' 0.001 '**' 0.01 '*' 0.05 '.' 0.1 ' ' 1

# Performing a regression model for Output_QualityParameter4
（为 Output_QualityParameter4 执行一个回归模型）
> anova(regression_model)
Analysis of Variance Table

Response: Output_QualityParameter4
                             Df    Sum Sq   Mean Sq  F value    Pr(>F)
data$Stage1_RM2_QParameter1 1 188207474 188207474 883.5117 < 2.2e-16
data$Stage1_RM2_QParameter2 1    187981    187981   0.8824  0.347761
data$Stage1_RM1_QParameter1 1   1472674   1472674   6.9132  0.008689
data$Stage1_RM1_QParameter2 1     50382     50382   0.2365  0.626845
data$Stage3_RM1_QParameter1 1   8718238   8718238  40.9265 2.434e-10
data$Stage3_RM1_QParameter2 1      4720      4720   0.0222  0.881697
data$Stage3_RM2_QParameter1 1   2559058   2559058  12.0131  0.000551
data$Stage3_RM3_QParameter1 1    789099    789099   3.7043  0.054558 .
data$Stage3_RM3_QParameter2 1    741804    741804   3.4823  0.062324 .
Residuals                 990 210891835    213022
---
Signif. codes:  0 '***' 0.001 '**' 0.01 '*' 0.05 '.' 0.1 ' ' 1
```

与成品质量参数 1 不同的是，其余的成品质量参数和原料质量参数之间只存在少许关系。

简而言之，在所有原料性质中，成品质量参数 2 受到其中 5 个原料性质的影响，成品质量参数 3 受到其中 4 个的影响，而成品质量参数 4 只受到其中 3 个的影响。

因此，弄清楚了原料质量参数如何影响洗涤剂的整体质量，以及它们如何影响单个的成品质量参数之后，对这些问题也知之甚详了。

3.4.7 假设——类别 4

- ❑ 在阶段 3 生产期间使用的资源对洗涤剂的最终质量产生影响。
- ❑ 在阶段 3 中生产的延迟会影响洗涤剂的最终质量。

验证这些假设现在十分简单。我们对这些情况的每一种情况都遇到过了。这两个假设可用卡方检验进行验证。下面快速浏览这些检验的结果。

假设 1：阶段 3 生产过程中使用的资源对洗涤剂的最终质量产生影响。

```
> #Creating a table of the frequency count for the two variables
（为两个变量创建一个频率计数表）
> #that is, Outcome v/s Variable of Interest
（即结果 v/s 有关变量）
> sample<-table(data$Stage3_ResourceName,data$Detergent_Quality)
> sample        # View the actual table(查看实际的表)
             Bad  Good
Resource_105    8    68
Resource_106   15    55
Resource_107    9    65
Resource_108   88   298
Resource_109  105   289

> #Perform the Chi Squared Test of Independence
（进行卡方独立性检验）
> chisq.test(sample)

Pearson's Chi-squared test

data: sample
X-squared = 14.741, df = 4, p-value = 0.005271
```

从这看到了和之前遇到的问题类似的情况，即结果略高于 5%。为了让检验结果更易于理解，尝试减少组数，并再次检验。由于资源 105、106 和 107 中的记录数量相对较低，将它们组合一起再次进行检验：

```
> #Transforming the variable
（转换变量）
> data$Stage3_ResourceName_new<-
```

```
as.factor(ifelse(data$Stage3_ResourceName
%in% c("Resource_105","Resource_106",
"Resource_107"),
"Others",
as.character(data$Stage3_ResourceName )))
> sample<-table(data$Stage3_ResourceName_new,
data$Detergent_Quality)
> sample        # View the actual table (查看实际的表)
              Bad  Good
  Others       32   188
  Resource_108 88   298
  Resource_109 105  289
> #Perform the Chi Squared Test of Independence
(进行卡方独立性检验)
> chisq.test(sample)
    Pearson's Chi-squared test
data: sample
X-squared = 11.894, df = 2, p-value = 0.002614
```

从上述结果观察到，现在的 p 值低于临界值，因而可拒绝原假设。因此，阶段 3 中使用的资源会影响洗涤剂的最终质量。

假设 2：在阶段 3 中生产的延迟会影响洗涤剂的最终质量。

```
> #Creating a table of the frequency count for the two variables
（为两个变量创建一个频率计数表）
> #that is, Outcome v/s Variable of Interest
（即结果 v/s 有关变量）
> sample<-table(data$Stage3_DelayFlag,data$Detergent_Quality)
> sample        # View the actual table（查看实际的表）
       Bad  Good
  No   115  437
  Yes  110  338
>
> #Perform the Chi Squared Test of Independence
（进行卡方独立性检验）
> chisq.test(sample)
```

```
        Pearson's Chi-squared test with Yates' continuity correction
data: sample
X-squared = 1.7552,     df = 1, p-value = 0.1852
```

p 值非常高，因此接受原假设，即阶段 3 中的生产延迟不会影响洗涤剂的最终质量。

3.4.8　探索性数据分析阶段小结

目前已完成了探索性数据分析阶段，即通过对在初始练习中触及的各种假设或洞见，进行各种统计检验来验证结果。在整个过程中，发现了很多截然不同的结果。有些是用启发法草拟的，有些则是根据从数据的观察中得来的。所有这些洞见或观察都可能是问题发出的信息信号。接着，又往前迈了一步，用统计验证了所看到的信息是真实的，而不仅仅是随机数据点。得出了一个维度列表之后，团队对一些因素是否会影响最终结果（即洗涤剂质量）充满信心，但是仍然遗漏了一个重要的事情。需要研究这些不同的维度是如何影响问题（也就是洗涤剂质量）的。为了理解这一点，需要复查本章练习中的前 4 个里程碑式的练习（参考“3.4　探索性数据分析”一节中的图表），秉着研究取证的严谨态度对结果一探究竟，以理解这幅解决方案蓝图中的“为什么”这个问题。在下一节中，将会消化练习中所学到知识并将这些知识点串联起来，融会贯通于结果中，回答“为什么”这个问题。

3.5　根本原因分析

继续学习之旅，要从迄今为止收集到的所有洞见中，回答出“为什么”的问题。接下来先消化在探索性数据分析练习中验证的所有结果。在掌握了所有结果之后，试着将结果简化，创建一个简单的分析，帮助清晰明确地回答问题。

表 3.6 是在“3.4.2　假设检验是如何起作用的”中设计的 DDH 矩阵的扩展版本，以及在练习中发现的结果。

表 3.6　DDH 矩阵扩展版本

假　设	结　果	洞　见
Line 1 生产出更多劣质洗涤剂的可能性总体较高	不正确	流水线对洗涤剂的最终质量没有影响
Line 1 造成洗涤剂成品质量参数恶化的可能性总体较高	正确	流水线对成品质量参数 2、3 和 4 产生影响

续表

假　　设	结　　果	洞　　见
由于订单量与实际生产量之间的偏差增加，生产出劣质洗涤剂的可能性也增加	正确	生产量偏差为“高”的订单，其质量欠佳的可能性较大
由于订单量与实际生产量之间的偏差增加，成品质量参数恶化	正确	生产量偏差为“高”的订单，对成品质量参数 2、3 和 4 产生影响
阶段 1 原料质量参数对洗涤剂的最终质量产生影响	正确	同上
阶段 3 原料质量参数对洗涤剂的最终质量产生影响	正确	同上
在阶段 3 生产期间使用的资源对洗涤剂的最终质量产生影响	正确	阶段 3 生产期间使用的资源对洗涤剂的最终质量产生影响
在阶段 3 中生产延迟会影响洗涤剂的最终质量	不正确	阶段 3 中生产的延迟对洗涤剂的最终质量不产生影响

对于原料质量参数，结果总结如下。

- 对于成品质量参数 1：所有 9 个原料质量参数都对质量有影响。
- 对于成品质量参数 2：阶段 1 RM1_QParameter1 和 RM2_QParameter1 有影响。阶段 3 RM1_QParameter1、RM2_QParameter1 和 RM3_QParameter1 会产生影响。
- 对于成品质量参数 3：阶段 1 RM2_QParameter1 有影响。阶段 3 RM1_QParameter1、RM2_QParameter1 和 RM3_QParameter1 会产生影响。
- 对于成品质量参数 4：阶段 1 RM1_QParameter1 和 RM2_QParameter1 有影响。阶段 3 RM1_QParameter1 和 RM2_QParameter1 会产生影响。

结果总体看起来十分有趣。除了两个结果以外，前面构建的所有其他假设已被统计验证并且结果都是正确的。

3.5.1　综合结果

下面从简单开始，首先把获得的结果综合起来。

问题陈述一直围绕着工厂生产的洗涤剂质量进行。将从生产单位中抽离的 4 个成品输出质量参数结合起来分析，给产品质量标记为“良品”或“不良品”。用于生产的流水线会影响 4 个最终成品质量参数中的 3 个，但仍然不会对洗涤剂的最终成品质量产生影响。需要注意的至关重要的一点是，将 4 个成品质量参数组合起来，求出“良品”或“不良品”的最终结果，这个算法就是加权算法（如前所述）。虽然流水线对 3 个成品参数造成影响，可是依旧不影响最终质量，这个事实可能提示我们，成品质量参数 1 具有比所有其他参数更高的权重。“流水线”维度对 3 个成品质量参数的影响，可能还不足以对质量产生最终影响。铭记这一点，继续往下分析。

订单的计划生产量与实际生产量通常存在偏差。一个特定生产订单的数量偏差具有高、中或低的特征。数量偏差对洗涤剂的最终质量有很大的影响。具有高偏差的订单生产出劣质洗涤剂的可能性非常高。同样，与流水线维度相似的 4 个质量参数中，数量偏差会对其中的 3 个产生影响。

阶段 1 和阶段 3 采用的原料质量对最终质量有很大的影响。所有 9 个原料质量参数对成品质量参数 1 都会造成影响。在 9 个原料质量参数中，最重要的参数有 Stage1_RM1_QParameter1（阶段 1 原料 1 质量参数 1）、Stage1_RM2_QParameter1（阶段 1 原料 2 质量参数 1）、Stage3_RM1_QParameter1（阶段 3 原料 1 质量参数 1）和 Stage3_RM2_QParameter1（阶段 3 原料 2 质量参数 1）。在整个假设列表里，这 4 个原料质量参数对质量有重大影响。回溯至前面“3.3 研究数据关系”的章节，并参考其中的原料质量参数和成品质量参数的可视化相关图，很容易就注意到，当原料质量参数的值超过一定的阈值时，则所有错误（即劣质洗涤剂）就会产生。例如，请参阅“研究数据关系”章节中的“3.3.2 探索阶段 1 的数据维度”小节内容。如果观察所有 4 个成品质量参数和 Stage1_RM1_QParameter1 的相关图，可以清楚地看到最大数据点数约为 4275，大部分质量欠佳的情况在参数上都超出了 4275 这个值。这时可采取一个简单易行的方法，即对阶段 1 中原料 1 的质量参数 1 的值进行管控，才会比较容易地提高所生产的洗涤剂质量。对于其他 8 个原料参数也可以进行同样的研究。

以下法则可作为原料质量参数的经验法则。此处增加了一些重要特征。

注意：

仅仅通过观察之前研究的可视化相关图，记录以下的值如表 3.7 所示。

表 3.7 原料质量参数和最大阈值

原料质量参数	最大质量阈值
Stage 1- Raw Material 1 – Quality Parameter 1	4275
Stage 1- Raw Material 2 – Quality Parameter 1	145
Stage 3-Raw Material 1 – Quality Parameter 1	210
Stage 3-Raw Material 2 – Quality Parameter 1	540

最后，“阶段 3 使用的资源”维度也会影响洗涤剂的最终质量。如果回顾“3.4 探

索性数据分析”章节中获得的结果，就能理解 Resource_109 产出的劣质产品占多数。有一个经验法则是，提高 Resource_109 的清洁度，或改变我们没有意识到的其他与领域相关的属性，或最坏的情况是避免将 Resource_109 用于生产过程，这些措施都有助于减少劣质产品的产生。

3.5.2　可视化洞见

为了有助于更快地进行根本原因分析，现在来创建一个简单的树形图，将所有可视化洞见简化呈现在一个视图中进行可视化。在一个地方浓缩改进所有的洞见和建议，这样把整个分析连接起来无疑易如反掌。

图 3.12 列出了导致生产劣质产品的因素。这些因素下面的文字阐明了该因素是如何影响产品的，以及应该如何减少劣质产品的危害。

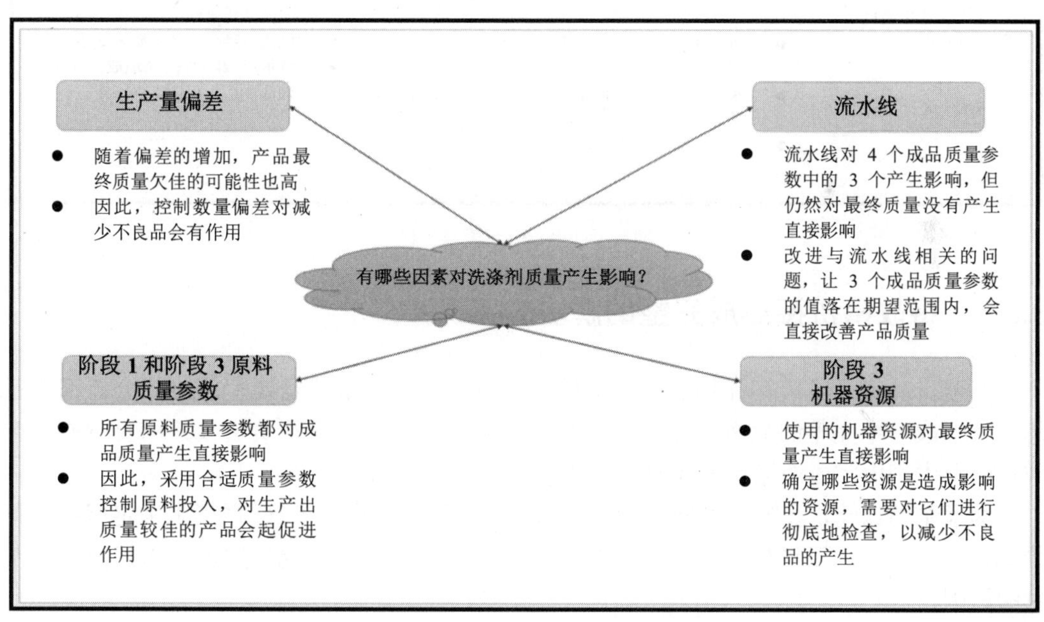

图 3.12

通过研究可视化的图，可以快速地将问题解决框架的初始步骤一一连接起来。如果读者忘了前面所学的问题解决框架，这里再重提一次，这种框架即是“情景、冲突和疑问（Situation Complication and Question，简称 SCQ）”。请参考第 2 章“2.2.1　解析问题”一节同样的“SCQ”图表，接着将发现和结果列出来，看看研究进展到何处了。

图 3.13 涵盖了前面对初始框架设计的结果和洞见。此处看似拥有了解决问题所需的一切信息。

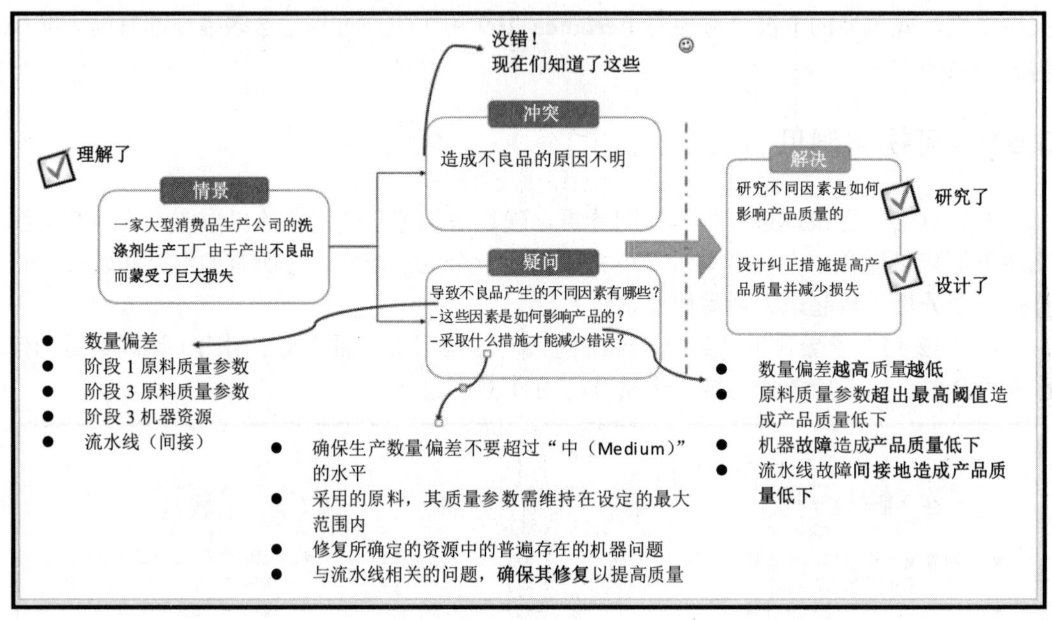

图 3.13

3.5.3　将故事拼接形成完整的解决方案

截至目前完成了最初计划的所有分析。还有最后一件事就是要把最终的分析都串联起来（形成一个完整的故事，即解决方案）。起初，约翰（运营负责人）所负责的生产部门由于生产出劣质洗涤剂而蒙受了巨大损失。

为了帮助约翰，我方团队通过头脑风暴，最终设计了一个 SCQ 框架来确定问题的背景和目标。然后，以结构化的方式进行探索、研究、实验和可视化数据，以找出问题发生的原因。

在分析过程中，发现劣质洗涤剂的罪魁祸首是由 4 个简单的维度决定的，即生产数量偏差、所用原料的质量、用于生产的流水线以及生产过程阶段 3 中用于生产的机器。为了探究这些因素如何影响产品质量，又观察到生产偏差与不良品产生的可能性之间存在正相关关系。简而言之，如果生产量和订单量之间的偏差也很高，那么生产出劣质洗涤剂的可能性就非常高。另外，阶段 1 和阶段 3 中采用的原料的质量，直接影响了洗涤剂的最终质量。所检测的 9 个质量参数中的 4 个与最终质量关系重大。但原料质量超过了阈值，就会明显产生不良品。

在生产过程阶段 3 中使用的机器似乎也不省事。机器中有一些错误的操作需要快速修复，以减少不良品。要找出与整个机器相关的问题，无疑是一项艰巨的任务，但是由于知道其中一台机器生产不良品的可能性较高，那么可以修复所使用的这台机器，缩小它与其他相关机器的差异。最后，用于生产的流水线也对质量有间接的影响。可能会出现这样的情况：流水线会影响加工时间，或者上述任何因素最终影响了产品质量。确定这些错综复杂的问题并进行修复，可进一步提高洗涤剂质量。

3.5.4　结论

现在得出了一个简化的问题解决方案。我方团队在最初的问题解析阶段所提出的那些疑问的答案，帮助研究了问题的各种原因。下面快速地总结需要向约翰提出的各种行动方案，以使他能够减轻生产劣质洗涤剂的风险，解决问题并减少损失。

1. 生产数量

洗涤剂的计划生产量与实际生产量之间往往存在巨大的差距。这种偏差对洗涤剂的最终质量产生很大的影响。偏差的增加显著增加了生产劣质洗涤剂的可能性。因此，强烈建议采取适当的措施，按照需求量来规划生产洗涤剂，而不是偏离计划生产量，到了最后时刻才做改变。

2. 原料质量参数

用于生产洗涤剂的原料质量对洗涤剂的质量造成非常大的影响。从数据中清楚地看到，超出确定阈值的原料质量，生产出劣质洗涤剂的可能性非常高。因此建议采用质量范围落在标准/观察阈值范围内的原料。

3. 阶段 3 使用的资源/机器

生产过程阶段 3 中使用的资源对生产洗涤剂的质量会产生影响。确定与机器相关的全部问题，列出一个详尽清单，这并不是一个可行的解决方案。但是，由于某一特定资源表现出具有较高的生产不良品的倾向，因此将这些机器与其他生产出较高质量洗涤剂的机器进行比较，研究并修复这些差异。

4. 流水线

流水线没有直接影响洗涤剂的最终质量，但仍然对 4 个质量参数中的 3 个产生较强的影响。因此，强烈建议研究流水线对其他重要因素的影响，以便解决这些流水线问题并进一步提高洗涤剂质量。

相信这些建议能够帮助约翰迅速采取行动，改进洗涤剂质量以减少损失。

3.6 小　结

本章中，在解决现实生活物联网商业用例方面迈出了一步。应用在第 2 章已确定好的问题蓝图，并在问题解决框架的指导下，通过结构化的方式解决问题。对商业问题解析好之后，开始运用 R 语言来解决。与此同时，学习从数据中识别出有用的数据，为以后做出决策打下基础。在此阶段，查验数据源，探究可对哪些假设进行证明以便解决的问题。接着，验证了一个事实，即拥有海量的数据可用来解决问题，而且也深入细致地对这些数据进行研究，思考如何将数据应用到解决用例中去。而后，收集了大量的数据和领域背景信息，探索了物联网生态系统中的每个维度，并且研究数据具体所表达的内容。紧接着实施单变量分析，对各种维度进行转换，创建更强大和更有价值的维度。然后，探究数据中存在的关系，通过执行双变量分析来把握不同维度与洗涤剂生产质量之间的关系。在研究数据关系并收集信息/洞见之后，借助统计学验证观察结果，应用各种统计技术来巩固洞见，例如采用卡方检验的假设检验、T 检验、回归分析、方差分析等。结果经过了验证后，将这些结果全部综合起来形成一个完整的故事（即解决方案），相应地拟出了一份能够减少损失的方案建议列表，从而也回答了在解析问题时起草的全部主要业务疑问。

因此，运用结构化和成熟的方法，结合数学、商业、技术等多种学科，本章终于解决了这个问题。但是，还没有完成任务。正如前面所讨论的，问题总是不断地在演变。当前的问题还可以通过询问更为有力的问题（如“何时”）来进一步探讨。这就是即将探索的另一个分析领域——“预测性分析”。接下来将在第 4 章为“何时”这个问题找寻答案，在此过程中提高解决问题的能力，进而更深入地探索预测性分析。

第 4 章　预测性分析在物联网中的应用

人们在解决一个问题时，往往都是给自己提出一个又一个环环相扣的问题。当一个问题出现时，人们会一次次地询问“为什么”“是什么”“如何做”等，直到所有问题得到了解答。而这种方法对解决问题也大有裨益。决策科学也不例外。这一整套的决策科学（即描述性分析+探查性分析+预测性分析+规范性分析），是根据提出的各式各样的问题而设计的。随着不断深入地提出问题，开发的解决方案也变得越来越强大。起初，通过查明发生的问题“是什么”来探查问题体系，接着再仔细探清问题是如何发生的。在对问题一一作答时，问题的解决方案也随之变得更加强大，而这也正是开始钻研预测性分析的时候。具备预测未来并去解决问题的能力比其他任何方法都更强大也更有效。

本章将采用各种统计技术进行预测性分析。继续讨论第 3 章中解决的相同用例，深入探讨“何时”这个问题的解决方案。在问题的解决过程中，会探索各种技术用以预测结果事件的类型。并且了解正在解决什么问题，使用什么算法以及为什么，通过这种方式开始解决问题。然后，学习统计技术的基础知识，实际解决预测问题。最后，好好地消化结果，将从中获得的洞见与前面的故事（即分析）结合起来增强解决方案。

在本章中，将探讨一些简单的算法，如线性回归、Logistic 回归和决策树。而至第 5 章时，会研究用于预测性分析的更先进和更复杂的机器学习技术。本章将重点讨论以下主题：

- 重新探查问题——接下来是什么。
- 线性回归——预测连续结果。
- 决策树——直觉预测法。
- Logistic 回归——预测二元结果。

4.1　重新探查问题——接下来是什么

在研究预测性分析的各种不同技术之前，先来回顾前述，认真思考接下来要做什么，以便更好地解决问题。在第 3 章找出了造成产品质量欠佳的原因之后，将所有发现进行消化最后形成一个故事（即解决方案）。而约翰看起来也对我方团队的解决方案印象深刻。他的团队研究了影响洗涤剂生产质量的各种因素，并且在生产洗涤剂之前，为了解决劣质产品问题而举行头脑风暴会议，采取相应的对策。该团队认定一个关键的成品质量参数，即 Output Quality Parameter 2（成品质量参数 2）对最终的结果影响非常大。不仅如此，他们还希望帮忙构建一个解决方案，帮助他们在启动生产过程之前了解洗涤剂的质量。如果这个团队事先知道将要生产的洗涤剂的最终质量，倘若清楚会出现质量欠佳的情况时，他们就能立即采取对策来提高产品质量。在生产过程启动之前，能够预见成品质量参数 2（关键质量参数）的预测值或洗涤剂的实际最终结果（即良品/不良品），必定能让该团队获益颇丰。

实际上这属于两个完全不同的问题。再次以烹饪来做比喻，这样更加通俗易懂。比方说，您正在煮意大利面，在烹饪前早已准备好了一切所需的配料。而您的朋友瑞克是一位经验丰富的专业厨师，精于烹饪各式各样的菜肴。在您正要做意大利面时，瑞克前来登门拜访。他仔细查看备好的各种配料和数量，并且也设想您一定会按照食谱烹饪。可是在瑞克仔细检查了食材的数量和质量后，他不禁对这份意大利面的味道先做预估评分，如果按照 1～9 分（9 分为最好）来评分，他预估这道面的得分大概只有 6.5 分（平均水平）。您听了后既沮丧又失望，于是忍不住追问瑞克原因何在。瑞克忍俊不禁，指了指姜黄粉和辣椒粉，告诉您这两种香料等级看起来并不高。在他的建议下，您去邻居家借了一些品质上佳的姜黄粉和辣椒粉。香料借回来后，瑞克细细查看并连连点头道："没错，这才是上乘的香料！可以拿到 8.5 分（达到优秀）了！"于是您满怀信心重返厨房准备美味无比的晚餐。

这样的比喻非常直观，对吗？我们也希望能拥有一个像瑞克一样的朋友，为遇到的每一个问题排忧解难。

约翰同样也需要这样一位专家，希望他能够协助负责生产洗涤剂的技术人员。这位专家会预先检查准备好的配料（即原料），估计将要生产的洗涤剂质量，（如果洗涤剂质量差）在生产启动之前即可采取预防措施。该专家可以告诉技术人员，如果采用规定数量的现有原料，那么洗涤剂的最终质量（参数值）约为 670 个单位（假设）。这时技术人员认识到，如果最后得到是这样的质量参数，那么即将生产的洗涤剂为不合格品的可能性是非常高的。因此技术人员就迅速召唤仓库负责人更换一些原料，或者改变机器的一些设置。整个过程可用一个简单的词语来归纳——预测。洞见未来可以帮助每个人避免陷入困境。约翰希望我们能够建立一个系统，帮助他的团队找到关于最终产品质量问题的答案。答案是肯定的！我方团队绝对可以帮助他建立一个系统，预测洗涤剂的质量后再进行生产。下面就来了解是如何实现这个目标的。

根据最终结果，需要解决两个不同类型的问题。至于预测方法，可以预测每个单独的质量参数或最终结果（即良品/不良品）。后者是一个分类结果，而前者是一个连续结果。接下来分别解决这两个问题。最后根据结果的情况，再确定哪一个模型更好。首先尝试解决第一个问题：即最为关键的预测。

4.2　线性回归——预测连续结果

可用于预测的统计技术不胜枚举，而且使用何种技术是由因变量的类型（连续型/类别型）来决定的。处理这两个完全不同的类别时须选用各不相同的技术或算法。这时可应用线性回归来预测分类变量，而 Logistic 回归则预测连续变量。可供预测性分析采用的技术还有许许多多，但是下面先使用线性回归来解决预测连续变量的问题。

4.2.1　预测性分析拉开序幕

着手弄明白将要构建的系统之前，先花点时间仔细琢磨约翰团队的需求，了解清楚他们对（最终分析的）结果有什么应用计划。在生产过程启动之前，该团队希望我方帮助建立一个可以预测实际质量参数（成品质量参数 2）的系统。这样，技术人员和仓库负责人的团队提前一天准备，把所需的原料和机器准备妥当，对生产进行规划，生产洗涤剂。所建立的系统须能够根据现有信息预测最终产品的（连续型）质量参数，这些现有的信息包括原料数量和质量这两种维度，已确定的机器/资源，要使用的流水线，计划生产的时间/天数等。而在做规划时还无法提供运营这个维度的数据。在生产过程之前，对最终产品质量参数的预测能够帮助技术人员迅速采取对策，以减少生产劣质产品的可能性。将质量参数预测与基准参数进行对比，以及估计各种不同因素（对产品质量的）影响程度，可帮助技术人员快速采取修正措施进行调整，例如以质量上乘的备用原料替换质量差的原料，或者修复与机械或流水线相关的问题，或者修复已确定会对提高质量产生重大影响的其他任何维度的问题，从而减少损失。

4.2.2　解决预测问题

为了预测所生产的洗涤剂的质量参数，即一个连续变量，这里采用一种非常著名且方便易用的统计技术——线性回归。还有很多其他（甚至更强大）的选择，但是先从一个基本的算法开始。

线性回归的定义

线性回归是一种统计技术，通过将线性方程拟合到观测数据中，对一个因变量和一个或多个自变量之间的关系进行建模。它是对变量之间线性、加性关系（additive relationship）的研究。当自变量只有一个时，称为“简单线性回归”，而对多个自变量一起研究时，称为“多元线性回归”。一般而言，很少使用简单线性回归。所处理的大多数商业用例都会用到多元线性回归。因此，从这里开始，后续用例和内容提到的线性回归，都是指多元线性回归。接下来马上去解决前文所遇到的问题。后面在遇到线性回归问题时，还会介绍与之相关的新概念。

最终结果或因变量是成品质量参数 2。须十分仔细地选择输入变量，因为要建立一个在生产过程开始之前将现有数据点都考虑进去的预测模型。正待解决的这个用例抓取了整个生产过程中的数据维度。请参考第 3 章“探索性决策科学在物联网中的应用内容和原因”的“3.1.4　了解数据全貌”小节，这节内容详细介绍了在生产过程之前、生产期间和生产之后捕获了哪些数据维度。

可从全部现有数据维度中，将选择范围缩小到以下维度：生产日期、订单量和生产量（生产量通常在生产过程开始之前的最后一刻发生改变）、生产过程中使用的流水线和机器/资源、原料数量和质量等。不会采用诸如延迟提示、总体和每个阶段的加工时间、每个阶段产生的混合物成品质量参数等维度，因为这些维度仅在生产过程期间或之后才可用。其他生产流程层级的维度，如地点、位置、产品等，可以在理想情况下使用，但此用例中的数据只是包含一个位置和一个产品的子集，所以在模型构建练习中并不具有任何价值。

因此，简而言之，必须对一个关系进行建模以预测“成品质量参数 2（Output Quality Parameter 2）”，为下述参数构建一个函数：原料数量和质量参数、生产量偏差（特征）、每个阶段使用的流水线和机器/资源、与先前产品相关的特征，以及与生产日期和时间相关的特征。

可应用 stats 包中的 lm()函数去建立一个线性回归模型。

lm()函数可用于拟合线性模型。以下示例显示了如何在 R 语言中使用这个函数：

```
> #Linear Regression Example
（线性回归例子）
> fit <- lm(y ~ x1 + x2 + x3, data=mydata)
> summary(fit) # show results
```

这里，y 是自变量，x1、x2 和 x3 也是自变量。创建了模型后，可用 summary()函数对结果汇总摘要。接着尝试采用因变量“成品质量参数 2”和现有的几个独立维度来解决用例问题。

注意：

在第一步中采用一些随机的独立维度并不是最好的方法，这样做的目的更多的是让读者熟悉这项统计技术。稍后会在后续练习中讨论一些最佳做法和备选方案。

```
#Performing Linear Regression on a few independent variables
（对几个自变量实施线性回归分析）
> fit<-lm(Output_QualityParameter2~
                        #The Production Quantity deviation feature
                        （生产量偏差特征）
                        data$Quantity_Deviation_new +
                        #The Production Quantity deviation feature
                        （生产量偏差特征）
                        data$Stage1_PrevProduct_1 +
                        #Stage 1 Raw Material Quality Parameters
                        （阶段 1 原料质量参数）
                        data$Stage1_RM2_QParameter1 +
                        data$Stage1_RM2_QParameter2 +
                        data$Stage1_RM1_QParameter1 +
                        data$Stage1_RM1_QParameter2 +
                        #Machine/Resources used in a Stage
                        （一个阶段中使用的机器/资源）
                        data$Stage3_ResourceName_new +
                        data$Stage1_ProductChange_Flag+
                        #Flag indicating Normal/Abnormal consumption
                        （显示正常/不正常消耗的提示）
                        data$Stage1_RM2_Consumption_Flag

                    ,
                    data=data
 )
> summary(fit)
```

```
#Result Output
Call:
lm(formula = Output_QualityParameter2 ~ data$Quantity_Deviation_new +
    data$Stage1_PrevProduct_1 + data$Stage1_RM2_QParameter1 +
    data$Stage1_RM2_QParameter2 + data$Stage1_RM1_QParameter1 +
    data$Stage1_RM1_QParameter2 + data$Stage3_ResourceName_new +
    data$Stage1_ProductChange_Flag + data$Stage1_RM2_Consumption_Flag,

    data = data)

Residuals:
    Min      1Q  Median      3Q     Max
-2632.6  -591.7     4.0   503.2  5064.6

Coefficients:
                                     Estimate Std. Error t value Pr(>|t|)
(Intercept)                         2299.1744   795.2243   2.891  0.00392 **
data$Quantity_Deviation_newLow        97.1952    70.6117   1.376  0.16899
data$Quantity_Deviation_newMedium    -70.0664    75.0060  -0.934  0.35046
data$Stage1_PrevProduct_1Product_545 252.0285   106.6254   2.364  0.01829 *
data$Stage1_RM2_QParameter1           84.1166     5.5395  15.185  < 2e-16 ***
data$Stage1_RM2_QParameter2          -16.5414     8.9058  -1.857  0.06356 .
data$Stage1_RM1_QParameter1            0.3223     0.1823   1.768  0.07735 .
data$Stage1_RM1_QParameter2           15.4425   115.4700   0.134  0.89364
data$Stage3_ResourceName_newResource_108 384.2826  96.5075   3.982 7.34e-05 ***
data$Stage3_ResourceName_newResource_109 -149.8731 96.1707  -1.558  0.11946
data$Stage1_ProductChange_FlagYes    -29.5209   105.0881  -0.281  0.77883
data$Stage1_RM2_Consumption_FlagNormal -367.6675  77.3153  -4.755 2.27e-06 ***
---
Signif. codes:  0 '***' 0.001 '**' 0.01 '*' 0.05 '.' 0.1 ' ' 1

Residual standard error: 923.4 on 988 degrees of freedom

Multiple R-squared:  0.4673,  Adjusted R-squared:  0.4614

F-statistic: 78.81 on 11 and 988 DF,  p-value: < 2.2e-16
```

以上输出结果看似让人颇费脑筋？如果感觉对上述输出结果不太容易理解，请不必担心。下面将逐步探讨这些结果中的重要信息。先来观察（灰色）突出标注的不同部分，从这些部分开始，最后再深入了解其他信息。

首先要清楚到底要达成什么目标。在线性回归中，要识别一个因变量和多个自变量之间的关系。当获得相应的多个自变量的值以及每个自变量对因变量的影响时，这种关系将帮助确定因变量的值。简而言之，有两个简单的结果：因变量值的预测值和每个单独的自变量的量化影响。

那么如何才能获得这些结果？

线性回归方程如下：

$$Y=\beta_0+\beta_1 X_1+\beta_2 X_2+\cdots+\beta_n X_n+\varepsilon$$

其中：

- Y——因变量。
- β_0——截距。
- β_1——用于 X_1 的估计值。
- X_1——自变量 1。
- ε——误差项。

对于任何特定的情况，如果有多个自变量的值（如原料质量参数）及其估计值，即该变量对因变量（成品质量）的影响，则可以预测成品质量的值。截距是一个常数，即拟合线穿过 y 轴的值。

还需对几个较为宽泛的领域了解清楚，如公式、残差偏差（residual deviance）、截距、估计值、标准误差、多个自变量、截距的 t 值和 p 值、残差标准误差（residual standard error）、R 平方和 F 统计量等，这样才能方便诠释输出结果。在深入进行回归练习之前，首先要掌握这些主要内容。

4.2.3　解释回归结果

线性回归的整个过程，即体现了多个自变量和一个因变量之间存在关系的一个事实。如果情况并非如此，那么绝对没有必要往下继续分析。但是，如果至少存在一个与因变量有关的变量，那么就需要找到该自变量的估计值来构建方程。通过计算估计值（系数）和截距，可以构建一个有助于预测因变量的方程。

在预测因变量的值之前，要知道以下几点：即估计值的正确性和预测的准确性分别有多高。为了帮助理解这些重要的问题，回归结果为我们提供了各种检验结果和估计值。通过检查这些检验和估计值的结果，可了解拟合优度，换言之，即知道已定义的因变量和自变量之间的关系究竟如何。上一节讨论过的那些宽泛主题内容，对理解拟合优度也会大有帮助。紧接着逐个探索这些结果。

1. F 统计量

线性回归的第一步是检查多个自变量和一个因变量之间是否存在关系。用前面章节中所学的相同方法（即假设检验）来解决这个问题。定义一个原假设和备择假设，如下所示。

- H0：一个因变量和多个自变量之间不存在关系。
- H1：多个自变量中至少有一个自变量是相关的。

为了检验假设，计算 F 统计量。F 统计量用于检验一组变量是否具有联合显著性（类似于 t 检验的 t 统计量，它证实了单个变量是否具有统计上的显著性）。根据回归结果，可以注意到最后一栏（灰色）突出显示的结果，“F-statistic: 78.81 on 11 and 988 DF, p-value: <2.2e-16”。整体 p 值低于所期望的临界值 5%，而 F 统计量可以解释为越高越好。如果 F 统计量接近于 1，则原假设为真的可能性越高。在这个例子中，由于 F 统计量大于 1，可以轻松地拒绝原假设。这时不禁会问，在解释 F 统计量时，多大的 F 统计量才能拒绝原假设？

有一个经验法则，即可以调出（n =数据的行数，p =自变量数）；当 n 很大时，即 $n>(p\times20)$（每个自变量至少有 20 种情况）。哪怕 F 统计量只是略高于 1，就足以让我们拒绝原假设。n 较低时，F 统计量需要更高才可以拒绝原假设。

此外，F 统计量总是随着整体 p 值一起研究的。有了前面的结果，即可得出以下结论：原假设不太可能为真。因此，可以拒绝原假设，并且肯定至少有一个自变量和因变量之间存在关系，进而对此关系建模。

2. 估计值/系数

一旦确定了即将建模的关系的范围，继续讨论结果的最重要部分，即每个自变量的估计值，以帮助量化每个自变量对最终因变量的影响程度。

```
Coefficients①:
                                              Estimate②
(Intercept③)                                  2299.1744
data$Quantity_Deviation_newLow                  97.1952
data$Quantity_Deviation_newMedium              -70.0664
data$Stage1_PrevProduct_1Product_545           252.0285
data$Stage1_RM2_QParameter1                     84.1166
data$Stage1_RM2_QParameter2                    -16.5414
data$Stage1_RM1_QParameter1                      0.3223
data$Stage1_RM1_QParameter2                     15.4425
data$Stage3_ResourceName_newResource_108       384.2826
data$Stage3_ResourceName_newResource_109      -149.8731
data$Stage1_ProductChange_FlagYes              -29.5209
data$Stage1_RM2_Consumption_FlagNormal        -367.6675
```

① 系数——译者注

② 估计值——译者注

③ 截距——译者注

上面的代码呈现了一小部分较早共享的回归输出结果。估计值显示了它们对因变量的影响程度。估计值为正表明，对于相应的自变量每增加一个单位，结果相应增加，反之亦然。正如所看到的，回归方程（公式）中使用的所有自变量都有一个单独的估计值，但是发现，对于像 Stage 3 Resource name（即阶段 3 资源名称）这样的分类变量，该维度已经在内部将它们分别转换为二进制标志的估计值。这是因为线性回归只处理连续变量，因此每个分类变量在内部被编码为二进制标志。除了自变量，还看到了截距。截距可以简单地称为回归线与 y 轴相交的点，也可以解释为当 X 为 0 时，Y 的期望均值。为了更彻底地理解这一点，假设将身高建模成为一个年龄和性别的函数。性别是一个分类变量（会在内部编码为 1 和 0），男性为 1，女性为 0。因此，当 X 的值为零时，方差可通过截距计算出来。

3. 标准误差、t 值和 p 值

仔细观察估计值，即使已经证实多个自变量和一个因变量之间存在关系，也可能无法直接断言结果。这里不确定每个变量是否会产生影响。为了确认这些变量的每一个估计值是否显著，对诸如标准误差、t 检验、p 值等估计值上进行各种检验，并获得相应的结果。下面看看如何解释它们：

```
Coefficients:
                                           Estimate Std. Error t value Pr(>|t|)
(Intercept)                               2299.1744   795.2243   2.891  0.00392 **
data$Quantity_Deviation_newLow              97.1952    70.6117   1.376  0.16899
data$Quantity_Deviation_newMedium          -70.0664    75.0060  -0.934  0.35046
data$Stage1_PrevProduct_1Product_545       252.0285   106.6254   2.364  0.01829 *
data$Stage1_RM2_QParameter1                 84.1166     5.5395  15.185  < 2e-16 ***
data$Stage1_RM2_QParameter2                -16.5414     8.9058  -1.857  0.06356 .
data$Stage1_RM1_QParameter1                  0.3223     0.1823   1.768  0.07735 .
data$Stage1_RM1_QParameter2                 15.4425   115.4700   0.134  0.89364
data$Stage3_ResourceName_newResource_108   384.2826    96.5075   3.982 7.34e-05 ***
data$Stage3_ResourceName_newResource_109  -149.8731    96.1707  -1.558  0.11946
data$Stage1_ProductChange_FlagYes          -29.5209   105.0881  -0.281  0.77883
data$Stage1_RM2_Consumption_FlagNormal    -367.6675    77.3153  -4.755 2.27e-06 ***
```

使用所有这些结果的目的是，验证因变量和每个自变量之间是否存在关系。为了证明这一点，计算标准误差，将原假设设为 x 和 y 之间不存在关系，然后确定估计值是否真的偏离 0 很远。如果估计值的标准误差很小，那么估计值的相对较小的值可以拒绝原假设。如果标准误差很大，那么估计值也应该足够大才可以拒绝原假设。为了证明这个假设，计算 t 统计量，它检测估计值偏离 0 的标准差的个数。或者，可计算每个自变量的 p 值，帮助确定 x 和 y 之间是否存在任何关系。通过查看结果右边的“*”星号标注，就

能轻而易举地解释整个过程。仔细看看 Stage 1 RM2 Quality Parameter 1 和 2。星号越多则表示 p 值较低，而较低的 p 值则暗示变量和成品之间存在关系的可能性较高，估计值为真的可能性也越高。

同样，掌握了哪个维度与结果具有更强的关系以及如何影响结果的详细情况之后，就需要更多的统计数据来帮助理解拟合优度。如果浏览（本节开头提供的）回归结果，可以看到残差、多元 R 平方、残差标准误差和修正后的 R 平方。接下来更加彻底地理解这些结果。

4.2.4　残差、多元 R 平方、残差标准误差和修正后的 R 平方

残差可以定义为因变量的实际值和预测值之间的差值。残差越低，越接近预测。输出中显示的第一个结果（公式之后）是残差的百分位数分布。在预测现有数据的值之后，如果观察残差—误差——的百分位数分布，就能明白它们的具体表现。

残差：

```
    Min        1Q     Median        3Q       Max
-2632.6    -591.7        4.0     503.2    5064.6
```

残差的范围是-2632～5064，即大约 7500 个单位的范围。因变量的均值约为 15000，而且如果预测值有 7500 的误差，那么就几乎不会增加任何值。但是，如果仔细观察，可以看到更清晰的情况。中位数=4，并且另外第 25 百分位数到第 75 百分位数的最大范围约为 1000 单位。因此，发现一大部分数据预测的最大误差约为 1000 单位，这似乎是一个合理的预测（当然绝对不是最好的预测，这个实验只是一个练习的第一个迭代）。同样可以用残差标准误差进行更好的研究。

```
Residual standard error: 923.4 on 988 degrees of freedom
```

残差标准误差是表示观测值从回归线落下的平均距离的残差的标准误差。简而言之，回归的标准差帮助理解使用响应变量的单位时，回归模型错误程度平均有多高。值越小越好，这表明观测值更接近拟合线。因此，可以从前面的结果推断出，对于均值为 15000 的响应变量，预计有大约 923 个单位的误差。这些结果看起来足够好了，因为实际上使用较低的残差来解释了一部分方差。

多元 R 平方是衡量整体拟合优度的另一个指标。由于多元 R 平方具有易于解释的优点，有时候它比残差标准误差更受人青睐，尽管它应用起来须因分析而异。R 平方是表示数据与拟合回归线的距离的统计度量。它也被称为多元回归的判定系数或多元判定系

数。R 平方=解释方差/总方差。它从预测的残差中计算得来，但结果与响应变量的大小无关。和前面一样，响应变量的平均误差为 923 个单位。在这里，如果不知道响应变量的大小，就无从理解结果，而且在脑海中计算误差大小时，有时候甚至会曲解了误差的影响。然而，R 平方与响应变量大小无关，因此对下面的解释不仅十分直观也非常容易。

```
Multiple R-squared: 0.4673, Adjusted R-squared: 0.4614
```

正如所见，（多元）R 平方的值是 0.46，即 46%，这个数字不是很好。可以推断，只有 46%的方差实际上是由回归模型解释的（若要取得一个较好的 R 平方值，完全取决于商业用例）。同时也发现在（多元）R 平方值的右边，修正后的 R 平方值比 R 平方略低。

R 平方修正值

修正后的 R 平方检验包含了不同数量的独立维度的回归模型的方差解释能力。

假设将含有一个较高 R 平方的 10 个独立维度模型与一个只含有一个独立维度的模型进行比较。第一个模型的 R 平方较高，是因为该模型更好？还是因为它含有更多的自变量/维度所以 R 平方较高？这就是 R 平方修正值的用武之地。修正后的 R 平方是 R 平方的调整版本，针对模型中的独立维度的数量进行了调整。只有当新的维度改进模型偶然高于可能预期时，修正后的 R 平方才会增加。而当一个预测因子改进模型的可能性偶然低于预期时，修正后的 R 平方会减少。修正后的 R 平方可以是负数（非常罕见）。但它总是低于 R 平方。R 平方和修正后的 R 平方的巨大差异表明，在回归分析练习中考虑到的许多维度，并不有助于解释因变量的方差。

至今为止，我们利用前面章节学习过的用例，深入探讨了线性回归。也认真琢磨何时应该运用线性回归以及为何运用的原因，并且仔细探究如何在 R 语言中使用它。此外，还解释了输出结果以研究整体拟合优度以及较小的单个维度。接下来将深入研究同一用例的线性回归，通过提高拟合优度而改进结果，从而增强总体的预测能力。

4.2.5 改进预测模型

前面的练习只是用于尝试理解回归模型。接着继续分析，以获得更好、更准确的预测模型。采用 R 平方、修正后的 R 平方和残差标准误差用来帮助理解整体拟合优度。

1. 确定分析方法

可以用来解决建模问题的方法数不胜数。假设在 25 个维度/预测因子的列表中，逐个去添加预测因子，相应观察整体模型的差异和改进。这种方法被称为“向前选择法（Forward selection）”。也可以换一种方式，首先从第一次迭代中的所有变量开始，然后根据检索结果剔除不太有价值的预测因子。这种方法则被称为"向后剔除法（Backward Elimination）"。还有另一种方法是将两种方法结合起来用于构建最佳模型的组合法。任何一种方法都不错，下面采用向后剔除法。

2. 如何实现

接下来将选择第 3 章中所有已经确定为重要的变量。然后，使用全部独立的预测因子进行线性回归迭代，尝试改进结果。应用 p 值和估计值，通过使用因变量结果可以确定每个预测因子在定义一个关系的重要性，随后剔除那些增加零值或低值的预测因子。并会对预测因子进行一些数据转换，以进一步改进结果，最后将在一个未曾见过的数据集上检验结果，以检查模型在预测中的效果。

3. 开始建模

首先对用例中所有可能的预测因子实施一次迭代。

注意：

对于这个特定的用例，这里不会采用数据中每一个现有可能的变量。因为这是由要使用的解决方案的性质决定的。约翰团队需要的解决方案，要求是能够在生产过程之前预测洗涤剂的成品质量参数。在第 3 章中选用的几个维度都是在生产过程中抓取而来的维度。为了构建一个符合约翰需求的解决方案，只需要考虑那些在生产过程之前就能够获得的预测因子。

注意：

例如，每个阶段的加工时间、延迟提示和原料消耗提示只有在生产过程完成各个阶段之后才能捕获到。但是可以选用原料质量参数、资源详情、产品细节、计划量和待生产量、产品变化提示等。

```
#Building a Linear Regression Model
（构建一个线性回归模型）
fit<-lm (Output_QualityParameter2~
            #Overall Process dimensions
            （整个过程的维度）
            data$Quantity_Deviation_new
            +data$AssemblyLine_ID
            +data$Stage1_PrevProduct_1

            #Stage 1 Raw Material Parameters
```

```
            (阶段 1 原料参数)
            + data$Stage1_RM1_QParameter2
            + data$Stage1_RM1_QParameter1
            + data$Stage1_RM2_QParameter2
            + data$Stage1_RM2_QParameter1

            #Stage 3 Raw Material Parameters
            (阶段 3 原料参数)
            + data$Stage3_RM1_QParameter1
            + data$Stage3_RM1_QParameter2
            + data$Stage3_RM2_QParameter1
            + data$Stage3_RM3_QParameter2
            + data$Stage3_RM3_QParameter1

            +data$Stage3_ResourceName_new
            +data$Stage1_ProductChange_Flag
                          ,
        data=data
        )
```

```
Call:
lm(formula = Output_QualityParameter2 ~ data$Quantity_Deviation_new +
    data$AssemblyLine_ID + data$Stage1_PrevProduct_1 +
    data$Stage1_RM1_QParameter2 +
    data$Stage1_RM1_QParameter1 + data$Stage1_RM2_QParameter2 +
    data$Stage1_RM2_QParameter1 + data$Stage3_RM1_QParameter1 +
    data$Stage3_RM1_QParameter2 + data$Stage3_RM2_QParameter1 +
    data$Stage3_RM3_QParameter2 + data$Stage3_RM3_QParameter1 +
    data$Stage3_ResourceName_new + data$Stage1_ProductChange_Flag,
    data = data)

Residuals:
    Min      1Q  Median      3Q     Max
-2691.4  -548.8   -19.4   502.0  4683.3

Coefficients:
                                      Estimate Std. Error t value Pr(>|t|)
(Intercept)                         -362.94335  628.70591  -0.577  0.56388
data$Quantity_Deviation_newLow        17.23158   68.39549   0.252  0.80114
data$Quantity_Deviation_newMedium    -58.52954   72.01983  -0.813  0.41659
data$AssemblyLine_IDLine 2           485.81219   71.17584   6.826 1.53e-11 ***
data$Stage1_PrevProduct_1Product_545 417.65117  104.71284   3.989 7.14e-05 ***
data$Stage1_RM1_QParameter2           -7.30299  113.12474  -0.065  0.94854
data$Stage1_RM1_QParameter1           -0.07852    0.18680  -0.420  0.67433
data$Stage1_RM2_QParameter2          -35.21957    8.79188  -4.006 6.64e-05 ***
```

```
data$Stage1_RM2_QParameter1                    39.07678    9.50374   4.112 4.26e-05 ***
data$Stage3_RM1_QParameter1                    19.65419    8.70462   2.258  0.02417 *
data$Stage3_RM1_QParameter2                  -894.10622  740.63916  -1.207  0.22764
data$Stage3_RM2_QParameter1                     6.58343    3.40376   1.934  0.05338 .
data$Stage3_RM3_QParameter2                     9.26441    3.36309   2.755  0.00598 **
data$Stage3_RM3_QParameter1                  -156.44916   32.92914  -4.751 2.32e-06 ***
data$Stage3_ResourceName_newResource_108      505.08622   93.90030   5.379 9.36e-08 ***
data$Stage3_ResourceName_newResource_109      210.10217  104.66425   2.007  0.04498 *
data$Stage1_ProductChange_FlagYes            -104.08007  101.62313  -1.024  0.30600
---
Signif. codes:  0 '***' 0.001 '**' 0.01 '*' 0.05 '.' 0.1 ' ' 1

Residual standard error: 884.6 on 983 degrees of freedom
Multiple R-squared:  0.5137,  Adjusted R-squared:  0.5058
F-statistic: 64.89 on 16 and 983 DF,  p-value: < 2.2e-16
```

正如所见，与之前的结果相比，现在获得一个相当好的拟合优度。残差标准误差从923减少到884，而R平方从0.46增加到0.51。结果虽然比以前的迭代更好，但仍然没有达到最好。

4. 进一步分析

那些显著的变量在上述代码清单中已（用灰色）标注出来。接下来可以放弃一些不显著的变量，进一步微调显著变量以提高拟合优度，或者对不显著以及显著的预测因子都尝试去做些改进。尝试后也许会带来一定成效，或者也许不会，但是如果尝试后有些东西变得显著了，这无疑就增加了很大的价值。数据转换是一种试错的方法。在某些情况下对预测因子或因变量应用转换有助于更直观地捕捉到变化。转换可以是任何形式，例如平方（x^2）、立方（x^3）、指数（e^x）、对数转换等。这些转换可以应用于预测变量或因变量或两者。

如果仔细观察结果可以看到，9个原料质量参数中只有5个是显著的。数据转换可能有价值，也可能没有价值。结果只能用试错法来验证。可以尝试在预测因子、因变量或两者上进行各种组合作数据转换，最后选择呈现最佳结果的组合。

注意：

建议执行各种线性回归迭代以查看不同转换结果的差异。以下显示的输出结果，是针对不同类型的数学数据转换执行的各种迭代之一。

在本用例中，很遗憾的是数据转换并不能真正推动结果。即使尝试各种不同的数据转换操作的组合，也几乎看不到有什么特别大的差别。下面是从多次迭代中获得的最好结果。

```
Call:
lm(formula = log(Output_QualityParameter2) ~ data$Quantity_Deviation_new +
    data$AssemblyLine_ID + data$Stage1_PrevProduct_1 + (data$Stage1_RM2_QParameter2)^3 +
    (data$Stage1_RM2_QParameter1)^3 + (data$Stage3_RM1_QParameter1)^3 +
    (data$Stage3_RM3_QParameter2)^3 + (data$Stage3_RM3_QParameter1)^3 +
    data$Stage3_ResourceName_new + data$Stage1_ProductChange_Flag,
    data = data)

Residuals:
      Min        1Q    Median        3Q       Max
-0.174552 -0.035115 -0.000359  0.033994  0.256303

Coefficients:
                                         Estimate Std. Error t value Pr(>|t|)
(Intercept)                             8.6040707  0.0340016 253.049  < 2e-16 ***
data$Quantity_Deviation_newLow          0.0020019  0.0043999   0.455 0.649219
data$Quantity_Deviation_newMedium      -0.0036540  0.0046184  -0.791 0.429026
data$AssemblyLine_IDLine 2              0.0306491  0.0045500   6.736 2.76e-11 ***
data$Stage1_PrevProduct_1Product_545    0.0260981  0.0066912   3.900 0.000103 ***
data$Stage1_RM2_QParameter2            -0.0022017  0.0005660  -3.890 0.000107 ***
data$Stage1_RM2_QParameter1             0.0028370  0.0005889   4.818 1.68e-06 ***
data$Stage3_RM1_QParameter1             0.0016332  0.0005376   3.038 0.002443 **
data$Stage3_RM3_QParameter2             0.0007464  0.0001899   3.931 9.05e-05 ***
data$Stage3_RM3_QParameter1            -0.0088619  0.0019895  -4.454 9.37e-06 ***
data$Stage3_ResourceName_newResource_108 0.0337991 0.0059072   5.722 1.40e-08 ***
data$Stage3_ResourceName_newResource_109 0.0139059 0.0066806   2.082 0.037643 *
data$Stage1_ProductChange_FlagYes      -0.0046708  0.0064988  -0.719 0.472486
---
Signif. codes:  0 '***' 0.001 '**' 0.01 '*' 0.05 '.' 0.1 ' ' 1

Residual standard error: 0.05718 on 987 degrees of freedom
Multiple R-squared:  0.5177,  Adjusted R-squared:  0.5118
F-statistic: 88.28 on 12 and 987 DF,  p-value: < 2.2e-16
```

阶段 1 和阶段 3 的原料质量参数已用三次方运算进行了转换，并且最终因变量也应用对数运算做了变换。迭代过程中执行这些转换时，从模型中剔除了一些不显著的连续型预测因子。分类变量的剔除可能会非常棘手，并且需要再次进行试错组合法（去剔除）。如果剔除不显著的分类变量导致结果恶化，则将该变量又添加回列表中（这个概念已经在上一节的截距结果解释中详细阐述了）。可以看到两个原料质量参数预测因子已经被剔除了。最后，还注意到，结果已经发生了微小的改进。修正了 R 平方后，比以前的版本略好（残差标准误差为 0.057，与以前的版本差别很大，这是因为对因变量进行了对数运算）。

数据科学家除了提高拟合优度之外，还要努力减少多重共线性。多元回归模型中两个或多个预测变量高度相关属于一种统计现象。多重共线性的存在会导致对每个预测因子估计值的误解。比方说，如果 A 的估计值是 5，B 的估计值是 7，并且 A 和 B 是相关的，那么估计值 5 并不代表 A 对因变量的真实影响。估计值是受 A 和 B 共同影响的一个方差。如果读者有兴趣研究每个维度对最终结果的影响，消除多重共线性是必需的。但是，在这个练习中，更关注预测的准确性。

为了进一步提高预测的拟合优度或准确性，需要研究和观察交互效应（interaction effects）。当一个自变量对结果的影响取决于另一个自变量的值时，就会发生交互作用（interaction），也就是说，两个变量同时影响另一个变量的情况不可以相加。

以下等式可以帮助理解这一点：

$$Y=\beta_0+\beta_1 A+\beta_2 B+\beta_n(AB)+\varepsilon$$

有些情况下，两个自变量可能无法解析很多方差，但是将两个变量一起考虑时，就解释了大量的方差。在练习中，可以把原料属性置于一个更高的优先级上用于交互作用的研究。还有更复杂的技术可用来检测自动变量交互作用（但详细讨论这部分内容超出了本书的范围）。现在，将原料质量参数视为一个组合。然后从 9 个原料质量参数列表中尝试多种组合，并（使用 p 值）检查交互作用是否显著，之后再研究提高整体模型准确度（overall model accuracy）。

以下结果显示了各种组合的最佳建模迭代的结果。已经考虑了多个原料质量参数组合之间的交互作用，并选择了给出最佳准确度的迭代。一些不显著的变量已被淘汰，少数变量仍被保留下来。残差标准误差是最小的，同时修正后的 R 平方是最高的。在以下展示的迭代中，已考虑了原料质量参数、转换加工时间、基础原料质量参数和对数转换因变量中的这些交互变量的组合。

交互变量以灰色突出显示：

```
Call:
lm(formula = log(Output_QualityParameter2) ~
    data$Quantity_Deviation_new +
    data$AssemblyLine_ID +
     data$Stage1_PrevProduct_1 +
     (data$Stage1_RM1_QParameter2) * (data$Stage3_RM1_QParameter2) +
     (data$Stage1_RM1_QParameter1) * (data$Stage3_RM1_QParameter1) +
     (data$Stage1_RM2_QParameter1) * (data$Stage3_RM1_QParameter1) +
     log(data$Stage1_RM1_QParameter1) +
    log(data$Stage1_RM2_QParameter2) +
    log(data$Stage1_RM2_QParameter1) +
    log(data$Stage3_RM1_QParameter1) +
    log(data$Stage3_RM1_QParameter2) +
    log(data$Stage3_RM2_QParameter1) +
    log(data$Stage3_RM3_QParameter2) +
    log(data$Stage3_RM3_QParameter1) +
    data$Stage3_ResourceName_new +
    data$Stage1_ProductChange_Flag, data = data)
Residuals:
      Min        1Q    Median        3Q       Max
-0.185280 -0.032139  0.000059  0.032401  0.271451
```

```
Coefficients:
                                                 Estimate Std. Error t value Pr(>|t|)
(Intercept)                                     -2.254e+02  5.903e+01  -3.818 0.000143 ***
data$Quantity_Deviation_newLow                   9.018e-05  4.344e-03   0.021 0.983444
data$Quantity_Deviation_newMedium               -2.330e-03  4.555e-03  -0.511 0.609177
data$AssemblyLine_IDLine 2                       3.542e-02  4.526e-03   7.825 1.31e-14 ***
data$Stage1_PrevProduct_1Product_545             3.102e-02  6.768e-03   4.584 5.15e-06 ***
data$Stage1_RM1_QParameter2                     -4.167e-02  2.208e-02  -1.888 0.059389 .
data$Stage3_RM1_QParameter2                     -5.699e-01  5.174e-01  -1.102 0.270942
data$Stage1_RM1_QParameter1                     -3.156e-03  1.221e-03  -2.584 0.009915 **
data$Stage3_RM1_QParameter1                     -2.514e-01  6.970e-02  -3.606 0.000327 ***
data$Stage1_RM2_QParameter1                      2.462e-03  6.244e-02   0.039 0.968556
log(data$Stage1_RM1_QParameter1)                 5.974e+00  2.746e+00   2.176 0.029816 *
log(data$Stage1_RM2_QParameter2)                -8.538e-02  2.863e-02  -2.983 0.002930 **
log(data$Stage1_RM2_QParameter1)                -4.941e-01  4.670e+00  -0.106 0.915752
log(data$Stage3_RM1_QParameter1)                 4.536e+01  1.038e+01   4.368 1.39e-05 ***
log(data$Stage3_RM1_QParameter2)                -4.264e-02  2.279e-02  -1.871 0.061657 .
log(data$Stage3_RM2_QParameter1)                 1.579e-01  1.179e-01   1.340 0.180661
log(data$Stage3_RM3_QParameter2)                 3.974e-01  1.152e-01   3.450 0.000585 ***
log(data$Stage3_RM3_QParameter1)                -6.773e-02  1.389e-02  -4.875 1.27e-06 ***
data$Stage3_ResourceName_newResource_108         1.586e-02  6.785e-03   2.338 0.019594 *
data$Stage3_ResourceName_newResource_109         6.830e-03  6.640e-03   1.029 0.303887
data$Stage1_ProductChange_FlagYes               -6.145e-03  6.393e-03  -0.961 0.336629
data$Stage1_RM1_QParameter2:data$Stage3_RM1_QParameter2  2.650e-01  1.240e-01   2.136 0.032905 *
data$Stage1_RM1_QParameter1:data$Stage3_RM1_QParameter1  8.360e-06  2.839e-06   2.945 0.003311 **
data$Stage3_RM1_QParameter1:data$Stage1_RM2_QParameter1  1.293e-05  1.497e-04   0.086 0.931177
---
Signif. codes:  0 '***' 0.001 '**' 0.01 '*' 0.05 '.' 0.1 ' ' 1

Residual standard error: 0.05554 on 976 degrees of freedom
Multiple R-squared:    0.55,    Adjusted R-squared:   0.5394
F-statistic: 51.87 on 23 and 976 DF, p-value: < 2.2e-16
```

结果有所改善，但还没有达到理想的优秀模型。至少还有 70%的方差需要解释，这样才能把这个模型看作一个好的模型（越多越好）。这里看到显著变量的数量略有增加，整体结果得到了相当多的改善，即（与之前的迭代相比）残差标准误差已经减小，修正后的 R 平方也增加了。虽然离结果还很远，但稍微暂停一下，先来理解所学到的东西。

5. 要审慎思考的重点

- 现在意识到，4.2.3 节的结果在帮助理解自变量和因变量之间的关系方面，不仅大有用处而且至关重要。
- 一些不显著的变量通过数学方法进行转换以提高显著性。
- 交互变量有一个范围，它有助于解释更多的方差。

虽然从回归练习中分别研究了结果，但是没有在一个全新的未曾见过的数据集上进行验证。这个步骤举足轻重，因为在新的数据集上对模型进行评分，可能无法得到相同的结果。若是如此，就需要重新修改模型，以获得与训练数据集相似且更好的模型版本。为了验证新数据集中的模型，通常采用一种测试和训练方法，将数据随机分为 70∶30、80∶20 或 90∶10 的训练样本和测试样本。前面早已将整个数据集运用到当前练习中去了，因此这里留出一个 10%的样本，接着重新运行相同的模型进行预测。

为了在新数据上检验结果，应用平均绝对百分比误差（Mean Absolute Percentage Error，MAPE）并计算测试集的 R 平方。这些结果将帮助评估新数据集的模型：

```
set.seed(600)
#Creating a 10% sample for test and 90% Train
（创建一个 10% 样本用于测试，一个 90% 样本用于训练）
test_index<-sample(1:nrow(data),floor(nrow(data)*0.1))
train<-data[-test_index,]
test<-data[test_index,]

#new_fit :We fit the model 'new_fit' on the train dataset using the same
formula used in the previous iteration. Codes have been ignored here.
（new_fit:采用与前一次迭代中相同的公式将模型 new_fit 在训练集中进行拟合。此处忽略代码）

#Define functions to calculate MAPE and R Squared
（定义函数计算 MAPE 和 R 平方）
mape <- function(y, yhat)
return(mean(abs((y - yhat)/y)))
r_squared<-function(y,yhat)
                return(1 - sum(abs(y-yhat)^2)/sum((y-mean(y))^2))

#Predict the output from the Model
（预测模型的结果）
#Since, we performed a log operation on the dependent variable,We would
need to take a exponential of the prediction to get the end Predcition
（因为对因变量实施了一个对数运算，还需要取预测的指数以获得最终预测结果）

predicted<-exp(predict(new_fit,test))

#Calculate R Squared
（计算 R 平方）
```

```
> r_squared(test$Output_QualityParameter2,predicted)
[1] 0.4837209

> mape(test$Output_QualityParameter2,predicted)
[1] 0.04446882
```

从结果中可以看出，MAPE 约为 4%，测试集上整体的 R 平方值为 0.48，与对训练样本的结果相比稍微有些偏差，但存在的差异仍然不是很大。结果表明，它们几乎与预期的结果（与训练数据相比）是同步的。这表明该模型整体上具有良好的泛化能力，从而推断该模型将按照任何全新的未曾见过的数据的预期良好地运行。可是，上述整体结果还没有足够好到可以告诉约翰，我们已经帮他解决了问题。接下来还需要取得更高的准确度和更低的预测误差，以便他的团队能够从结果中挖掘出有价值的信息。

6. 应该注意什么

- 试图用相同的技术进一步改进结果需要付出十分艰辛的努力。可以改用更强大的算法或技术来获得更好的结果。
- 数据转换、特征工程以及研究变量间的交互作用可以进一步提高准确度。
- 可采用别的替代方法用以改变建模结果，即需要对预测最终结果（优质或劣质）或预测每个单独的质量参数进行评估和考虑。

7. 下一步应该怎么做

目前为止已取得成果（尽管是逐渐有利的），但在总体水平上，只能解释整体方差的 55%左右。这也只是比随机概率（50%）高出少许。还有多种选择去进一步改进结果，其中包括可继续使用线性回归更上一层楼，但是相应地需要付出无比艰辛的努力。为了采用更加快速、更加灵活的方法获得更好的结果，可探索选用一种更强大的技术来进行相同的预测练习。新技术的应用可帮助在大多数情况下获得更为有利的结果，因为它会揭示出一些在线性回归中可能不是直截了当的潜在关系。因此，为了让结果得到进一步的改进，将针对相同的用例采用另一种新技术——决策树。

4.3 决 策 树

决策树是数据挖掘中常用的一种技术，可以在输入的一些值（或自变量）的基础上创建一个模型来预测一个目标（或因变量）的值。可以采用的决策树算法各种各样，这些算法变化都不大。这节本书将选择一个非常受欢迎的决策树算法，即分类和回归树（Classification and Regression Trees，CART）。这是由 Leo Breiman[①]、Jerome Friedman[②]、Richard Olshen[③]和 Charles Stone[④]于 1984 年提出的一个总括术语，它是指决策树的分类和回归类型。运用决策树可以预测一个分类变量或连续变量。根据因变量的类型，（对于连续型的结果变量）应用回归树或（对于类别型的结果）用分类树。CART 在算法的内部运作中有一个细小的变异。后续将在当前的练习中采用回归树算法。稍后，也将探究分类树和回归树之间的差异。下面就从了解决策树的细微差别开始。

4.3.1　了解决策树

接下来仔细地研究决策树。

1．什么是决策树

简而言之，决策树是一种数据挖掘算法，用于根据训练样本预测分类结果或连续结果。它通过创建一个类似流程图的结构，其中每个内部节点代表对一个属性的一个“测试”（例如，抛硬币与否会产生硬币为正面还是反面的一个结果），每个分支表示该测试的结果，并且每个叶节点表示一个类标签（在计算所有属性之后做出的决策）。从根节点到叶节点的路径代表规则。

2．决策树是如何工作的

决策树实现了一个非常简单的算法。图 4.1 为决策树的一个简单可视化图。

决策树的工作原理是，通过将数据从根节点分裂成越来越小的子集，同时增量式地构造一棵与之相关联的决策树。最终构造出来的是一棵具有根节点、决策节点和叶节点的决策树，如图 4.1 所示。决策节点创建规则，叶节点则提供结果。最后得出一个简单而直观的流程图，在脑海中即可将这个流程图与一个包含有许多问题以及基于规则的答案的列表一一映射。

[①] 利奥·布雷曼（1928 年 1 月 27 日—2005 年 7 月 5 日）是加利福尼亚大学伯克利分校的一名杰出统计学家。他曾获得过许多荣誉和奖项，同时也是美国国家科学院院士。他最要的贡献主要有分类和回归树、Bagging 方法和随机森林。——译者注

[②] 杰罗姆·弗里德曼（1939—）：美国统计学家、顾问和斯坦福大学统计学教授，因为对统计和数据挖掘领域的贡献而闻名。——译者注

[③] 理查德·奥尔森（出生年月不详）：1966 年 12 月获得耶鲁大学博士学位。他与已故的利奥·布雷曼、杰罗姆·弗里德曼和查尔斯·斯通合著了《分类和回归树》（*Classification and Regression Trees*）一书。——译者注

[④] 查尔斯·斯通（出生年月不详）：斯坦福大学统计学博士，现为加利福尼亚大学伯克利分校统计系教授，主要研究方向是非参数统计模型、统计软件。1984 年与上述作者合著出版了《分类和回归树》。——译者注

3. 决策树有哪些不同类型？

决策树的类型各种各样。它们在解决问题的方式上也各有不同。本书将采用最流行最广泛使用的 CART 决策树，如图 4.1 所示。

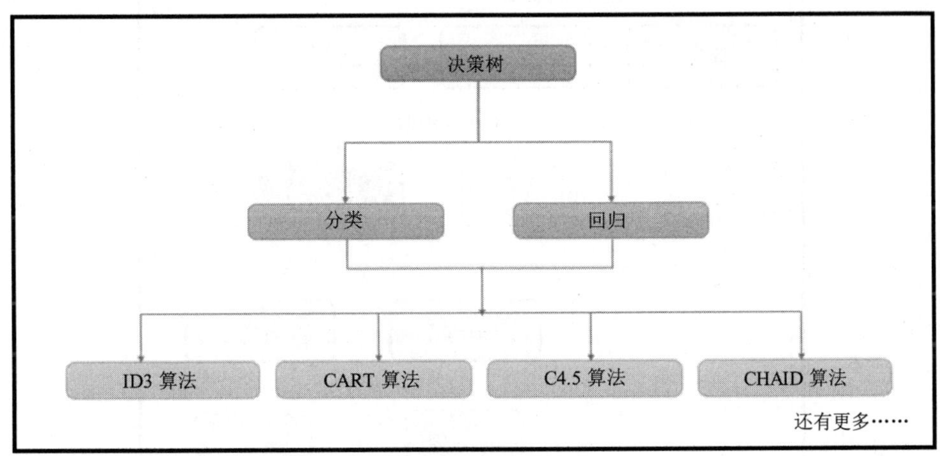

图 4.1

这些决策树差别不大。在大多数情况下，一种技术是另一种技术的更新版本。ID3（Iterative Dichotomiser 3）[①]是 C4.5 之前的早期版本之一，依此类推。在很多情况下，差异主要在于增量更新和改进。例如，较早的版本不能处理数值型变量，更新后的版本除了支持相同的功能，还进行了其他一些优化改进。

4. 如何构造一棵决策树，决策树是如何工作的

整个算法可以用 5 个简单的步骤来说明：

（1）选择根节点。

（2）将数据分组。

（3）创建一个决策节点。

（4）将数据分区到相应的组中。

（5）重复，直到节点大小>阈值或特征=空。

为了更清楚地理解算法，举一个浅显易懂的例子。比如，有了“着装标准”和“性别”的数据维度之后，您试图预测每位员工的平均工作时间。图 4.2 将此例子可视化，以便解释。

① 迭代二分器 3 代。——译者注

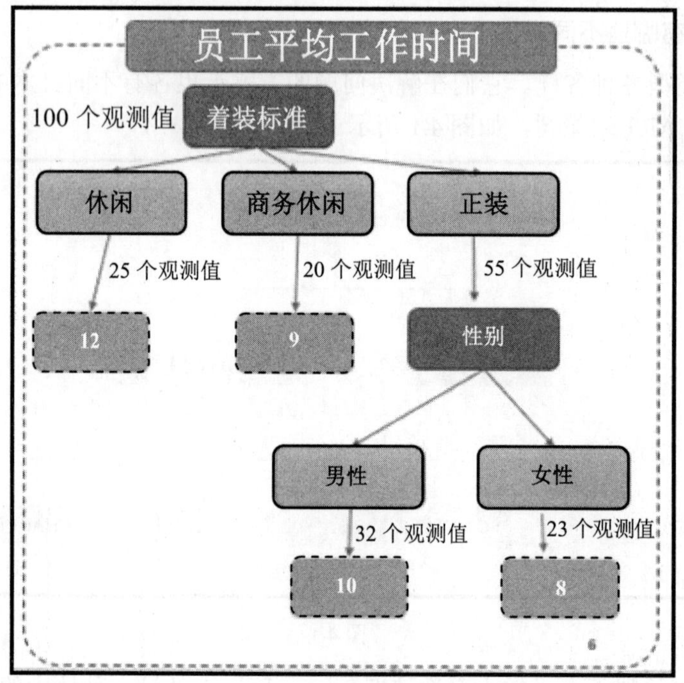

图 4.2

根节点是一个“着装标准”的特征，粗线边框方块是每个特征的组/层级。虚线框给出了相应分区中所有数据维度的平均工作时间。

假设总共有 100 个观测值用于训练。在每个节点中设置了 30 个数据点或更多的阈值以进一步分割节点。因此，当节点中含有 30 个或更少数据点，或者特征（自变量）为空时，分区停止。通过算法（将在后面详细讨论）选择根节点（即着装标准），将数据划分为相应的组别。所以分别有 25 个“休闲”、20 个“商务休闲”和 55 个“正装”。一旦一个特征被分配并且数据被分区，那么就继续分割相应的可分割的组。在本例中，“休闲”和“商务休闲”<30 个观察值，因此不再考虑进一步分割。“正装”节点大小> 30，因此在“正装”节点下面设置下一个特征“性别”。这 55 个观测值进一步分为“男性”和“女性”。这个过程一直持续到特征为空或节点大小小于预设的阈值。每个粗线边框都是计算结果的终端节点。在回归树中，由于结果是连续型的，结果是各终端节点中所有数据点的平均数。平均工作时间的一个分区以虚线边框显示。在前面的例子中，假设有一个员工，其性别为“男”，“着装标准”为“休闲”，那么如果遍历树，就会发现该员工的平均工作时间是 12。如果“着装标准”=“正装”，性别=“女性”，那么平均工作时间= 8。上述就是如同构造了一棵决策树，并预测最终结果的一个过程。对于决策树是如何工作的，还需要澄清几个问题。

此时浮现在脑海中的几个问题如下：

- 如何选择根节点？
- 决策节点是如何排序/选择的？
- 决策树如何处理连续变量？
- 分类和回归过程有什么不同？

这些问题的答案将帮助更详细地了解决策树的整个过程。下面将逐个去解决这些问题。

5. 如何选择根节点

计算回归树和分类树中根节点的算法是不一样的。对于回归树，算法计算关于因变量的特征的标准差减少（Standard Deviation Reduction，SDR）。请看下面的例子。比如采用以下数据（见表 4.1）作为算法的训练数据。

表 4.1　训练数据

序列号	着装标准	性别	工作时间
1	正装	男	10
2	商务休闲	女	11
3	休闲	男	12
4	正装	男	9
5	商务休闲	女	14
6	休闲	男	9
…			
100	休闲	男	15

这里有两个特征和一个连续结果（即工作时间）。

标准差减少（SDR）计算如下：

（SDR）= Standard Deviation(结果)−Standard Deviation(结果,特征)

计算一个单数值型变量的标准差很简单。每组的概率乘以每组的标准差后，将这些乘积相加得出的总和即为两个变量的标准差。

假设计算标准差，即 Sd(着装标准,工作时间)：

Sd(着装标准,工作时间)= P(正装)* Sd(正装)+ P(休闲)* Sd(休闲)+
P(商务休闲)* P(商务休闲)

假设 Sd(工作时间)= 15，各组着装标准的频率计数和各自的标准差如表 4.2 所示。

表 4.2 频率计数和标准差表

着装标准	工作时间标准差	计数
正装	1.4	55
商务休闲	1.9	20
休闲	2.8	25
总和		100

那么，Sd（着装标准，工作时间）=P（正装）·Sd（正装）+P（休闲）·Sd（休闲）+P（商务休闲）·P（商务休闲）=（55/100）×1.4 +（20/100）×1.9 +（25/100）× 2.8

因此，Sd（着装标准，工作时间）= 1.85。

这时计算 SDR 易如反掌：

（SDR）=Standard Deviation（结果）−Standard Deviation（结果，特征）

= 15−1.85

SDR = 13.15

同样，其他特征的 SDR 也会计算出来，并且选择 SDR 最大的那个特征作为根节点。

6．决策节点是如何排序/选择的

一旦选择了根节点并且数据在其组中被分区，则下一个特征就被分放到根节点的合格组别下面。合格组别是根据节点大小阈值计算的。所选的特征是具有最高 SDR 的下一个特征。如果数据点的个数少于阈值，则该节点被终止。图 4.3 显示了基于 SDR 的一些特征的一个流程图。

7．决策树如何处理连续变量

连续变量是一个特例。理想情况下，决策树只适用于分类特征，但是将连续特征转换为分类特征后，即可添加到决策树中。这可通过一种分箱（binning）的算法实现，并且能在所使用的 R 包中自动完成。比如，举一个年龄维度的例子，很容易就能理解分箱。年龄具有 0 到 100 之间的任何值（假设）。可轻而易举就可把年龄维度分为 0～18 岁、19～35 岁、36～65 岁和 65 岁以上的 5 个分箱或者组别。其他数值型特征也可依此实现。

8．分类和回归过程有什么不同

分类树和回归树算法的主要区别是用来选择根节点和排序决策节点的方式。在回归树中，使用的是 SDR，而在分类树中，则采用熵。同样的，回归树节点的停止规则是有限数目的数据点。而在分类树中，停止规则是结果的同质性，这意味着分区中的所有数据点应该具有相同的结果。本书将在第 5 章探讨更多关于熵和分类树的工作原理。

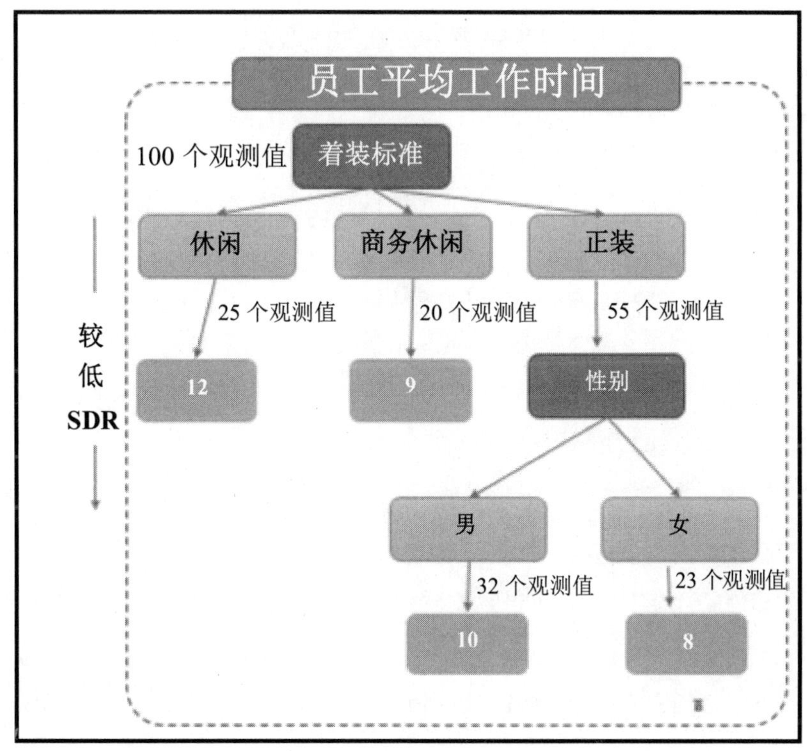

图 4.3

4.3.2　用决策树进行预测建模

现在已对决策树一清二楚了，接着继续采用新算法解决同样的问题（即在前面章节中已经解决过的问题）。R 语言中有很多可用的（软件）包可帮助构造决策树。下面选用的是 RPART 包（CART 的扩展）。

1．如何预测建模

与线性回归不同，R 语言中的决策树执行不会提供明确的结果，即模型预测的准确程度。需要测试并自行找到结果。因此，可用 MAPE 和 R 平方值来探清模型构建的准确度。而且，决策树的最大优点是能够可视化构造好的树。对于外行人而言，（可视化让）理解结果变得非常简单和十分直观。首先用线性回归中使用的那些特征的初始列表来实现一个简单的迭代。决策树无法处理交互变量（虽然可以间接创建一个新的交互变量并将其添加到决策树模型中，但解释起来并不直观明了）。

```
#Building a Decision Tree in R using rpart package
（用 rpart 包在 R 语言中构造一棵决策树）
library(rpart)
fit<-rpart(Output_QualityParameter2~

          #The Production Quantity deviation feature
          （生产量偏差特征）
          Quantity_Deviation_new +

          #The Production Quantity deviation feature
          （生产量偏差特征）
          Stage1_PrevProduct_1 +

          #Raw Material Quality Parameters
          （原料质量参数）
           Stage1_RM1_QParameter2 +
          Stage1_RM1_QParameter1 +
          Stage1_RM2_QParameter2 +
          Stage1_RM2_QParameter1 +
          Stage3_RM1_QParameter1 +
          Stage3_RM1_QParameter2 +
          Stage3_RM2_QParameter1 +
          Stage3_RM3_QParameter2 +
          Stage3_RM3_QParameter1 +

          #Machine/Resources used in a Stage
          （一个阶段中使用的机器/资源）
          Stage3_ResourceName_new +
          Stage1_ProductChange_Flag
                ,
       data=train,control=rpart.control(minsplit=20,cp=0.1)
       )

#Predicting the values from the newly created model
（从新建模型中预测值）
predicted<-predict(fit,test)
```

```
mape(test$Output_QualityParameter2,predicted)
[1] 0.0449977

r_squared(test$Output_QualityParameter2,predicted)
[1] 0.4308113
```

注意：

rpart()函数中的参数控制有助于定义更多细节。定义 minsplit = 20，这样如果节点具有小于或等于 20 个训练样本，则节点不会被进一步分割。类似地，cp 被定义为复杂性参数（complexity parameter，cp）。如果一个 cp 因子不能降低整体的失拟（lack of fit），就不要尝试对节点做任何分割。例如，对于回归树，这意味着整体的 R 平方在每一步都必须增加 cp。这个参数的主要作用是通过修剪显然不值得的分割来节省计算时间。

如果观察结果，可清楚地看到结果实际上比之前的模型恶化了——测试集的 MAPE 和整体 R 平方略微下降。

但是，原因究竟何在？

下面将模型构造的决策树可视化，如图 4.4 所示。

```
#Installing the required packages
（安装所需的软件包）
install.packages('rattle')
install.packages('rpart.plot')
install.packages('RColorBrewer')

#Loading the installed packages
（加载已安装的软件包）
library(rattle)
library(rpart.plot)
library(RColorBrewer)

#Plotting the Regression Tree
（绘制回归树）
fancyRpartPlot(fit)
```

诚如所见，决策树在所有参数中只选择了两个不同的节点，即 Stage3_RM2_QParameter1（阶段 3 原料 2 质量参数 1）和 Stage3_RM1_QParameter1（阶段 3 原料 1 质量参数 1）。因此，该算法在内部放弃了其他特征，因为它无法找到一个特征和一个最优

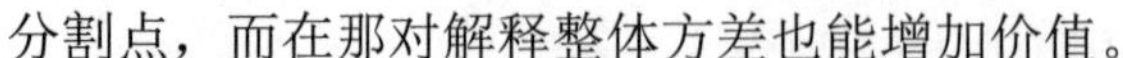
分割点，而在那对解释整体方差也能增加价值。

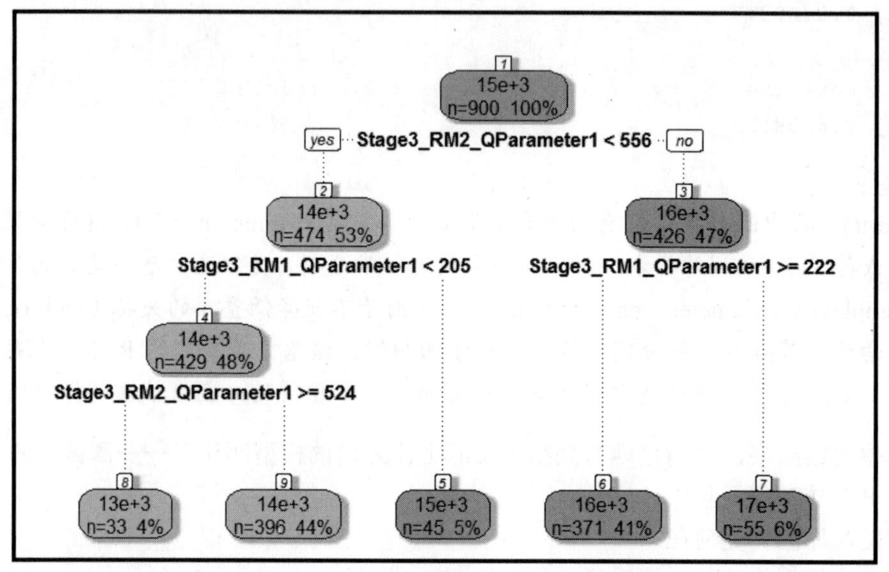

图 4.4

2. 如何改进结果

如果打算微调回归树，可采用参数如 cp、minsplit、maxdepth、minbucket 等。接下来试着调整 cp 参数。理想情况下，cp 参数是决定是否将一个特定特征添加到决策树中的阈值。特征添加后，该算法在内部执行迭代以找到 R 平方已经改进的量。如果该值不显著，那么继续往前。可能有人想知道，如果将一个特征添加到决策树中，就可能会给 R 平方增加一点点改进，那么为什么要忽略它呢？难道多个小小的增量不会变得更有价值吗？

这正是需要理解过拟合概念的地方。过拟合指的是，与一个简单模型相比，模型与训练数据完美匹配的情况，但是在测试数据上却一败涂地。当模型不能泛化模式时，就会出现这种情况。如果忽略数据中的噪声，即对模型泛化，将会造成极其复杂的规则。下面就来探讨这一点。重新运行决策树模型的迭代，并将 cp 参数值设置为 0.001。现在考虑构造决策树时由算法舍弃的特征。

```
#Executing another Decision Tree Iteration
（执行另一个决策树迭代）
library(rpart)

fit<-rpart(Output_QualityParameter2~
```

```
        #The Production Quantity deviation feature
        （生产量偏差特征）
        Quantity_Deviation_new +

        #The Production Quantity deviation feature
        （生产量偏差特征）
        Stage1_PrevProduct_1 +

        #Raw Material Quality Parameters
        （原料质量参数）
         Stage1_RM1_QParameter2 +
        Stage1_RM1_QParameter1 +
        Stage1_RM2_QParameter2 +
        Stage1_RM2_QParameter1 +
        Stage3_RM1_QParameter1 +
        Stage3_RM1_QParameter2 +
        Stage3_RM2_QParameter1 +
        Stage3_RM3_QParameter2 +
        Stage3_RM3_QParameter1 +

        #Machine/Resources used in a Stage
        （一个阶段中使用的机器/资源）
        Stage3_ResourceName_new +
        Stage1_ProductChange_Flag
              ,
      data=train,control=rpart.control(minsplit=20,cp=0.001)

      )
predicted<-predict(fit,test)

mape(test$Output_QualityParameter2,predicted)
[1] 0.04104942

r_squared(test$Output_QualityParameter2,predicted)
[1] 0.53973
```

R 平方和 MAPE 似乎发生了细小的改进，但这是真的吗？

接下来观察由算法构造的决策树，如图 4.5 所示。

```
> fancyRpartPlot(fit)
```

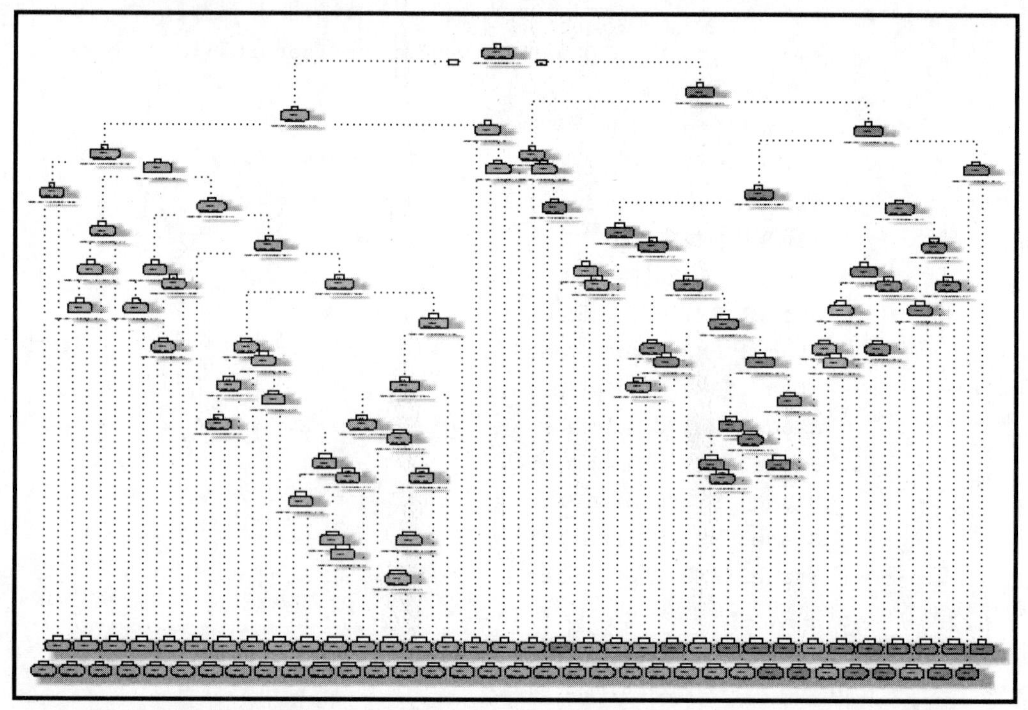

图 4.5

不出所料，该算法添加了几乎所有可用的特征，然而几乎看不到任何东西。结果显示与前一次迭代相比有所改善，但这纯属偶然。如果考虑另外 90%:10%的随机样本进行训练和测试，可能得到完全相反的结果。下面的代码执行十折交叉验证练习，以验证在迭代中得到的结果是否更好或纯属偶然。

一个十折交叉验证练习基本上是一个过程，即将数据划分为 10 个相等的分区，然后使用 9 个分区，即 90%进行训练，而剩下的分区，即 10%进行测试。该过程重复 10 次，每次选择不同的分区进行测试。如果观察到虚假结果，可以应用 k 折交叉验证练习（k 是任意数字，例如 10）来验证相同的结果：

```
#Creating 10 fold cross validation sample
（创建十折交叉验证样本）
```

```
k=10 #Defining the number of partitions

#Creating an identifier to assign a partition index
（创建一个标识符来分配一个分区索引）
set.seed(100)
data$id <- sample(1:k, nrow(data), replace = TRUE)

list <- 1:k

results<-vector()
for (i in 1:k){
    #remove rows with id i from dataframe to create training set
    （从数据框中删除含有 id“i”的行以创建训练集）
    #select rows with id i to create test set
    （选择含有 id“i”的行以创建测试集）
    trainingset <- subset(data, id %in% list[-i])
    testset <- subset(data, id %in% c(i))

    fit<-rpart(Output_QualityParameter2~
            #The Production Quantity deviation feature
            （生产量偏差特征）
            Quantity_Deviation_new +

            #The Production Quantity deviation feature
            （生产量偏差特征）
            Stage1_PrevProduct_1 +

            #Raw Material Quality Parameters
            （原料质量参数）
            Stage1_RM1_QParameter2 +
            Stage1_RM1_QParameter1 +
            Stage1_RM2_QParameter2 +
            Stage1_RM2_QParameter1 +
            Stage3_RM1_QParameter1 +
            Stage3_RM1_QParameter2 +
            Stage3_RM2_QParameter1 +
```

```
            Stage3_RM3_QParameter2 +
            Stage3_RM3_QParameter1 +
            #Machine/Resources used in a Stage
            （一个阶段中使用的机器/资源）
            Stage3_ResourceName_new +
            Stage1_ProductChange_Flag,
        data=trainingset,control=rpart.control(minsplit=20,cp=0.001)
        )

    yhat<-predict(fit,newdata = testset)
    y<-testset$Output_QualityParameter2
    a<-r_squared(y,yhat)

    #Appending the R Squared results to a vector
    （将 R 平方结果附加给一个向量）
    results<-as.vector(c(results,a))
}

mean(results)
[1] 0.4526883

min(results)
[1] 0.1588772

max(results)
[1] 0.6123546
```

仔细观察结果，在对模型进行十折交叉验证之后，可以清楚地看到结果发生了巨大的变化。整体 R 平方低至 0.15 或者高达 0.61。所以需要一个更稳定的 cp 值。

幸运的是，模型输出提供了一个 CP 表作为其参数之一：

```
head(fit$cptable)
           CP nsplit  rel error    xerror       xstd
1 0.471497076      0 1.0000000 1.0011024 0.05081692
2 0.015820550      1 0.5285029 0.5309135 0.03556166
3 0.015320589      3 0.4968618 0.5209064 0.03475611
4 0.010957717      4 0.4815412 0.5108439 0.03451988
```

```
5 0.008642251      6 0.4596258 0.5081714 0.03460857
6 0.007985705      7 0.4509835 0.4938715 0.03388218
```

上述 cptable 展示了各种内部迭代的结果，以及获得的 cp 值和相应的误差项。可从中挑选出具有最小误差的 cp 值，然后修剪决策树。修剪指的是从决策树中删除特定分支或节点以重建优化决策树的一个过程。我们知道，如果在树中的节点（分支）过多，过拟合以及获得较差结果的可能性会很高。因此，选择 cp 的最优值，通过修剪不够重要的节点来重新构造决策树，可以在一定程度上克服过拟合。下面就来试试看：

```
#Find the CP parameter value with the least error
（找出具有最小误差的 CP 参数值）
best_cp<-fit$cptable[which.min(fit$cptable[,"xerror"]),"CP"]
best_cp
[1] 0.004459267

#Prune the exisitng model
（修剪现有的模型）
new_fit<-prune(fit,cp=best_cp)

#Predict using the new model
（用新模型预测）
yhat<-predict(new_fit,newdata = testset)
y<-testset$Output_QualityParameter2

r_squared(y,yhat)
0.5461565

mape(y,yhat)
0.04234978
```

同样，看到比前面的迭代更好的 R 平方以及和前面几乎相似的 MAPE，但是这个结果依然让人满意吗？

答案为否定，因为所取得的结果几乎与前面线性回归的一模一样。结果没有显示出任何显著的改进。

3. 接下来尝试另一种建模技术希望可以给出更强大的结果

极可能可以做到，但是须稍做等待。有许多用例可以通过改变建模技术来找到最好的结果，而不是通过调整来改进现有的结果。当然，这并不意味着不停地更换建模技术，而不考虑现有模型如何改进以及认真思考为何失败的情况。但是，在某些情况下，可以通过尝试一种新技术而不是彻底地调整相同的现有模型，以更快地获得更好的结果。前面在用例中已经这样做了。用一个简单的线性回归技术开始解决预测问题，经过几次实验且结果不佳的情况下，继续研究决策树并进一步进行实验。但还没有获得满意的效果，接下来呢？是否要试试另一种更强大的技术，它可能会带来更好的结果吗？

如前所述，答案是肯定的，可以做到，但是不妨先等一等。与其尝试一种新的机器学习技巧，或者是竭尽所能地调整现有的模型，为什么不去尝试一些不同的东西呢？

回顾约翰提出的要求，他曾经提到，他的团队需要一个能够在生产过程之前预测结果的解决方案，以便他们采取相应的纠正措施。有 4 个成品质量参数和由此产生的一个洗涤剂质量结果（这个结果通过算法对 4 个成品产生计算得出）——即 Good（良品）或 Bad（不良品）。可以尝试预测一个分类结果（即洗涤剂质量），而非预测一个数值型结果（即成品质量参数 2）。

整体练习会略有不同，因为会预测一个分类结果，而不是一个数值型或连续型的结果。下面先暂停尝试采用更强大的机器学习技术来预测一个数值型结果的实验（但稍后会在下一章中试一试）。这里首先尝试去创建一个简单的模型来预测一个分类结果。

4.4 Logistic 回归——预测一个分类结果

此时把重点转移到建立一个预测模型，接下来将采取不同的步骤来完成。开始时，我方团队想解决一个能够预测一个连续结果的预测问题，但是却没有取得令人满意的结果。约翰的团队需要一个解决方案可让他们利用来预测正在生产的洗涤剂的最终质量。可以通过多种方法来实现这一点。第一个方法是预测最关键的成品质量参数，第二个则是预测实际的最终结果，即良品或不良品。这两种方法各有利弊。预测连续结果，即成品质量参数 2，实际上让我们先睹为快了解实际量化偏差偏离基准的程度，比如低于或高于 60%。这种清晰了然的信息有助于技术人员采取更加准确的纠正措施。

另一方面，预测分类结果（即良品/不良品）也便于解释。即使没有任何基准比较或相对度量，一个外行人也能轻而易举地解释结果。但是，同时也没有一个量化质量好坏的量化标准。为了构建一个二元分类结果的预测模型，选择一个非常简单和流行的算法，即 Logistic 回归。

4.4.1　什么是 Logistic 回归

Logistic 回归是一种统计技术，用于构建具有二分类结果或二元结果的类别型因变量（在本文的用例中，因变量为洗涤剂质量）。类似于线性回归，Logistic 回归模型是一个因变量和一个或多个自变量之间的关系。Logistic 回归应用一个 Logistic 函数估计概率，衡量类别型因变量与一个或多个自变量之间的关系，Logistic 函数是一种累积的 Logistic 分布。Logistic 回归还有其他变体，这些变体侧重采用 3 个或 3 个以上的层级，如 X、Y 和 Z 等对一个分类变量进行建模。现在把重点放在对二元结果（即良品或不良品）的建模上。

不同于线性回归，Logistic 回归对比值比的对数或事件发生概率的对数进行建模。下面进一步理解这一点。这一切都始于概率的概念。假设一些事件成功的概率是 0.8。那么失败的概率是 1 − 0.8 = 0.2。成功的机率被定义为成功概率与失败概率的比率。在本例中，成功的机率是 0.8 / 0.2 = 4。这意味着成功的机率是 4∶1。如果成功的概率是 0.5，即 50%的可能性，那么成功的机率是 1∶1。

Logistic 回归方程可以定义如下：

$$\ln\left(\frac{p}{1-p}\right)=\beta_0+\beta_1X_1+\beta_2X_2+\cdots+\beta_nX_n$$

此处 $\ln\left(\frac{p}{1-p}\right)$ 是比值比的对数。

为了预测事件发生的概率，可以进一步求解上述方程如下：

$$p=\frac{\mathrm{e}^{(\beta_0+\beta_1X_1+\beta_2X_2+\cdots+\beta_nX_n)}}{1+\mathrm{e}^{(\beta_0+\beta_1X_1+\beta_2X_2+\cdots+\beta_nX_n)}}$$

讨论数学背景和方程的推导超出了本书的范围。在开始 Logistic 回归之前，先暂缓一缓，试着思考一些重要的事情。本节开篇中提到，不能采用线性回归来对分类变量建模，但是这为什么呢？如果把结果编码，1 代表良品，0 代表不良品，结果会怎么样？

假设根据球队属性来预测篮球队获胜的可能性。在这个简化了的例子中，对是否获胜有 3 种可能的判断：是、否和可能。可考虑将这些值编码为定量响应变量 Y，如下所示。

1：是

2：否

3：可能

采用这种编码，可以把线性回归作为一个包含了预测因子 X_1，…，X_n 的函数用来预测 Y。然而，这种编码技术的最大问题是解释结果的顺序。对于处在“是”和“可能”之间的“否”，模型会推断出“是”和“否”之间的区别与“否”和“可能”之间的区别是相同的，而这不是我们可以确定的。此外，如果“是”“否”“可能”的顺序颠倒或者改变，则将完全改变模型的解释，在这种情况下，对分类变量应用线性回归是没有意义的。

另一方面，对于本用例，可用一个二进制标志将前面的参数抽象出来，表示 0 到 1 之间的预测值可以用作概率的一个代理。然而这种情况也不会成立，因为在 0 和 1 范围之外会有其他预测，例如-5，这样就会使整个解释变得异常困难。

4.4.2 Logistic 回归是如何工作的

撇开数学的复杂性，现来探讨一个简单的话题——最大似然。在统计学中，最大似然估计（maximum-likelihood estimation，MLE）是一种应用给定数据估计统计模型的参数的方法。概而述之，可以说，对于一组固定的数据点和统计模型，最大似然法选择使似然函数最大化的一组模型参数的值，换言之，它最大化了所选模型与观测数据的“一致性”。一旦确定了模型的参数，就可将这些值代入方程中，并立即得到预测结果。MLE 的过程是迭代的。

接下来，通过构建 Logistic 回归模型开始分析。下面将继续探讨新的主题和未知的结果。为了对现有数据进行 Logistic 回归，采用 R 语言统计数据包中可用的 glm()函数。首先，使用在上一个练习中用过的同一组预测因子：

```
fit<-glm(Detergent_Quality~
        #The Production Quantity deviation feature
        （生产量偏差特征）
        Quantity_Deviation_new +

        #The Production Quantity deviation feature
        （生产量偏差特征）
        Stage1_PrevProduct_1 +

        #Raw Material Quality Parameters
        （原料质量参数）
        Stage1_RM1_QParameter2 +
        Stage1_RM1_QParameter1 +
        Stage1_RM2_QParameter2 +
```

```
        Stage1_RM2_QParameter1 +

        Stage3_RM1_QParameter1 +

        #Machine/Resources used in a Stage
        （一个阶段中的机器/资源）
        Stage1_ProductChange_Flag,
        data=train,
        family = "binomial"
    )
```

family ="binomial"命令告诉 R 语言应用 glm()函数来拟合 Logistic 回归模型（glm()函数也可适用于其他模型，稍后会进一步研究）。

类似于线性回归和回归树，可用 summary 命令查看模型结果：

```
summary(fit)

Call:
glm(formula = Detergent_Quality ~ Quantity_Deviation_new +
Stage1_PrevProduct_1 +
    Stage1_RM1_QParameter2 + Stage1_RM1_QParameter1 +
 Stage1_RM2_QParameter2 +
    Stage1_RM2_QParameter1 + Stage3_RM1_QParameter1 +
 Stage1_ProductChange_Flag,
    family = "binomial", data = train)

Deviance Residuals①:
     Min        1Q      Median        3Q        Max
-3.15433   0.09734   0.13489   0.88196   1.36402

Coefficients②:
                                  Estimate  Std. Error  z value Pr(>|z|)
(Intercept)③                    44.8389526   5.0582122   8.865 < 2e-16***
```

① 偏差残差——译者注

② 系数——译者注

③ 截距——译者注

```
Quantity_Deviation_newLow          0.1205316   0.2382435   0.506   0.613
Quantity_Deviation_newMedium       0.2632456   0.2599262   1.013   0.311
Stage1_PrevProduct_1Product_545   -0.3469915   0.2224928  -1.560   0.119
Stage1_RM1_QParameter2            -0.6242709   0.3973832  -1.571   0.116
Stage1_RM1_QParameter1            -0.0005502   0.0006402  -0.859   0.390
Stage1_RM2_QParameter2            -0.0416442   0.0284004  -1.466   0.143
Stage1_RM2_QParameter1             0.0103492   0.0330121   0.313   0.754
Stage3_RM1_QParameter1            -0.1763619   0.0314876  -5.601  .13e-08***
Stage1_ProductChange_FlagYes      -0.1831766   0.3778035  -0.485   0.628
---
Signif. codes: 0 '***' 0.001 '**' 0.01 '*' 0.05 '.' 0.1 ' ' 1

(Dispersion parameter for binomial family taken to be 1)①

    Null deviance②: 840.51 on 799 degrees of freedom
Residual deviance③: 569.85 on 790 degrees of freedom

AIC: 589.85

Number of Fisher Scoring iteration④s: 7
```

紧接着逐个地研究 Logistic 回归的结果。结果中显示的第一部分是回归调用（公式），即表示一个因变量对多个自变量的回归。

模型检验（拟合优度）在 Logistic 回归中与在经典线性模型或任何其他模型中同等重要。拟合优度的成分也是观测值和拟合值之间的残差或差异。与线性模型的例子不同，现在必须考虑到观测值具有不同的方差的事实。使用的残差类型有“皮尔逊残差（Pearson Residual）”“偏差残差（Deviance Residual）”等。glm()函数计算偏差残差。对于第 i 个观测值，偏差残差是第 i 个观测值对总偏差取有正负之分的平方根的值：

```
Deviance Residuals:
     Min        1Q     Median        3Q       Max
-3.15433   0.09734   0.13489   0.88196   1.36402
```

① 二项族的色散参数取 1——译者注

② 无效偏差——译者注

③ 残差偏差——译者注

④ 费舍尔评分迭代的次数——译者注

计算如下：

$$d_i = \mathrm{sgn}(y_i - \hat{y}_i)\left\{2y_i \lg\left(\frac{y_i}{\hat{y}_i}\right) + 2(n_i - y_i)\lg\left(\frac{n_i - y_i}{n_i - \hat{y}_i}\right)\right\}^{1/2}$$

那些含有一个偏差残差的观测值超过 2 则可能表明失拟。Logistic 回归中的输出默认情况下计算偏差残差，而且结果的第一部分显示的也是偏差残差分布的摘要。

继续往前分析，此刻已拥有那些结果中最重要的部分，即用于每个自变量的估计值，这有助于量化每个自变量对最终因变量的影响程度。

```
Coefficients:
                                   Estimate Std. Error z value Pr(>|z|)
(Intercept)                      44.8389526  5.0582122   8.865  < 2e-16***
Quantity_Deviation_newLow         0.1205316  0.2382435   0.506    0.613
Quantity_Deviation_newMedium      0.2632456  0.2599262   1.013    0.311
Stage1_PrevProduct_1Product_545 -0.3469915  0.2224928  -1.560    0.119
Stage1_RM1_QParameter2           -0.6242709  0.3973832  -1.571    0.116
Stage1_RM1_QParameter1           -0.0005502  0.0006402  -0.859    0.390
Stage1_RM2_QParameter2           -0.0416442  0.0284004  -1.466    0.143
Stage1_RM2_QParameter1            0.0103492  0.0330121   0.313    0.754
Stage3_RM1_QParameter1           -0.1763619  0.0314876  -5.601 2.13e-08***
Stage1_ProductChange_FlagYes     -0.1831766  0.3778035  -0.485    0.628
---
```

上述代码展示了早先共用的 Logistic 回归输出结果的一小部分。估计值显示了它们对因变量影响的程度以及是如何影响的，换言之，系数给出了在预测变量中一个单位量的增加导致结果的对数概率的变化。一个正的估计值表明，对于每个自变量每增加一个单位，比值比的对数也会相应增加，而负的估计值则是另一种方式。注意到，在回归方程（公式）中使用的所有自变量都计算出一个单独的估计值，但对于“Stage 1 Product Change Flag（阶段 1 产品变化提示）”这样的分类变量，该维度已经在内部将它们转换成二进制标志和相应的估计值。这是因为 Logistic 回归只处理连续变量，因此每个分类变量在内部被编码为二进制标志。除了自变量，也看到“Intercept（截距）”。当所有分类预测因子的值为 0 时，截距是事件（良品或不良品）发生概率的对数。

为了进一步了解估计值的好处，用 glm()函数不仅计算出来一系列结果，并且也得到了估计值。发现标准误差、z 值和 p 值以及星号标注可帮助轻而易举地识别显著性。使用所有这些结果的最终目的是验证事件的对数概率与自变量之间是否存在关系。为了证明这一点，计算标准误差，并将原假设设定为：事件概率的对数和 x 之间不存在关系。然后，确定估计值是否真的远离 0。如果估计值的标准误差很小，那么相对较小的估计值可以拒绝原假设。如果标准误差很大，则估计值也应该足够大才可以拒绝原假设。为了检验显著性，采用“Wald Z 统计量”来衡量估计值远离 0 的标准差有多少。或者，p 值有助于更直观地解释结果。如果事件偶然发生的概率小于 5%，则可以确定估计值的显著性。

用 Wald Z 统计量代替（在线性回归中使用的）T 统计量的原因是，基于计算估算值的方式。在线性回归中，使用普通最小二乘法（OLS）技术计算估计值，但在 Logistic 回归中，采用 MLE 技术（如前所述）。检验统计值的选择取决于如何计算系数的标准误差。

从结果中可以看到，只有截距和 Stage3 RM1 QParameter 1（阶段 3 原料 1 质量参数 1）预测因子比较显著，而其他的并没有。通过比较估计值和标准误差就能轻而易举地探究出个中原因。如果估计值的标准误差很小，那么相对较小的估计值可以拒绝原假设，并且看到很多情况下较小的估计值都具有较高的标准误差。

```
    Null deviance:  840.51  on  799 degrees of freedom
Residual deviance:  569.85  on  790 degrees of freedom
```

继续往下分析，现观察到在预测因子的估计值下面显示了两种类型的偏差结果，即 Null Deviance（无效偏差）和 Residual Deviance（残差偏差）。偏差实际上是一个广义线性模型（在本节的例子中是 Logistic 回归）拟合优度的度量，或者说，它是衡量拟合不良的一个指标——数字越高表示拟合越差。R 语言中的 glm()函数给出了两种偏差形式——无效偏差和残差偏差。无效偏差表明被一个仅包含了截距（总均值）的模型所预测的响应变量程度如何，残差偏差则表明所提出的模型（即我们提交的模型）预测的响应变量的程度。解释偏差也是易如反掌的。很小的无效偏差表明该空模型（null model）很好地解释了数据。这与残差偏差也是一样的。无效偏差和残差偏差之间的差异表明自变量给拟合优度增加了多少值。如果两者之间的差异较高，则清楚地表明那些独立的预测因子在很大程度上有助于解释数据。在例子中，看到自由度为 799 时的无效偏差为 840，而自由度为 790 时的残差偏差为 569。添加了 9 个预测因子后，整体残差大幅下降，这表明预测因子很好地解释了一大部分的方差。

在无效偏差和残差偏差之下，还发现有 AIC 结果。AIC 也就是赤池信息量准则，它是用来研究跨模型拟合优度的另一个度量标准：

```
AIC: 589.85
```

在此处例子中，AIC 值是 589，可以用来作为模型构建练习的其他迭代的 AIC 值比较度量。如果另一个模型的 AIC 值较低，则可推断出新模型与当前模型相比具有更好的拟合优度。

最后，还有用于模型收敛的费舍尔评分迭代次数。Logistic 回归使用 MLE 来计算估计值，这需要进行多次迭代。MLE 从一个初始估计值开始，并尝试根据每次迭代的结果来改进。该算法然后考虑看看采用不同的估计值是否可以改进拟合。若是如此，它就会朝着这个方向继续（比如说，使用更高的估计值），然后再次拟合模型。当算法感觉到再次往前不会产生额外更多改进时，该算法就会停止。下面的一行代码告诉我们，在进程停止之前执行了多少次迭代并输出结果。

```
Number of Fisher Scoring iterations: 7
```

前面对 Logistic 回归结果中显示的各种结果进行了深入的探讨，这有助于理解预测因子在预测结果（即洗涤剂质量）的估计或影响。可是，还遗漏了什么信息？与线性回归不同，这里没有任何 Logistic 回归的整体拟合优度的度量，例如 R 平方和 F 统计量。而且，也没有任何指标或统计数据可为提供已建模型的整体情况。

1. 如何评估模型的拟合优度或准确度

绝对不能采用 MAPE，并且也无法计算 Logistic 回归的 R 平方。为了观察全面，还需再对一些额外的东西进行计算。接下来将应用混淆矩阵和 ROC 曲线来解决我们的问题。

那么，什么是混淆矩阵和 ROC 曲线？它们会起到什么作用？

混淆矩阵是一张用来分析模型性能（分类）的表格。矩阵的每一列表示一个预测分类中的多个实例，而每一行表示一个实际分类中的多个实例，反之亦然。同样地，受试者工作特征（Receiver Operating Characteristic，ROC）曲线通过在真阳性[①]（True Positive，TP）和假阳性（False Positive，FP）误差率之间的一系列折中中，总结分类模型性能的一种标准技术。ROC 曲线是灵敏度（模型正确预测事件的能力）与 1-特异度的坐标图，用以诊断可能的分类概率界限值。

2. 新术语

接着逐一来学习这些新术语。下面从探索混淆矩阵开始。为了构建混淆矩阵，需要预测一个样本测试集的结果。那么，可用 R 语言中的“predict”预测函数来预测洗涤剂质量为“Good（良品）”结果的概率。如果概率大于 0.5，则认为它是“Good（良品）”。

---

① ROC 曲线若用在医学统计中，True Positive（TP）通译为真阳性，故采用“真阳性”的译法。False Positive（FP）为假阴性，其他以此类推。——译者注

否则，就属于“Bad（不良品）”：

```
predicted_probability<-predict(fit,newdata=test,type="response")
summary(predicted_probability)

  Min.  1st Qu.    Median      Mean    3rd Qu.     Max.
0.3417  0.5376    0.7065    0.7599    0.9913   0.9961

predicted<-as.factor(ifelse(predicted_probability>0.5,"Good","Bad"))
actuals<-test$Detergent_Qualitytable(actuals,predicted)
        predicted
actuals     Bad  Good
    Bad      15    35
   Good      16   134
```

可以看到概率的分位数分布，第 25 百分位数显示为 53%，这表明大部分结果预测为“良品”，而“不良品”屈指可数。这也说明了是与数据一致的，因为只有大约 20%的数据为“不良品”。

图 4.6 显示了前面预测的混淆矩阵示例。

		预测	
		不良品	良品
实际	不良品	15	35
	良品	16	134

图 4.6

上面的每行表示实际值，每列则表示预测值。把矩阵的每一行看成是实际值的总和，第一行为全部成品中的“不良品”，其中 15 个被正确地预测为“不良品”，另外 35 个被错误地预测为“良品”。同样，每列可以被看成是预测的总和，也就是说，第一列可被推断为所有预测值中的“不良品”，其中 15 个被正确地预测为“不良品”，并且还有 16 个被错误地预测为“不良品”。根据实际值和预测值，在混淆矩阵中为每个列给出另一个名称，如下。

- ❑ 真阳性（TP）：预测为真而实际为真。
- ❑ 假阳性（FP）：预测为真而实际为假。
- ❑ 真阴性（TN）：预测为假而实际为假。

- 假阴性（FN）：预测为真而实际为假[①]。

前面的混淆矩阵没有显示具体的术语，下面补全出来，如图 4.7 所示。

		预测	
		不良品	良品
实际	不良品	TN=15	FP=35
	良品	FN=16	TP=134

图 4.7

通常，根据混淆矩阵计算出的指标详尽列表，有助于解释分类模型的拟合优度，如下。

- 总体精度（overall accuracy）：总体而言，分类器的分类正确率是多少？

  (TP + TN)/总=(15 + 134)/ 200 = 0.75

- 误分类率或误差率（Misclassification rate or error rate）：总体而言，分类器发生错误的比率是多少？

  (FP + FN)/总=(16 + 35)/ 200 = 0.25（等同于 1−正确率）

- 真阳性率（True Positive Rate，TPR）：当实际为真时，预测也为真的结果所占比率是多少？

  TP /(TP + FN)= 134 /(16 + 134)= 0.89

  也被称为灵敏度或召回率。

- 假阳性率（False Positive Rate，FPR）：当实际为假时，预测为真的结果所占比率是多少？

  FP /(TN + FP)= 35 /(15 + 35)= 0.7

- 特异度或真阴性率（Specificity or true negative rate）：当实际为假时，预测为假的结果所占比率是多少？

  TN /实际为假 = 15 /(15 + 35)= 0.3（等同于 1 −假阳性率）

- 真阳准确率（true precision）：当预测为真时，准确率为多少？

  TP / “Good（良品）” 总预测（预测为良品的总数）= 134 /(35 + 134)= 0.79

- 假阴准确率（false precision）：当预测为假时，准确率为多少？

  FN / “Bad（不良品）” 总预测（预测为不良品的总数）= 15 /(15 + 16)= 0.48

通过以上结果，对模型性能获得了一个比较全面的看法。可以清楚地了解模型在哪些方面表现欠佳以及表现如何。基于这个结果，又能进一步采取措施优化模型。对于目

[①] 原文为“False Negative (FN): When it is predicted as TRUE and is actually FALSE（预测为真而实际为假）”。原文有误，此处应为“预测为假而实际为真”。——译者注

前的结果明显地看到，即使已经取得了一个不错的总体精度，也无法正确地预测大多数“不良品”的情况。在用例中，我们的主要目标是能够事先正确地预测“良品”以及“不良品”的洗涤剂。这一目标决定了两者的同等重要性。

简而言之，这时的模型具有一个非常高的假阳性率（FPR）和较低的真阴性率（TNR）。团队能够清晰地观察到，模型将许多“不良品”的情况错误地预测为“良品”。那么，该如何改进这一点？下面就选择0.5的概率临界值用于区分“良品”和“不良品”，不知道这是否会对结果产生影响？

答案是肯定的。接下来看看它是如何影响的。在大多数平均情况下，“真”和“假”情况的概率临界值选择为0.5，但可以根据用例明确选择更高或更低的临界值。这些用例指的是特定行业和特定领域的。这一切都取决于什么对您是更重要的——真阳性率（灵敏度）或真阴性率（特异度），或两者兼而有之。有一些用例预测“真”事件对于业务来说变得越来越重要。比如，一家零售连锁店希望识别出具有高价值的客户。模型将一个低价值的客户可能预测为一个高价值的客户，这种情况还能接受。然而，如果把一个高价值的客户预测为低价值的客户，这就可能会给他们的业务带来巨大的损失。在这种情况下，取得更高的灵敏度才是最大的需求。类似地，有些用例在将预测“假”事件为“假”对于业务举足轻重，例如一个医疗中心正在预测癌症患者。相对而言，预测一个没有癌症的病人为“真”没有多大问题，但预测一个患有癌症的病人为“假”则会导致生命危险！在这种情形中，对特异度的要求无疑很高。因此，关于特异度和灵敏度的研究可用来帮助任何一个用例选择一个最佳临界值。

本用例中，这两个事件都同等重要。对于约翰的业务而言，将“真”事件预测为“真”和将“假”事件预测为“假”的重要性不相上下。因此，不仅要求总体精度更高，而且无须在敏感性或特异度上做出较大的妥协。为了探清概率的最佳临界值以获得最高的正确率，可采用R语言中的accuracy()函数，将不同临界值的总体精度可视化，如图4.8所示。

```
library(AUC)
actuals<-test$Detergent_Quality
plot(accuracy(predicted_probability,actuals))
```

图4.8显示了不同概率临界值的模型的总体精度。正如所看到的，在约0.5之后，总体精度逐渐下降。因此，初始的概率临界值或多或少正是所选最好的临界值。

同样，为了直观地了解这里的模型如何执行，可应用ROC曲线。如前所述，ROC

曲线是灵敏度（模型正确地预测事件的能力）与 1-特异度的坐标图，用以诊断可能的分类概率界限值。解释 ROC 曲线也十分简单。ROC 曲线可视化帮助理解模型与随机预测的比较。随机预测总是有 50%的可能性会正确预测；通过与这个模型相比，可以了解到我们的模型的好处。

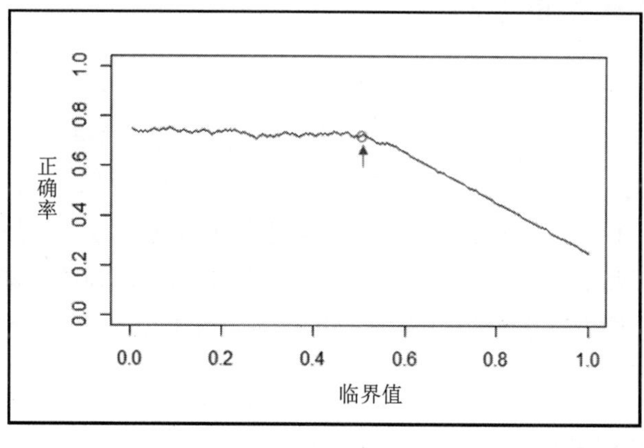

图 4.8

使用以下代码绘制出之前拟合的模型的 ROC 曲线，如图 4.9 所示。

```
library(AUC)
plot(roc(predicted_probability,actuals))
```

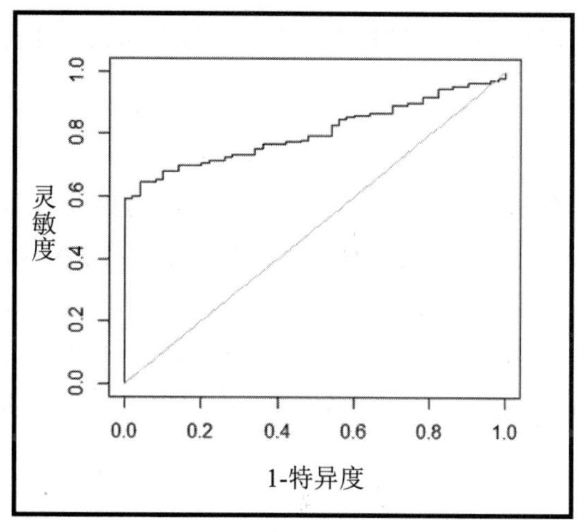

图 4.9

对角线表示随机预测的正确率，从对角线向左上角的提升表明，这时的模型与随机预测相比改进的程度有多大。再去观察前面的图，可看到模型比对角线更高，并且比随机模型具有更好的准确度。从对角线上提升更高的模型被认为是更准确的模型。

4.4.3 扼要概述模型的解释

至今为止，已深入研究了 Logistic 回归建模练习。开始执行一个基础的迭代，学习如何解释结果。因而掌握了如何量化每个独立预测因子对纯粹结果（即事件比值比的对数）的影响，并研究了其他指标，以帮助理解模型拟合优度的整体情况。接着，计算混淆矩阵，将 ROC 曲线可视化。到现在为止，所得到的结果并不是很好。虽然有了一个不错的总体精度，但这时模型具有一个非常高的假阳性率（FPR），因此不能正确地预测“不良品”的结果。后续应该尝试调整模型来改善其性能，采用更好的真阳性率（TPR）和真阴性率（TNR）进行预测。

4.4.4 改进分类模型

前面的练习只是对 Logistic 回归模型的粗略浅尝。接下来专注于改进模型，以获得更好、更准确的结果。为了理解整体拟合优度，将采用总体精度、TPR 和 TNR。

1. 确定方法

类似于线性回归，可用“向前选择”“向后剔除”或两者的组合来开始建模。下面应用向后剔除法。

2. 应该如何做

截至目前，在整体分析中已经确定了一些重要的预测因子并拟出了一个列表，因而就从这着手开始分析。随后，将用所有独立的预测因子进行 Logistic 回归迭代，尝试改进结果。而运用 p 值和估计值，可以确定每个预测因子在精确解析它与相关结果的关系中的重要性，接着剔除那些增加零值或低值的值。而后对预测结果进行一些数据转换，以进一步改进结果。最后，在数据集上测试结果，使用各种指标和检验，检查数据的拟合优度。

3. 开始建模

从整体分析中已被确定为重要的预测因子列表开始。在拟合模型之后，用概率临界值 0.5 预测结果，并计算不同的拟合优度的度量：

```
fit<-glm(Detergent_Quality~

        #The Production Quantity deviation feature
        （生产量偏差特征）
        Quantity_Deviation_new +
        AssemblyLine_ID        +

        #The Production Quantity deviation feature
        （生产量偏差特征）
        Stage1_PrevProduct_1 +

        #Raw Material Quality Parameters
        （原料质量参数）
        Stage1_RM1_QParameter2 +
        Stage1_RM1_QParameter1 +
        Stage1_RM2_QParameter2 +
        Stage1_RM2_QParameter1 +
        Stage3_RM1_QParameter1 +
        Stage3_RM1_QParameter2 +
        Stage3_RM2_QParameter1 +
        Stage3_RM3_QParameter2 +
        Stage3_RM3_QParameter1 +

        #Machine/Resources used in a Stage
        （一个阶段中使用的机器/资源）
        Stage3_ResourceName_new +
        Stage1_ProductChange_Flag,
        data=train,
        family = "binomial"
    )
summary(fit)
```

```
Call:
glm(formula = Detergent_Quality ~ Quantity_Deviation_new +
AssemblyLine_ID +
    Stage1_PrevProduct_1 + Stage1_RM1_QParameter2 +
     Stage1_RM1_QParameter1 +
    Stage1_RM2_QParameter2 + Stage1_RM2_QParameter1 +
     Stage3_RM1_QParameter1 +
    Stage3_RM1_QParameter2 + Stage3_RM2_QParameter1 +
     Stage3_RM3_QParameter2 +
    Stage3_RM3_QParameter1 + Stage3_ResourceName_new +
     Stage1_ProductChange_Flag,
    family = "binomial", data = train)

Deviance Residuals:
    Min       1Q   Median       3Q      Max
-3.3815   0.0645   0.1213   0.6787   1.5129

Coefficients:
                                      Estimate Std. Error z value Pr(>|z|)
(Intercept)                         46.7480396  5.4505701   8.577  < 2e-16 ***
Quantity_Deviation_newLow            0.1106493  0.2545713   0.435 0.663817
Quantity_Deviation_newMedium         0.3149165  0.2683646   1.173 0.240609
AssemblyLine_IDLine 2                0.2079202  0.2689347   0.773 0.439448
Stage1_PrevProduct_1Product_545      0.4152689  0.4153397   1.000 0.317393
Stage1_RM1_QParameter2              -0.4453806  0.4082431  -1.091 0.275287
Stage1_RM1_QParameter1               0.0003624  0.0007384   0.491 0.623575
Stage1_RM2_QParameter2              -0.0148075  0.0311087  -0.476 0.634080
Stage1_RM2_QParameter1               0.0245136  0.0357919   0.685 0.493412
Stage3_RM1_QParameter1              -0.1307426  0.0393105  -3.326 0.000881 ***
Stage3_RM1_QParameter2              -2.9851588  2.5515944  -1.170 0.242034
Stage3_RM2_QParameter1              -0.0255049  0.0134841  -1.891 0.058560 .
Stage3_RM3_QParameter2              -0.0064451  0.0123199  -0.523 0.600870
Stage3_RM3_QParameter1              -0.1592651  0.1173381  -1.357 0.174680
Stage3_ResourceName_newResource_108 -0.7249357  0.3926719  -1.846 0.064869 .
Stage3_ResourceName_newResource_109 -1.2094513  0.4141960  -2.920 0.003500 **
Stage1_ProductChange_FlagYes        -0.2346322  0.3997010  -0.587 0.557191
---
Signif. codes:  0 '***' 0.001 '**' 0.01 '*' 0.05 '.' 0.1 ' ' 1

(Dispersion parameter for binomial family taken to be 1)

    Null deviance: 840.51  on 799  degrees of freedom
Residual deviance: 545.17  on 783  degrees of freedom
AIC: 579.17

Number of Fisher Scoring iterations: 7
```

```
#Creating a Function to predict and calculate TPR,TNR, Overall accuracy
from the confusion matrix
（从混淆矩阵中创建一个预测和计算 TPR、TNR 和总体精度的函数）

prediction_summary<-function(fit,test)
    {
    #Predicting results on the test data, using the fitted model
    （使用拟合后的模型预测测试数据的结果）
    predicted_probability<-predict(fit,newdata=test,
type="response")
    print("Distribution of Probability")
    print("")

    print(summary(predicted_probability))
    predicted<-as.factor(ifelse(predicted_probability>0.5,
"Good","Bad"))

    actuals<-test$Detergent_Quality

    confusion_matrix<-table(actuals,predicted)
    print("Confusion Matrix :-")
    print(confusion_matrix)
    print("")

    #Calcualting the different measures for Goodness of fit
    （计算拟合优度的不同指标）
    TP<-confusion_matrix[2,2]
    FP<-confusion_matrix[1,2]
    TN<-confusion_matrix[1,1]
    FN<-confusion_matrix[2,1]

    #Calcualting all the required
    （计算所有需要的）
    print(paste("Overall_accuracy ->
                ",(TP+TN)/sum(confusion_matrix)))
    print(paste("TPR -> ",TP/(TP+FN)))
```

```
    print(paste("TNR -> ",TN/(TN+FP)))
    print(paste("FP -> ",FP/(TN+FP)))

    }

#Viewing the results together
（查看所有结果）

#Calling the function to view results
（调用函数查看结果）
prediction_summary(fit,test)

#Results
（结果）
[1] "Distribution of Probability"
[1] ""
  Min.  1st Qu.  Median  Mean  3rd Qu.   Max.
0.2747  0.5274  0.7977 0.7527  0.9927  0.9982

[1] "Confusion Matrix :-"
       predicted
actuals  Bad Good
    Bad   20   30
   Good   24  126
[1] ""

[1] "Overall_accuracy -> 0.73"
[1] "TPR -> 0.84"
[1] "TNR -> 0.4"
[1] "FP -> 0.6"
```

灰色突出显示的预测因子已被确定为重要的预测因子。可以看到，只有截距和其他两个预测指标（即 Stage 3 RM1 QParameter 1（阶段 3 原料 1 质量参数 1）和 Stage3 ResourceName（阶段 3 资源名称））非常显著。与前面的第一个练习相比，整体结果略有改善。

这里有一个额外的显著变量；残差偏差从自由度为 790 时的 569.85 降低到自由度为

783 时的 545.17。整体 AIC 从 589 上升到 579，总体精度似乎有所下降，但是 TNR 从 0.3 上升到了 0.4，整体 FPR 从 0.7 下降到了 0.6，并且相对获得了更好的改进。仍需要不断改进总体精度、TPR 和 TNR，从而降低 FPR。

4. 继续改进

列表中的那些显著变量已用灰色突出显示。类似于线性回归，下一步可舍弃一些不显著的变量，进一步微调显著的变量以提高拟合优度，或者可以尝试改进不显著和显著的预测因子。下面还会尝试使用试错法对连续预测因子进行数据转换，因为将转换应用于预测因子或因变量有助于在某些情况下更直观地获得方差。转换可以是任何形式，例如平方（x^2）、立方（x^3）、指数（e^x）、对数转换等。这些转换只能应用于预测因子。

如果仔细观察结果，就能发现 9 个原料质量参数中只有一个是显著的。数据转换可能有价值，也可能没有价值。只能用试错法来验证结果。可以在预测因子上尝试所有的数据变换组合，最后选择能够呈现最佳结果的组合。

注意：

建议读者执行各种 Logistic 回归迭代，以查看不同转换的结果差异。以下展示的结果是针对不同类型的数学数据转换，所执行的各种迭代之一的输出。

与线性回归类似，没有看到数据转换带来的具体改进。而且，数据转换只会在一定程度上恶化拟合优度。以下结果展示了尝试数据转换的迭代之一：

```
> #the variable fit has the best iteration in the experiments
（变量拟合在实验中的最佳迭代）
> summary(fit)
```

```
Call:
glm(formula = Detergent_Quality ~ Quantity_Deviation_new +

AssemblyLine_ID +
   Stage1_PrevProduct_1 +
log(Stage1_RM1_QParameter2) +
Stage1_RM1_QParameter1 +
   (Stage1_RM2_QParameter2)^2 +
log(Stage1_RM2_QParameter1) +
   log(Stage3_RM1_QParameter1) +
log(Stage3_RM1_QParameter2) +
   (Stage3_RM2_QParameter1)^3 +
log(Stage3_RM3_QParameter2) +
   (Stage3_RM3_QParameter1)^2 +
Stage3_ResourceName_new +
Stage1_ProductChange_Flag,
    family = "binomial", data = train)
```

```
Deviance Residuals:
    Min       1Q   Median       3Q      Max
-3.4029   0.0640   0.1193   0.6977   1.5571

Coefficients:
                                      Estimate Std. Error z value Pr(>|z|)
(Intercept)                          1.769e+02  4.250e+01   4.162 3.15e-05 ***
Quantity_Deviation_newLow            1.972e-01  2.441e-01   0.808  0.41916
Quantity_Deviation_newMedium        -7.100e-02  3.030e-01  -0.234  0.81471
AssemblyLine_IDLine 2                1.715e-01  2.685e-01   0.639  0.52288
Stage1_PrevProduct_1Product_545      4.102e-01  4.118e-01   0.996  0.31910
log(Stage1_RM1_QParameter2)         -1.466e+00  1.431e+00  -1.025  0.30538
Stage1_RM1_QParameter1               4.724e-04  7.362e-04   0.642  0.52103
Stage1_RM2_QParameter2              -1.226e-02  3.103e-02  -0.395  0.69287
log(Stage1_RM2_QParameter1)          4.273e+00  5.451e+00   0.784  0.43309
log(Stage3_RM1_QParameter1)         -2.983e+01  8.427e+00  -3.540  0.00040 ***
log(Stage3_RM1_QParameter2)         -2.802e-01  2.511e-01  -1.116  0.26442
Stage3_RM2_QParameter1              -2.475e-02  1.349e-02  -1.834  0.06665 .
log(Stage3_RM3_QParameter2)         -3.360e+00  6.901e+00  -0.487  0.62629
Stage3_RM3_QParameter1              -1.396e-01  1.159e-01  -1.205  0.22812
Stage3_ResourceName_newResource_108 -7.462e-01  3.927e-01  -1.900  0.05742 .
Stage3_ResourceName_newResource_109 -1.249e+00  4.160e-01  -3.002  0.00269 **
Stage1_ProductChange_FlagYes        -1.996e-01  4.023e-01  -0.496  0.61981
---
Signif. codes:  0 '***' 0.001 '**' 0.01 '*' 0.05 '.' 0.1 ' ' 1

(Dispersion parameter for binomial family taken to be 1)

    Null deviance: 840.51  on 799  degrees of freedom
Residual deviance: 545.47  on 783  degrees of freedom
AIC: 579.47

Number of Fisher Scoring iterations: 7
```

```
#Calling the Prediction Summary Function, we created earlier
（调用之前创建的 Prediction Summary 函数）
prediction_summary(fit,test)
[1] "Distribution of Probability"
[1]
  Min.  1st Qu.   Median    Mean  3rd Qu.    Max.
0.2780   0.5291   0.7953 0.7526   0.9927  0.9983

[1] "Confusion Matrix :-"
       predicted
actuals Bad Good
```

```
    Bad   19   31
   Good   24  126
[1]
[1] "Overall_accuracy -> 0.725"
[1] "TPR -> 0.84"
[1] "TNR -> 0.38"
[1] "FP -> 0.62"
```

尝试对数据进行了平方运算、立方运算以及多次对数运算。概而言之，与之前的迭代相比，可以显而易见地看到 TNR 小幅下降，而 TPR 上升。结果相对糟糕。总体精度也下降了一点点。

5. 添加交互项

由于在数据转换练习中没有获得更好的结果，这时试着添加交互变量。如线性回归所讨论的，在一个自变量对结果产生的不同影响取决于另一个自变量的值时，交互变量就会产生，也就是两个变量同时对另外一个变量的影响不可以相加的情况。

以下方程式有助于理解这一点：

$$Y = \beta_0 + \beta_1 A + \beta_2 B + \beta(A\,B) +$$ �

下面的迭代展示了在交互变量试验中各种组合所获得的相对较好的模型结果。考虑了多个原料质量参数组合之间的交互作用，并选择了给出最佳准确度的迭代。一些不显著的变量已被淘汰，少数被保留。可以看到，AIC 值大幅减少了，残差偏差也有所减少。

```
>#fit contains the Logistic Regression iteration with Interaction variables
（拟合包含具有交互变量的 Logistic 回归迭代）
>summary(fit)
```

```
Call:
glm(formula = Detergent_Quality ~ Quantity_Deviation_new + AssemblyLine_ID +
   Stage1_PrevProduct_1 + Stage1_RM1_QParameter2 + Stage1_RM1_QParameter1 +
   Stage1_RM2_QParameter2 + Stage1_RM2_QParameter1 + Stage3_RM2_QParameter1 +
   Stage3_RM3_QParameter1 +
   Stage1_RM1_QParameter2 * Stage3_RM3_QParameter1 +
   Stage1_RM2_QParameter2 * Stage3_RM2_QParameter1 +
   Stage1_RM2_QParameter1 * Stage3_RM2_QParameter1 +
   Stage3_RM1_QParameter1 * Stage1_RM2_QParameter1 +
   Stage3_ResourceName_new +
   Stage1_ProductChange_Flag,
   family = "binomial",    data = train)
```

```
Deviance Residuals:
    Min       1Q   Median       3Q      Max
-3.5814   0.0033   0.0427   0.6614   1.8348

Coefficients:
                                                Estimate Std. Error z value Pr(>|z|)
(Intercept)                                    6.973e+02  1.736e+02   4.017  5.9e-05 ***
Quantity_Deviation_newLow                      1.768e-01  2.508e-01   0.705  0.48086
Quantity_Deviation_newMedium                  -1.426e-01  3.137e-01  -0.455  0.64928
AssemblyLine_IDLine 2                         -1.782e-01  2.890e-01  -0.616  0.53763
Stage1_PrevProduct_1Product_545                6.680e-02  4.277e-01   0.156  0.87589
Stage1_RM1_QParameter2                        -1.151e+01  3.925e+00  -2.934  0.00335 **
Stage1_RM1_QParameter1                         3.055e-04  7.587e-04   0.403  0.68721
Stage1_RM2_QParameter2                         5.888e+00  1.851e+00   3.181  0.00147 **
Stage1_RM2_QParameter1                        -6.180e+00  1.554e+00  -3.976  7.0e-05 ***
Stage3_RM2_QParameter1                        -7.761e-01  3.870e-01  -2.005  0.04493 *
Stage3_RM3_QParameter1                        -5.407e+00  1.890e+00  -2.861  0.00422 **
Stage3_RM1_QParameter1                        -1.004e+00  9.497e-01  -1.057  0.29060
Stage3_ResourceName_newResource_108           -6.769e-01  4.102e-01  -1.650  0.09890 .
Stage3_ResourceName_newResource_109           -1.307e+00  4.169e-01  -3.135  0.00172 **
Stage1_ProductChange_FlagYes                  -2.773e-01  4.150e-01  -0.668  0.50401
Stage1_RM1_QParameter2:Stage3_RM3_QParameter1  1.553e+00  5.509e-01   2.818  0.00483 **
Stage1_RM2_QParameter2:Stage3_RM2_QParameter1 -1.026e-02  3.220e-03  -3.185  0.00145 **
Stage1_RM2_QParameter1:Stage3_RM2_QParameter1  8.557e-03  3.043e-03   2.812  0.00492 **
Stage1_RM2_QParameter1:Stage3_RM1_QParameter1  6.026e-03  6.224e-03   0.968  0.33289
---
Signif. codes:  0 '***' 0.001 '**' 0.01 '*' 0.05 '.' 0.1 ' ' 1

(Dispersion parameter for binomial family taken to be 1)

    Null deviance: 840.51  on 799  degrees of freedom
Residual deviance: 516.87  on 781  degrees of freedom
AIC: 554.87

Number of Fisher Scoring iterations: 8
```

```
#Calling the Prediction Summary Function, we created earlier
（调用之前创建的 Prediction Summary 函数）
prediction_summary(fit,test)

[1] "Distribution of Probability"
[1]
  Min.  1st Qu.  Median   Mean  3rd Qu.   Max.
0.2780  0.5291  0.7953  0.7526  0.9927  0.9983

[1] "Confusion Matrix :-"
      predicted
```

```
actuals Bad  Good
    Bad  19   31
   Good  24  126
[1]
[1] "Overall_accuracy -> 0.725"
[1] "TPR -> 0.84"
[1] "TNR -> 0.38"
[1] "FP -> 0.62"
```

尽管模型具有相对较好的拟合优度，但 TPR、TNR 和总体精度的结果仍然没有多大变化。依旧没有观察到任何更好的结果。所以我们的结果没有任何改善，混淆矩阵依然如故。而且模型的 FPR 还非常高，TNR 也较低。

6．采取什么措施来改进

数据的一个问题在于洗涤剂质量样本“良品”和“不良品”的分布是倾斜的。约有 80%的数据为“良品”，其余为“不良品”。预测模型由于不能清晰地识别出“不良品”的样本，所以 FPR 没有达到较高。而训练偏向于“良品”的样本，因此该模型在预测“良品”方面做得相当好，但在正确预测“不良品”的样本时却没能很好地预测。

以下代码显示整个数据集中“良品”和“不良品”质量样本的分布情况：

```
tapply(data$Detergent_Quality,data$Detergent_Quality,length)

Bad Good
225  775

#We can see only ~20% of the data belongs to "Bad" samples.
（可以发现约 20% 的数据都属于“不良品”样本）
```

有一个方法可以去尝试解决这个问题，即采取过抽样法或者分层平衡抽样法进行训练。假阳性（FP）高和真阴性（TN）低的问题可能出自对“良品”样本的倾斜训练。可以给 Logistic 回归模型提供一个分层的训练样本，而不是提供现有的 80%训练样本，然后观察结果是否有任何区别。

新的分层训练样本拥有 50%的“良品”和 50%的“不良品”的样本。以下代码从现有训练样本中创建分层训练样本。一旦新模型拟合，将使用相同的旧测试集验证结果。

```
#Function to create a stratified sample
（创建分层样本的函数）
```

```
#Here, df = Dataframe,
（此处，df = Dataframe）
#group = The variable on which stratification needs to be done.
（group =需要分层的变量）
#maximum number of sample for each level in group
（组中每个层级的最大样本数）

stratified = function(df, group, size) {
  require(sampling)
  temp = df[order(df[group]),]
  if (size < 1) {
    size = ceiling(table(temp[group]) * size)
  } else if (size >= 1) {
    size = rep(size, times=length(table(temp[group])))
  }
    strat = strata(temp, stratanames = names(temp[group]),
                   size = size, method = "srswor")
  (dsample = getdata(temp, strat))
}

#Counting the number of "Good" and "Bad" rows in the data
（计算数据中"良品"和"不良品"的行数）
a<-tapply(train$Detergent_Quality,train$Detergent_Quality,length)
size<-a["Bad"]
print(size)

#We create a new training sample, with the same number of "Good" and "Bad"
Quality samples.
（创建一个新训练样本，这个新样本含有相同数量的"良品"和"不良品"质量样本）

stratified_train<-stratified(train,"Detergent_Quality",size)

#Checking the frequency of Good and Bad samples
（检查"良品"和"不良品"样本的频率）
summary(stratified_train$Detergent_Quality)
 Bad  Good
```

```
  175    175

#Fitting the model on the new stratified Training sample
（在新的分层训练样本上拟合模型）

#Ignoring the codes to fit
（忽略代码以拟合）

#Ignoring the codes to fit
（打印摘要）
> summary(fit)
```

```
Call:
glm(formula = Detergent_Quality ~ Quantity_Deviation_new + AssemblyLine_ID +
    Stage1_PrevProduct_1 + Stage1_RM1_QParameter2 + Stage1_RM1_QParameter1 +
    Stage1_RM2_QParameter2 + Stage1_RM2_QParameter1 + Stage3_RM2_QParameter1 +
    Stage3_RM3_QParameter1 + Stage1_RM1_QParameter2 * Stage3_RM3_QParameter1 +
    Stage1_RM2_QParameter2 * Stage3_RM2_QParameter1 + Stage1_RM2_QParameter1 *
    Stage3_RM2_QParameter1 + Stage3_RM1_QParameter1 * Stage1_RM2_QParameter1 +
    Stage3_ResourceName_new + Stage1_ProductChange_Flag, family = "binomial",
    data = stratified_train)

Deviance Residuals:
    Min       1Q   Median       3Q      Max
-3.1899  -0.6528  -0.0746   0.1756   2.2304

Coefficients:
                                              Estimate Std. Error z value Pr(>|z|)
(Intercept)                                 493.706052 217.491971   2.270  0.02321 *
Quantity_Deviation_newLow                     0.456392   0.395030   1.155  0.24795
Quantity_Deviation_newMedium                 -0.020023   0.494143  -0.041  0.96768
AssemblyLine_IDLine 2                        -0.553821   0.449905  -1.231  0.21833
Stage1_PrevProduct_1Product_545              -0.681547   0.594820  -1.146  0.25188
Stage1_RM1_QParameter2                       -9.039760   5.801280  -1.558  0.11918
Stage1_RM1_QParameter1                        0.001025   0.001226   0.835  0.40350
Stage1_RM2_QParameter2                        6.856833   2.551667   2.687  0.00721 **
Stage1_RM2_QParameter1                       -5.203091   1.999460  -2.602  0.00926 **
Stage3_RM2_QParameter1                       -0.871920   0.530776  -1.643  0.10044
Stage3_RM3_QParameter1                       -4.308830   2.802132  -1.538  0.12412
Stage3_RM1_QParameter1                        0.166045   1.192918   0.139  0.88930
Stage3_ResourceName_newResource_108          -1.105921   0.568190  -1.946  0.05161 .
Stage3_ResourceName_newResource_109          -0.894735   0.616154  -1.452  0.14647
Stage1_ProductChange_FlagYes                 -0.185957   0.645186  -0.288  0.77318
Stage1_RM1_QParameter2:Stage3_RM3_QParameter1  1.214459   0.821106   1.479  0.13913
Stage1_RM2_QParameter2:Stage3_RM2_QParameter1 -0.011976   0.004447  -2.693  0.00707 **
Stage1_RM2_QParameter1:Stage3_RM2_QParameter1  0.009651   0.004338   2.225  0.02609 *
Stage1_RM2_QParameter1:Stage3_RM1_QParameter1 -0.001565   0.007849  -0.199  0.84194
---
Signif. codes:  0 '***' 0.001 '**' 0.01 '*' 0.05 '.' 0.1 ' ' 1

(Dispersion parameter for binomial family taken to be 1)

    Null deviance: 485.20  on 349  degrees of freedom
Residual deviance: 247.26  on 331  degrees of freedom
AIC: 285.26

Number of Fisher Scoring iterations: 8
```

```
> prediction_summary(fit,test)

[1] "Distribution of Probability"
[1]
   Min.  1st Qu.   Median     Mean  3rd Qu.     Max.
0.01273  0.22640  0.49960  0.58490  0.99580  1.00000

[1] "Confusion Matrix :-"
        predicted
actuals  Bad  Good
    Bad   49     1
   Good   52    98

[1]
[1] "Overall_accuracy -> 0.735"
[1] "TPR -> 0.653333333333333"
[1] "TNR -> 0.98"
[1] "FP -> 0.02"
```

模型摘要看起来差不多，除了 AIC 和残差偏差之外，这两者的差异很大。结果似乎有了很大的改进。但是当观察预测摘要时，却会大吃一惊。

总体精度提高了一小部分，TPR 下降了一定幅度，但 TNR 几乎达到了 100%，FPR 达到了 0.02。结果看起来十分令人惊喜。

7. 刚刚发生了什么

之前的模型是在“良品”和“不良品”样本（80∶20）的倾斜样本分布上进行训练的。模型从这些数据中学会了如何很好地预测“良品”样本，但是却很难预测“不良品”样本。这表明对模型学习限制的理解是正确的。由于“良品”的倾斜训练样本，模型没法很容易地学习“不良品”的模式。通过分层样本，可以看到结果有很大差异。该模型这时能够正确预测几乎 100%的“不良品”质量样本。然而，还有一个大问题是，还不能判断上面得出的结果就是更好的，因为 TPR 有很大的下降。此外，结果可能是过拟合。如果采用不同的测试样本进行模型迭代，可能会发现不同的结果。暂时将过拟合问题搁置一旁，留待第 5 章学习。现在需要提高 TNR 和总体精度，同时使 TPR 保持完好或至少良好。目前的模型迭代已经提高了总体精度和 TNR，但是在 TPR 方面却牺牲了不少。

8. 在保持 TPR 完好的同时，还可以采取哪些措施来提高 TNR 和总体精度

使用分层训练样本帮助改进了 TNR，但是还要实现高 TNR 和高 TPR。我们模型需要更直观地学习“不良品”样本的细微差别。分层有帮助，但还不够。还能让模型更好地学习预测“不良品”和“良品”，而不会损害 TPR 和拟合优度吗？此时，迈入机器学习的时机到了。通过机器学习，会发现各种更尖端和更先进的算法，可以帮助取得更好的结果。接下来将在第 5 章探索一些有趣的技术。

注意：

当然，只需再多付出一些努力，还可以在 Logistic 回归中应用其他方法做出一些改进。这就需要更深入地探索正则化，并为之付出辛勤的努力。可是，Logistic 回归中的正则化主题非常广泛，本书难以在一个章节的一小节内容中充分讨论这个主题。

4.5 小　　结

在本章中，通过尝试回答“何时”这个问题，提出了解决问题的技巧。为了给约翰团队提供一个更加强大和可行的解决方案，我方团队对数据科学的预测性分析进行探究。之后分析了这个问题，发现可用两种不同的方法来解决同样的问题——一个是回归问题（预测一个连续结果），另一个是分类问题（预测一个分类结果）。于是从解决问题开始，在生产前预测洗涤剂的成品质量参数。期间应用线性回归分析，并且也用 CART（即决策树）对同一问题进行了相同的实验。不仅详细了解了算法的功能（无须深入研究数学方面的知识），还尝试使用各种技术来提高准确度，但没有取得比较有利的结果。

随后尝试了另一种方法。在这种方法中，以一种新的方式解析了相同的问题，然后改变了问题陈述（即分类）的整体类型。同时，试着采用非常有名且易于实现的统计技术 Logistic 回归来解决这个问题。在这里探明了算法的细微差别，掌握如何使用 R 语言来解释结果。接着尝试了各种迭代来改进结果，并且最终获得了一些让人充满希望的信息。可是，依然没有取得更好的结果，但是看到了一线希望，还可以继续努力。为了进一步改进结果，须用更强大的算法来学习潜在的信息并给出更准确的结果。为了实现这一点，本书会在第 5 章中采用一些机器学习技术。我方将努力为约翰团队构建一个有价值的、可行的解决方案，并对生产公司产生一些影响力。

第 5 章，重点讨论能够将结果准确度提升更高的尖端机器学习算法。通过机器学习，将把决策科学和分析技能提高到一个更加精湛的水平。

第 5 章　利用机器学习增强物联网预测性分析

预测性分析是一个十分广泛且变化多样的领域。许多模棱两可的热词和学科都与这个领域有着千丝万缕的联系。统计建模、机器学习、人工智能、神经网络、深度学习、认知计算等不一而足。这些学科的各种定义让人们很难分辨它们之间的相似点和不同点。本书最初的练习与统计建模相一致，而现在将更多地关注机器学习。这两者之间的差异主要是因为它们起源于不同的学派。统计建模出自数学学派，而机器学习则由计算机科学发展而来。

在本章中，采用尖端的机器学习算法以提高预测性分析技能，这将有助于更好地预测准确度。从开始解决问题的那一刻起，我们在解决方案方面已取得了渐进式的进展，但是该解决方案还没有达到一定的成熟水平，还未能让约翰团队能够根据方案即刻采取行动。本章的重点立足于把解决方案变得日臻成熟，以便帮助约翰团队更好地解决问题，为他们（企业）增加价值。本章涵盖的主题如下：

- 机器学习简介。
- 集成建模——随机森林。
- 集成建模——XGBoost。
- 神经网络和深度学习。

5.1　机器学习简介

机器学习在业内并不是一个非常明确的术语。许多教科书和各种电子资源对机器学习有着各式各样的定义。人们对统计建模和机器学习之间的一般差别一直热议不已，但是这个差别仍然是一个异常模糊的术语。从较高层面上，可将机器学习视为决策科学预测堆栈中的一个高级层；而且这个领域采用了更强大的算法和技术，运用数据学习模式和关系去预测结果。

下面通过使用统计建模开始预测性分析的学习。前面已经掌握了如何实施和应用各种统计模型，如线性回归、逻辑回归和决策树。此时，尝试采用更先进的算法来解决同样的问题，这将会带来更好的结果。在开始之前，仍然想知道：什么是机器学习？它与统计建模有什么不同？

一言概之，机器学习可被定义为从数据中学习却又不依赖于基于规则的编程的一种算法，而统计建模可被定义为以数学方程式为基础的变量之间的一种关系形式。与统计建模相比，机器学习的规则更加宽松。在机器学习中，对基础数据的假设相对较少（之前的练习中没有把重点放在关于数据的假设上）。

而且，机器学习在利用不断增加的数据量进行学习的方面也是相当强大的。但是，统计模型的学习会达到一定的饱和。举一个简单的例子来更清楚地理解这一点。比如已用 1000 个训练样本建立了一个模型（假设 1000 个模型足以用于模型学习），并且在分类方案中获得了大约 60%的总体精度。如果增加更多的训练样本，即 2000 个而不是 1000 个，在大多数情况下，通常期望可以获得的准确度比以前更好。假设整体的改进是 3%左右。统计模型的问题在于，这种改进不能随着越来越多的训练样本的增加而扩大。假设采用 10000 个训练样本获得了最好的结果，那么如果向训练集中再添加 10000 个样本，总体精度几乎不会再提高。这就是所说的模型达到了学习饱和度。此情况并非是通过数学来证明的结果，而是在建模时普遍观察得来的。然而，机器学习技术在利用大型数据集来改进预测的方面要好得多。与统计模型相比，在相当大的程度上，我们增加了训练数据量后，能够观察到更好的结果的可能性就会非常高。

机器学习和统计中有一个特殊领域是集成建模，即一种利用多种学习算法获得更好的预测性能的技术。机器学习技术提高准确度的一个主要原因在于它在集成建模的过程中采用越来越多的训练样本。下面进一步探讨集成建模。

5.1.1 什么是集成建模

集成是一种将多个弱学习器/弱模型组合起来，形成一个强大的学习器的学习技术。简而言之，就是构建多个模型，然后将所有模型的结果用算法组合以获得更好的结果。有一个集成模型的简单例子，即随机森林算法（它含有多个 CART 模型。本书将在下一节中探讨更多的内容）。与一个单独的 CART 或决策树模型相比，随机森林的性能要好得多。该算法将一个新对象分类，其中每棵树为该类提供“投票”机制，并且随机森林选择（在森林中的所有树木中）具有最多票数的分类。在回归的情况下，它取不同树的输出的平均数。

5.1.2 为什么要选择集成模型

人们在现实生活中经常看到，与个人相比，一群人更有可能做出更好的决策，特别是当小组成员拥有各种不同背景时。这个比喻也适用于机器学习。一个集成基本上是将多个弱学习器/弱模型组合起来以生成一个强学习器。通过 Bootstrap（自助法），即随机抽样替换的过程，将多样性引入每个模型中。一般而言，它会将一个不同的样本提供给每个模型用以训练。因此，每个模型的学习方式稍有不同，从而减少方差误差。

集成建模的主要好处如下：

- 改进预测。
- 提高模型的稳定性。

许多弱学习器组合在一起时，大多数情况下都能比一个强大的模型提供更为准确的结果。其次，通过 Bootstrap 聚合法——采用随机样本替换的方式给每个模型引入多样性——有助于在很大程度上降低噪声并提高模型的泛化能力。有了更好的泛化能力，集成模型的结果就有助于提供更高的准确度和更高的稳定性。

5.1.3　一个集成模型究竟是如何工作的

从理论上而言，可以为完全异构的同一个任务创建一个集成（即多个模型），比如一组分类树和 Logistic 回归模型或者其他一些技术。然而，大多数情况下，应用相同的技术类型来开发一个集成，比如只有分类树的集成或者只有 Logistic 回归模型的集成。可以决定计划创建的模型数量，再采用某种方法（主要是投票）将每个模型的结果组合起来。

比如当前面临的情况是，需要构建一个使用 1000 个训练样本的分类模型。那么构建 100 个相同类型的模型（如分类树），而不是只建立一个模型。首先，Bootstrap 聚合过程采用随机选择替换的方式从 1000 个训练样本中创建 100 个训练集。每个训练集可以创建原始数据量的大约 60%数据（这不是一个固定的数字，可由用户自定义）。因此，将获得 100 个不同的训练集，每个训练集含有大约 600 个训练样本。然后，可使用分配给相应模型的训练集建立 100 个模型。采用 Bootstrap 训练集构建的每个模型，在构建树的方式上会发生微小的变化。整个过程与第 4 章讨论的完全一样，但由于每棵树的训练数据略有不同，每棵树的总体结构也会有细微的差别。

在所有模型建立之后，可用它们对测试样本进行分类。每个测试将会获得 100 个结果，而不是一个，然后用投票机制将这些结果组合。假设想对一个测试用例进行分类以获得“良品”或“不良品”的分类结果，而且在测试时采用了前面所构建的 100 棵树，那么结果就会得到了 70 棵含有结果为“良品”的树，剩下为 20 棵[①]则为含有“不良品”的树。于是可以肯定地得出结论，测试用例的最终质量是“良品”。一般的投票算法将

---

① 此处应为 30 棵，似为作者笔误。——译者注

获得最大投票结果作为最终结果。如果是回归分析，需要预测一个连续结果，将所有模型结果进行平均才给出最终答案。这个过程也可以称为 Bagging（装袋法）。整个过程如图①5.1 所示。

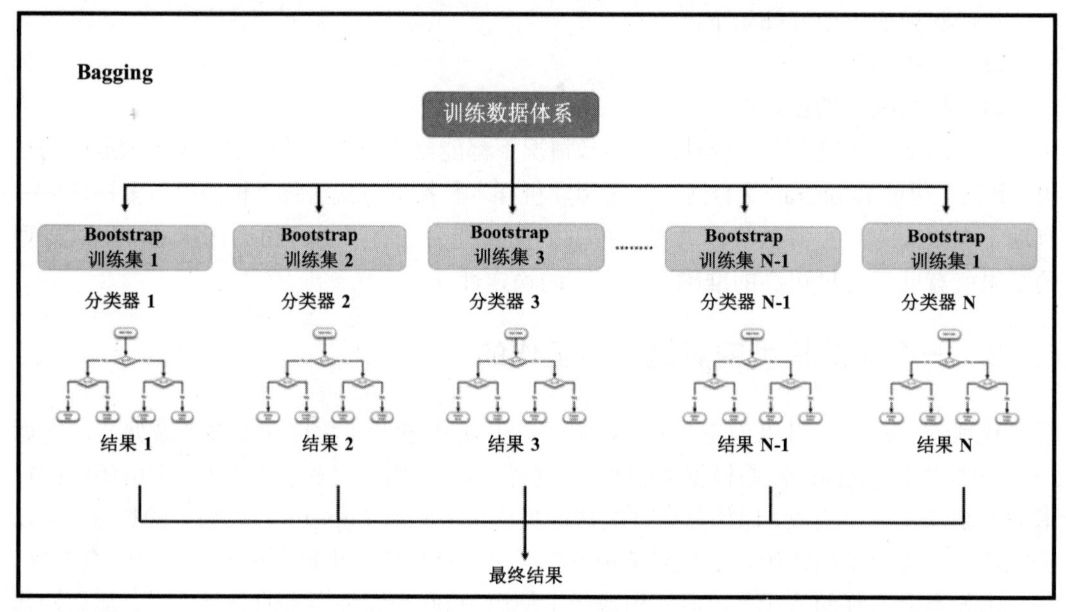

图 5.1

在某些情况下，还另有一种用于集成建模的技术，称为 Boosting（提升法）。与 Bagging 不同，这个 Boosting 过程是迭代式地工作并改进每个模型，以更好的方式学习以前误分类的样本。在 Boosting 过程中，并不是并行构建所有模型，而是迭代式地建模。第一个模型是使用整个训练数据构建的，而下一个模型在随机样本和加权训练集上运行。加权是这样进行的，之前模型的错误分类样本被赋予一个额外的权重，以便模型能够更好地预测错误分类的样本。该过程继续进行并迭代一定次数。理想的结果模型将具有最低的误分类率。全球各地的统计人员开发了多种增强算法。其中大部分算法的差异在于计算误分类事例所占权重的方法。Boosting 整个过程如图 5.2 所示。

此外，另一种构建一个集成模型的方法是 Stacking（叠加法）。Stacking 过程与 Boosting 非常相似。刚开始，这个算法采用可用数据训练模型，然后训练一个组合器模型，以使用其他模型的所有预测作为额外输入来进行最终预测。

---

① 图中最右端的“Bootstrap 训练集 1”疑应为“Bootstrap 训练集 N”，似为作者笔误。——译者注

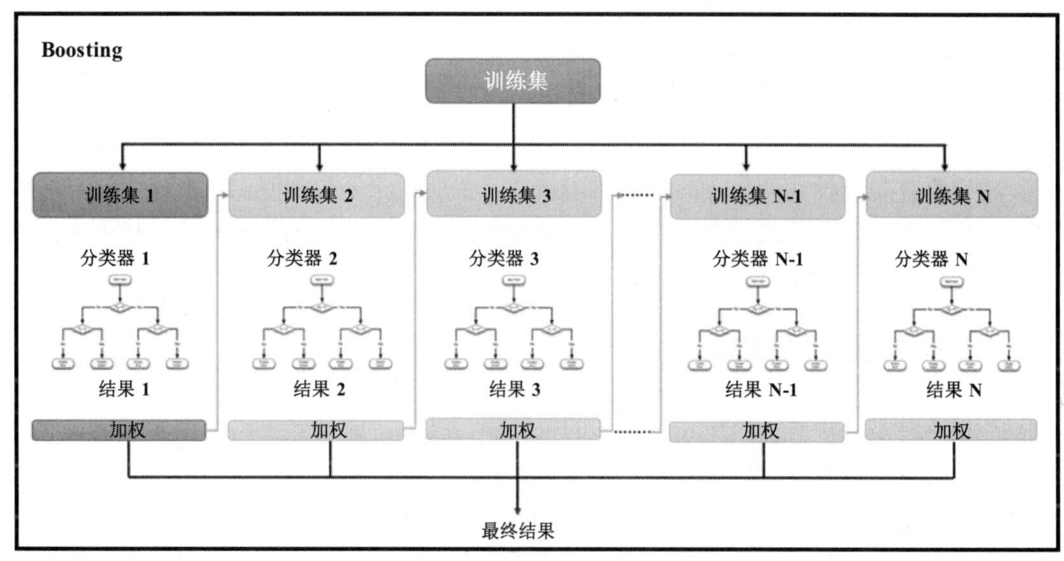

图 5.2

1．不同的集成学习技术有哪些

目前有许多流行的集成技术用于分类和回归。

- Bagging：Bagging 和随机森林。
- Boosting：Adaboost、梯度提升机和 XGBoost。

最流行的是随机森林和 XGBoost。随机森林基本上是 Bagging 的高级版本，而 XGBoost 则基于 Boosting 的原理，并且是梯度提升机（Gradient Boosted Machines，GBM）的高级版本。两者均已被广泛应用于工业领域的各种用例中，并在准确度和稳定性方面获得了更好的结果。

本章随后将学习和实施使用随机森林和 XGBoost 来预测建模。

2．快速回顾——前面分析到了哪个阶段

在第 4 章中，尝试使用 Logisitc 回归构建分类模型。在一系列实验中，采用了分层平衡训练样本来增加 TNR（即真阴性率）。我方团队的确达到了这一目标，但却以较低的 TPR（即真阳性率）为代价才能实现。还需要通过增加 TNR 和 TPR 来改进结果，从而提高总体精度。在本章中，将通过在集成建模中学习和实施两种非常流行的机器学习技术，将预测性分析技能再往上提高。

5.2　集成建模——随机森林

随机森林是一种十分流行的机器学习技术，主要用于分类和回归。在使用该算法构建了多棵决策树时，至此本书已经涵盖了学习随机森林所需的大部分基础。接下来快速地了解算法，以便更好地解决之前的问题。

5.2.1　什么是随机森林

随机森林是一种基于集成建模原理的机器学习技术。它构建了一个由多棵决策树组成的集成，每棵树都有一个随机选择的特征子集，由此而命名“随机”+“森林”。随机森林基本上是 Bagging 算法的高级版本。在 Bagging 过程中，使用从整个训练集中通过替换选择得出的一个 Bootstrap 训练样本，以构造出多棵决策树。在随机森林中，随机性的增加更进一步。在这里，从整个特征列表中，只为每棵树随机地选择已具有预定义数量的特征。假设总共有 15 个特征，那么将为每棵树随机分配选择 5 个或 6 个（一个固定的预定义数量）特征，以及由替换选择得出的一个 Bootstrap 训练样本。与决策树和 Bagging 算法相比，每棵树的特征的随机性增加可帮助随机森林获得更好的稳定性。

与特征相关的新随机性以及训练样本，有助于随机森林算法生成更强大的结果，并以最有效的方式利用过剩的训练数据。该算法的关键部分在于通过构建多棵决策树以形成一个森林。构建决策树的过程与第 4 章“预测性分析在物联网中的应用”中所讨论的完全相同。一旦对所有树木都使用它们各自的特征和训练样本进行训练，就能够预测 n 棵树的结果，而不是一棵树（n 是在森林中构建的树的数量，即一个有限的数量）。为了获得最终的结果，n 棵树的结果通过多数投票机制转换为单个结果。

接着，来探究一棵分类树是如何通过随机森林算法构建的。顺便提一下，在一般情况下和在随机森林算法中，构建分类树的方式没有区别。一言概之，除了选择根节点和随后的决策节点之外，整个过程与对回归树研究的过程完全相同。在第 4 章中，详细探讨了在 CART 中如何构建回归树。它计算所有特征相对于因变量的标准差减少（SDR）。选择具有最大 SDR 的特征为根节点，而具有次最高 SDR 的特征作为下一个节点，依此类推。对于分类树，因为因变量是类别型的，不能计算 SDR。相反，计算熵和每个特征相对于因变量的信息增益。选择相对于因变量具有最大信息增益的特征作为根节点。

如前所述，决策树是从根节点自上而下构建的，涉及将数据划分为包含具有相似值

（同质的）的实例的子集。该算法使用熵来计算样本的同质性。如果样本是完全同质的，则熵是零。如果样本均匀等分，则熵为 1。

紧接着详细了解如何选择根节点和其他节点来构建分类树。

比如下面的示例数据集（见表 5.1）。它类似于在第 4 章“预测性分析在物联网中的应用”回归树中所举的例子。但是差异在于因变量。在这里的因变量是类别型的，即含有两个层级的“员工类型”——技术人员和管理人员：

表 5.1　示例数据集

序 列 号	着 装 标 准	性　别	员 工 类 型
1	正装	男	技术人员
2	商务休闲	女	管理人员
3	休闲	男	技术人员
4	正装	女	管理人员
5	商务休闲	女	技术人员
6	休闲	男	管理人员
…			
100	休闲	男	技术人员

为了构建决策树，需要计算两种类型的熵——一个因变量的熵和每个自变量相对于该因变量的熵。可应用频率表来达到这个目的。

- 熵使用一个属性的频率表：

$$E(S)=\sum_{i=1}^{c}-p_i\log_2 p_i$$

这里，c 是一个变量中不同类的数量。

比如员工类型在整个数据集中的分布，如表 5.2 所示。

表 5.2　员工分布

员 工 类 型		概　率
技术人员	73	0.73
管理人员	27	0.27

那么，可以计算一个因变量的熵如下：

$$\begin{aligned}E(\text{员工类型}) &= E(27,73)\\ &= -0.27\times\log_2 0.27-0.73\times\log_2 0.73\\ &= -(-0.51)-(-0.33)=0.84\end{aligned}$$

同样地，为了计算一个特征变量相对于该因变量的熵，假设下面的员工类型分布在“着装标准”变量中（见表 5.3）。

表 5.3　员工类型分布

着装标准	员工类型		总和	概率
	技术人员	管理人员		
正装	10	14	24	0.24
商务休闲	21	8	29	0.29
休闲	42	5	47	0.47

然后，计算该特征变量的熵如下：

E(员工类型,着装标准)

= P(正式)×E(10,14)+ P(商务休闲)×E(21,8)+ P(休闲)×E(42,5)

= 0.24×0.98 + 0.29×0.85 + 0.47×0.48

= 0.71

获得这两种类型的熵后，可用以下公式来计算每个特征的信息增益：

$$\text{Information Gain }(Y,X) = \text{Entropy}(Y) - \text{Entropy}(Y,X)$$

因此，

Information Gain(员工类型,着装标准)

= Entropy(员工类型)−Entropy(员工类型,着装标准)

= 0.84−0.71 = 0.13

用同样的方式计算所有其他特征的信息增益，将相对于因变量的信息增益最大的特征选为根节点，将下一个最高特征选为下一个节点，以此类推。信息增益帮助决策树确定最佳节点被选为根节点和后继决策节点。

分类树的整个过程与回归树仍然非常相似。

5.2.2　如何在 R 语言中构建随机森林

R 语言有一个专门为随机森林算法而构建的软件包“randomforest”。它应用所需的函数，仅用几行代码就能构建出整个模型。接下来，通过构建一个基本的随机森林模型来掌握一些诀窍，后面再继续构建更好的和改进的版本。

采用第 4 章 Logisitc 回归练习的同一个训练集，以下代码为这个训练集构建了一个随机森林模型，并显示模型的摘要。请仔细观察代码和结果中突出显示的部分[①]：

[①] 原文中作者可能忘记用颜色突出显示了。——译者注

```
library(randomForest)
set.seed(600)
#Creating a 20% sample for test and 80% Train
（创建一个 20%测试样本和 80%训练样本）
test_index<-sample(1:nrow(data),floor(nrow(data)*0.2))
train<-data[-test_index,]
test<-data[test_index,]

#Building a random forest model
（构建一个随机森林模型）
fit<-randomForest(Detergent_Quality~
           #The Production Quantity deviation feature
           （生产量偏差特征）
           Quantity_Deviation_new +

           #The Production Quantity deviation feature
           （生产量偏差特征）
           Stage1_PrevProduct_1 +

           #Raw Material Quality Parameters
           （原料质量参数）
           Stage1_RM1_QParameter2 +
           Stage1_RM1_QParameter1 +
           Stage1_RM2_QParameter2 +
           Stage1_RM2_QParameter1 +
           Stage3_RM1_QParameter1 +
           Stage3_RM1_QParameter2 +
           Stage3_RM2_QParameter1 +
           Stage3_RM3_QParameter2 +
           Stage3_RM3_QParameter1 +

           #Machine/Resources used in a Stage
           （一个阶段中使用的机器/资源）
           Stage3_ResourceName_new +
           Stage1_ProductChange_Flag,
           data=train,
           ntree=50,mtry=5,replace=TRUE,importance=TRUE
```

```
        )
> fit
Call:
 randomForest(formula = Detergent Quality ~ Quantity_Deviation_new +
Stage1_PrevProduct_1 + Stage1_RM1_QParameter2 + Stage1_RM1_QParameter1 +
Stage1_RM2_QParameter2 + Stage1_RM2_QParameter1 + Stage3_RM1_QParameter1 +
Stage3_RM1_QParameter2 + Stage3_RM2_QParameter1 + Stage3_RM3_QParameter2 +
Stage3_RM3_QParameter1 + Stage3_ResourceName_new +
Stage1_ProductChange_Flag,      data = train, ntree = 50, mtry = 5, replace
= TRUE, importance = TRUE)

               Type of random forest : classification①

                     Number of trees② : 50

No. of variables tried at each split③ : 5

        OOB estimate of error rate ④: 16.25%

Confusion matrix⑤:

        Bad  Good   class.error⑥
 Bad    107    68     0.3885714
Good     62   563     0.0992000
```

接着努力去理解在这里做了什么。大部分代码和结果看起来都差不多。下面逐个去观察新的信息。

选择软件包中的内置 randomForest 函数来构建模型。调用类型依然不变。然而，发现了一些之前没有涉及的参数，即 ntree = 50，mtry = 5，replace = TRUE，以及 importance = TRUE。

① 随机森林类型：分类。——译者注

② 树的数量。——译者注

③ 在每次分裂中尝试的变量数量。——译者注

④ 袋外误差率估计——译者注

⑤ 混淆矩阵——译者注

⑥ 分类误差，此处实为 class error rates 即分类误差率。——译者注

1. 这些新参数是什么

随机森林从较高的层次上为我们提供了一个选项，不仅可以选择想要在集成模型中构建的决策树的数量，还可以为每棵树预选随机选择的特征的数量。这里选择了 5 个，也就是 mtry = 5。如果要赋予 mtry 超参数一个较好的大致数量，那么可以考虑最接近特征总数的平方根的整数。在此处的练习中，大约有 14 个特征和 1 个因变量，所以，理想情况下 3 个或 4 个（特征）是更好的选择。可用试错法来选择最佳值，但是 randomForest 软件包在内部提供了一个工具，可供选择 mtry 的最佳值。不久将会探讨这个问题。同样，代码中新增的超参数还有 replace = TRUE 和 importance = TRUE。在 replace 选项里可选择是否应该进行替换抽样或不替换抽样。有一个经验法则是，抽样时替换设置为 TRUE 总是好的。在大多数情况下，模型必定更稳定（也有些情况下，这可能不是最好的选择）。importance = TRUE 参数为模型中使用的每个特征提供了重要性评分（GINI 指数以及平均精度下降[①]）。采用变量 importance，可让我们能够更容易地确定哪些特征为整个模型增加了更多的价值。如果有太多的特征，比如说其中有很多特征几乎没有增加任何价值，可使用变量 importance plot（这是 randomForest 软件包提供的函数），将变量 importance 可视化，从而更好地决定应该剔除哪些变量。

除了在前面的模型迭代中使用的参数之外，还有一些参数会在进一步的迭代中应用，例如 bag fraction[②]、class weight[③]等。当使用这些选项时再讨论它们。还有更多的参数选项可供选用，通过 R help 命令（?randomforest）即可探索更多内容。

接着继续解释结果摘要。第一部分显示了用于该模型的 calling style formula（调用公式类型）。紧接着，有一个声明提到迭代中使用的 type of modeling（建模类型）。构建中的模型为一个分类模型，因此随机森林的类型为 classification（分类）。接下来，它调出模型中构建的 number of trees（即树的数量）。此处选了 50 棵树，而实际上还可以选择一个更高的数字。但因为所使用的数据集相当小，一台正常的机器只需配置合适的内存，就能够很轻松地处理这个数据集。将树的数量设置得更高并不会给模型的准确度增加一个同等的增量值，不过如果给模型设置大约 1000～2000 棵树依然可行。这里发现结果摘要中给出了 number of variables（变量的数量）为 5，用于将数据分割至每棵树的分区。最后，也观察到模型中使用了两个重要的度量方法，即 OOB estimate（OOB 估计）和根据训练集上的预测构建的 confusion matrix（混淆矩阵）。OOB 估计只不过是袋外（数据）的估计。随机抽样替换的训练集大约有 2/3 的数据用于对每一棵树进行训练。剩余的 1/3 数据可用于交叉验证。OOB 误差估计显示了在内部对所有树进行交叉验证的结果。

---

① 原文 Mean Decrease in accuracy，亦指 Mean Decrease Accuracy（MDA），意为平均精度下降。——译者注

② 袋外分数——译者注

③ 类权重——译者注

在末尾，还看到了混淆矩阵和分类误差率（class error rates）。

在随机森林中，实际上不需要在内部对一个未曾见过的数据进行模型测试，OOB 误差估计为推断模型的预测能力提供了一个合理无偏的指标。不过，这需试着检查剩下的 20%数据的测试结果。

以下代码是与第 4 章中构建的 prediction_summary 函数类似的 prediction_rf_summary 函数。唯一的区别是直接取预测（结果）而不是预测概率，然后将其分类为“良品”或“不良品”。该函数最终输出迄今为止使用的参数，即总体精度、真阳性率（TPR）、真阴性率（TNR）和假阳性率（FPR）：

```
prediction_rf_summary<-function(fit,test)
{
    #Predicting results on the test data, using the fitted model
    （使用拟合的模型预测测试数据的结果）
    predicted<-predict(fit,newdata=test,type="response")
    actuals<-test$Detergent_Quality
    confusion_matrix<-table(actuals,predicted)
    print("Confusion Matrix :-")
    print(confusion_matrix)
    print("")
    #Calcualting the different measures for Goodness of fit
    （计算不同度量用于拟合优度）
    TP<-confusion_matrix[2,2]
    FP<-confusion_matrix[1,2]
    TN<-confusion_matrix[1,1]
    FN<-confusion_matrix[2,1]
    #Calcualting all the required
    （计算所有需要的）
    print(paste("Overall_accuracy ->",(TP+TN)/sum(confusion_matrix)))
    print(paste("TPR -> ",TP/(TP+FN)))
    print(paste("TNR -> ",TN/(TN+FP)))
    print(paste("FP -> ",FP/(TN+FP)))
}

#Viewing the results together
（查看全部结果）
>prediction_rf_summary(fit,test)
```

```
[1] "Confusion Matrix :-"

         predicted
actuals  Bad  Good
    Bad   29    21
   Good   17   133

[1] ""
[1] "Overall_accuracy -> 0.81"
[1] "TPR -> 0.886666666666667"
[1] "TNR -> 0.58"
[1] "FP -> 0.42"
```

可以看到，随机森林的结果比 Logistic 回归的结果要好。比较 Logistic 回归中的迭代，此处采用正常训练样本而不是分层平衡训练样本。总体精度为 0.72，TPR 为 0.84，TNR 为 0.38，而 FPR 为 0.62。

构建随机森林模型的第一次迭代，使总体精度提高到了 0.81，TPR 为 0.88，TNR 为 0.58，并且 FPR 降低了 0.42。结果似乎要好得多，可是是否达到了目标？答案是还没有，但是已经很接近了，结果看起来很有希望。

接着需要做些什么来进一步提高总体精度、TPR 和 TNR 以及降低 FPR 呢？还记得曾停止了的 Logistic 回归实验吗？使用分层平衡样本进行训练后，发现 TNR 有显著的改善，但是 TPR 却下降很大。从中也了解到，模型以前不能学习模式来有效地预测 TNR。因此，采用了一个分层平衡的训练样本，同时注意到该模型能够更好地预测 TNR，但是以降低 TPR 为代价。为了改善 TNR 而不牺牲 TPR，可以利用机器学习技术来帮助实现这一目标。

那么，下面构建一个随机森林模型的改进版本。可是应该从哪里开始？设置什么参数会带来最好的结果？下面依次去讨论这些内容。

2. Mtry

前面已经讨论过，mtry 的最佳值是模型中特征总数的平方根。在例子中，大约有 14 个特征。那么选择 3 个、4 个或 5 个特征？这里可以进一步应用试错法，或者使用一种在同一个软件包里的内置工具，这种工具可供查看 mtry 的每个值的结果，如图 5.3 所示。

```
#Creating a vector with all the predictors
（用所有预测因子创建一个向量）
```

```
x<-c('Quantity_Deviation_new','Stage1_PrevProduct_1',
    'Stage1_RM1_QParameter2', 'Stage1_RM1_QParameter1',
    'Stage1_RM2_QParameter2', 'Stage1_RM2_QParameter1',
    'Stage3_RM1_QParameter1', 'Stage3_RM1_QParameter2',
    'Stage3_RM2_QParameter1', 'Stage3_RM3_QParameter2',
    'Stage3_RM3_QParameter1', 'Stage3_ResourceName_new',
    'Stage1_ProductChange_Flag')

#Tune the model
（调整模型）
mtry <- tuneRF(train[x],train$Detergent_Quality, ntreeTry=200,
stepFactor=1.5,improve=0.01, trace=TRUE, plot=TRUE)

#Since the sampling is done randomly, different iterations might #render
different results
（由于抽样是随机完成的，因此不同的迭代可能会给出不同的结果）

mtry = 3    OOB error = 14.25%
Searching left ...
mtry = 2    OOB error = 15.75%
-0.1052632  0.05
Searching right ...
mtry = 4    OOB error = 17%
-0.1929825  0.05
```

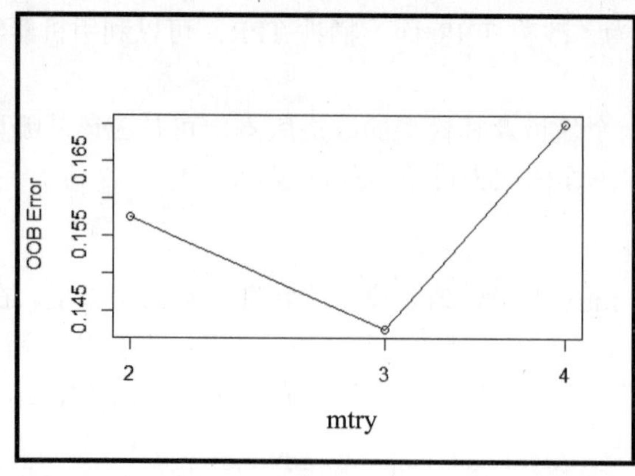

图 5.3

由上可以发现，在 mtry = 3 的情况下，取得了最好的结果，也就是最低的 OOB 误差率。所以确定了 mtry 的值为 3。

3．构建更加优化的随机森林模型版本

为了进一步改进模型，可以轻松地修改一些东西。ntree 参数决定了森林中树的数量。由于数据集规模相对较小，而且大多数计算机具有相对较高的计算能力，因此将其设置为 5000。也许这么大的数字不会增加一个适当的值，但是也不会造成任何损害。

其次，所使用的数据集是一个不平衡的样本，也就是说，良品和不良品的样本比例为 80:20。正如之前所看到的，使用一个平衡分层样本，模型并没有获得良好的 TPR 结果。因此，需要考虑采取一个更好的方法来训练模型。因为使用 50:50 的比例在很大程度上降低了 TPR，为什么不把训练样本比例改成 60:40 或 70:30 类似的比例呢？小幅度地增加“不良品”样本，同时将“良品”样本的比例略为下降，这一定会帮助获得比高度不平衡的样本更好的性能。这时可以通过创建一个修改过的训练数据集来实现这个目标。

最后，即使 replacement 在大多数情况下对于随机森林来说工作得非常好，但如果有一个高度不平衡的训练样本，那么这个可能就不是最受推荐的步骤。在不平衡样本中不作替换的抽样是有益处的。否则，来自较小分类的样本将包含太多的重复，分类数量仍然不足。

最后，classwt 帮助在抽样时，设置每棵树中那些类的训练样本的先验概率。设置这个值有助于更加有策略地为每棵树的训练样本分层。

下面用新调整的设置构建一个模型：

```
set.seed(600)
data$y<-ifelse(data$Detergent_Quality=="Good",1,0)
test_index<-sample(1:nrow(data),floor(nrow(data)*0.2))
train<-data[-test_index,]
test<-data[test_index,]

#Creating a modified training dataset with Good:Bad ratio as 66:33
（创建一个修改后的训练集，良品和不良品样本比例为 66:33）
new_train<-stratified(train,"Detergent_Quality",175)
subset<-train[sample(rownames(train[train$y==1,]),350),]
new_train<-rbind(new_train[new_train$y==0,1:ncol(train)],subset)

#Building a random forest model
（构建一个随机森林模型）
```

```
fit<-randomForest(Detergent_Quality~
                        #The Production Quantity deviation feature
                        (生产量偏差特征)
                        Quantity_Deviation_new +
                        #The Production Quantity deviation feature
                        (生产量偏差特征)
                        Stage1_PrevProduct_1 +
                        # Raw Material Quality Parameters
                        (原料质量参数)
                        Stage1_RM1_QParameter2 +
                        Stage1_RM1_QParameter1 +
                        Stage1_RM2_QParameter2 +
                        Stage1_RM2_QParameter1 +
                        Stage3_RM1_QParameter1 +
                        Stage3_RM1_QParameter2 +
                        Stage3_RM2_QParameter1 +
                        Stage3_RM3_QParameter2 +
                        Stage3_RM3_QParameter1 +
                        # Machine/Resources used in a Stage
                        (一个阶段中使用的机器/资源)
                        Stage3_ResourceName_new +
                        Stage1_ProductChange_Flag,
                    data=new_train, classwt = c(0.4, 0.6),
                    ntree=5000,mtry=3,replace=FALSE)

#. Training sample: Approximately 66:33 ratio for Good:Bad
(训练样本：良品与不良品的比例约为66:33)

> fit
Call:
 randomForest(formula = Detergent_Quality ~ Quantity_Deviation_new +
Stage1_PrevProduct_1 + Stage1_RM1_QParameter2 + Stage1_RM1_QParameter1 +
Stage1_RM2_QParameter2 + Stage1_RM2_QParameter1 + Stage3_RM1_QParameter1 +
Stage3_RM1_QParameter2 + Stage3_RM2_QParameter1 + Stage3_RM3_QParameter2 +
Stage3_RM3_QParameter1 + Stage3_ResourceName_new +
Stage1_ProductChange_Flag,      data = new_train, ntree = 5000, mtry = 3,
```

```
replace = FALSE,          classwt = c(0.4, 0.6))
               Type of random forest : classification
                     Number of trees : 5000
No. of variables tried at each split : 3

         OOB estimate of error rate : 21.71%

Confusion matrix:
     Bad   Good   class.error
 Bad  131     44     0.2514286
Good   70    280     0.2000000

> prediction_rf_summary(fit,test)

[1] "Confusion Matrix :-"

        predicted
actuals  Bad  Good
    Bad   42     8
   Good   29   121

[1] ""
[1] "Overall_accuracy -> 0.815"
[1] "TPR -> 0.806666666666667"
[1] "TNR -> 0.84"
[1] "FP -> 0.16"
```

可以清楚地观察到，上述结果有了很大的提高。TPR 和 TNR 的准确度达到了 80%以上，总体精度也超过了 80%。这是本团队目前在预测建模和机器学习实验中取得的最好结果。

这时暂缓一缓，先来认真思考当前的结果是否能为整体业务带来增值，以及此时是否能向约翰展示这个结果。

无论如何，答案是肯定的。我们确实为约翰团队创造了有价值的和可执行的结果。

4．结果是如何创造出来的

为了简单起见，假设现有的数据是洗涤剂生产订单的通用数据集。有 1000 个订单，其中 225 个洗涤剂为不良品，其余的为良品。所以，简而言之，225 个不良品占了生产洗涤剂总量约 20%，必须将这些不良品丢弃，但同时也造成了经营损失。通过我们的预测性解决方案，负责生产的团队可以通过采取相应的措施，在生产前发现不良品以减少运营损失。

下面用简单的数学来解释。

TPR 达到了 80%，也就是说，从所有实际的良品中，正确地预测到 80%的产品在生产之后，质量将会是优。

TNR 达到了 80%，这表明从所有实际的不良品中，正确地预测了其中的 80%。因此，我方团队已经采取了可行的手段，将总体 20%的不良品率减少了 80%，也就是 16%。这意味着对于剩下的 4%的不良品，此模型不正确地预测为良品。这 4%的情况是在总体情况中所遗漏的。

因此，能够看到约翰团队获得了实实在在的价值，他们可以采取可行的措施来减少不良品。

5. 还可以进一步改善吗

虽然取得了比较好的成绩，但还有一定的改进空间。如果能够降低 FPR 和 FNR，即假阴性率，我们的解决方案可以进一步得到增强。

6. 采取什么措施来实现这一目标

有很多措施可以更好地改进模型。这些措施包括越来越多的特征工程，在可能的情况下添加新的数据维度，捕获越来越多的数据，即增加训练样本量，调整模型和校准超参数以更好地进行泛化。讨论这些话题需要具备更高级的统计和领域技能，故而在本书的范围内很难对此细细阐述。因此，就先将讨论到此暂停。

下一步将学习并构建一些更强大和更流行的机器学习和人工智能建模技术。

5.3 集成建模——XGBoost

XGBoost，全称为 Extreme Gradient Boosting（极限梯度提升），是一种非常流行的机器学习集成技术。它那令人惊叹的准确度让全球的数据科学家（在分析上）取得了巨大的成果。XGBoost 建立在集成建模的基础上，是梯度提升机（Gradient Boosted Machine，GBM）算法的改进版本。一般而言，XGBoost 算法创建了多个分类器，这些分类器是弱学习器，这意味着一个模型比仅仅一个随机猜测提供了更好的准确度。集成模型中的学习器可以是一个线性或树型模型，此模型通过随机抽样以及来自先前建模的学习的额外权重构建而成。在每个步骤中，构造一棵决策树，并且树未能正确分类结果时，就会被分配一个对应的权重。模型构建的下一个迭代从先前的模型的错误中学习。在每个步骤中，使用算法计算错误预测的权重，例如均方误差（MSE）用于回归或者 Logisitc 的 loss（函数）用于分类。下一次迭代试图减少损失等。最后一次迭代极可能会给预测问题带来最好的结果。

对于数据科学家而言，集成（建模）中的提升（Boosting）一直是一个十分热门和最受欢迎的话题，但也常常因过拟合而备受批评。梯度提升机是选择解决分类和回归问题的流行算法之一，因为它们为分析师提供了一个广泛的可定制框架来构建预测模型。XGBoost 是 GBM 的增强版本，它通过在极大程度上减少过拟合的可能性来构建更稳定的模型。XGBoost 通过利用一个内置的惩罚逻辑用于（处理）复杂度。这是一个简单的机制，可以在每次迭代中严格惩罚复杂度，因此可以降低复杂度，减少偏差（bias）。这大大减少了模型过拟合的可能性。基本上，与传统的 GBM 相比，正则化是 XGBoost 新增加的一个功能，可以带来有利的结果。而且，XGBoost 中的收敛速度已经大大提高了，因此可以更快地迭代和调整。

接下来快速构建一个 XGBoost 模型，用于处理曾在随机森林中尝试过的相同问题。以下将使用“XGBoost”包来构建模型。

R 语言中的 XGBoost 包提供了一个具有相同名称的函数来训练模型。但是，该函数仅接受数值型的值。因此，数据集中的分类变量（如数量偏差、产品变化提示等）都必须转换为数值型变量。可采用独热编码（one-hot coding）来实现，换而言之，就是将一个二进制标志赋给一个相应的类。

此外，正如以前看到的，一个加权平衡样本的训练可以得出有利的结果，因此继续使用相同的训练样本，其中 66.66%的样本为“良品”，其余则为“不良品”：

```
#Modelling for XgBoost
（给 XGBoost 建模）

#Importing the required libraries
（导入所需的库）
library(xgboost)
library(Matrix)
set.seed(600)

#Converting the target variable to a binary 1/0 flag
（将目标变量转换成一个二进制的 1/0 标志）
      # that is, 1 = Good and 0 = Bad
```

```
（即，1 = Good 而 0 = Bad）
data$y<-ifelse(data$Detergent_Quality=="Good",1,0)

#Collecting all numeric features together
（将所有数值型特征集合起来）
features<-c(
'Stage1_RM1_QParameter2', 'Stage1_RM1_QParameter1',
'Stage1_RM2_QParameter2',
'Stage1_RM2_QParameter1', 'Stage3_RM1_QParameter1',
'Stage3_RM1_QParameter2',
'Stage3_RM2_QParameter1', 'Stage3_RM3_QParameter2',
'Stage3_RM3_QParameter1')

#Collecting all categorical features together
（将所有类别型特征集合起来）
categorical<-c('Quantity_Deviation_new','Stage1_PrevProduct_1',
               'Stage1_ProductChange_Flag','Stage3_ResourceName_new')

#Creating a 20% sample for test and 80% Train
（创建一个20%样本用于测试，一个 80%样本用于训练）
test_index<-sample(1:nrow(data),floor(nrow(data)*0.2))
train<-data[-test_index,]
test<-data[test_index,]

#Stratifying the training sample to get 50:50 training samples
（将训练样本分层，以获得50:50 比例的训练样本）
new_train<-stratified(train,'Detergent_Quality',175)

#Creating a 66:33 ration training sample for Good:Bad
（创建一个66:33比例的训练样本，以获得Good:Bad的结果）
subset<-train[sample(rownames(train[train$y==1,]),350),]
new_train<-rbind(new_train[new_train$y==0,1:ncol(train)],subset)

#Converting the training and test datasets into sparse datasets
（将训练集和测试集转换成稀疏数据集）
    #This takes care of creating binary variables for each categorical
variable
```

```
（这负责为每个分类变量创建二进制变量）
train.sparse<-sparse.model.matrix(y~.-1,
data=new_train[,c(features,'y',categorical)])
test.sparse<-sparse.model.matrix(y~.-1,
data=test[,c(features,'y',categorical)])
#Training an XGBoost model with the resampled training data
（用重抽样后的训练数据来训练一个 XGBoost 模型）

xgb <- xgboost(data = train.sparse,
               label = new_train$y,
               objective="binary:logistic",
               eta = 0.1,
               max_depth = 12,
               nround=100,
               subsample = 0.8,
               colsample_bytree = 0.6,
               random.seed = set.seed(100),
               nfold=20,
               eval_metric = "error",
               nthread = 3,booster="gbtree",
               early.stop.round = 10,
               verbose = TRUE
)
```

上述代码基本上遵循与前面相同的过程。此外，这里的代码将训练集和测试集转换为稀疏矩阵，以便与 R 语言中实施的 XGBoost（算法）一起工作。当仔细查看模型构建代码，会在模型构建函数调用中发现不少新的超参数，比如 objective、eta、max_depth、eval_metric 等。下面逐步一一讨论这些超参数。

在 R 语言中实施 XGBoost（算法）可以通过一个可定制的框架进行。它允许数据科学家选择和定制一些参数以提高性能。如果数据科学家不想调参，大多数这些参数都有默认值。

前几个选项和它们看起来的完全一样。data 表示训练集的选项，label 表示目标/因变量。Objective 函数帮助定义正在构建的模型的类型。在上面代码中，试着去构建一个分类模型，因此将 Objective 设定为“binary:logistic”。对于回归，将它设置为“reg:linear”。而 eta 参数可以帮助控制学习率。换而言之，当这个参数被添加到当前的近似值上时，它将每棵树的贡献度缩放为 0 <eta <1。这样能使 Boosting 过程更加保守以防止过拟合。eta

的值越低意味着 nround 的值更大，后者也就是迭代次数。类似地，一个低 eta 值意味着该模型对过拟合更稳健但计算更慢。eta 默认值设置为 0.3。但在我们的实验中，将它设置为 0.1，并且让迭代次数的值最高。Max_depth 定义树的最大深度；其默认值设置为 6，可是这里调整为稍高的值 12。

Subsample 定义了训练实例的比率，也就是每棵树随机采样的观测值的分数。将其设置为 0.5 意味着 XGBoost 将随机收集一半的数据实例来生长树，最终有助于防止过拟合。Colsample_bytree 决定了为每棵树随机选择的特征的最大数量。其默认值是 1，但此处设置为稍低一点的值 0.6，以便为每棵树添加随机性。eval_metric 参数定义用于验证数据的指标。为分类设置的默认选项用于回归的“error”和“rmse”。根据评估指标的结果改进 Boosting 过程。booster 参数为每次迭代定义模型的类型。现在有两种选择：gbtree 用于一棵树或 gblinear 用于线性模型。在大多数情况下，可以不假思索就选用 gbtree 来构建集成模型，这是一个较好选择。

如果在预设迭代次数过程中出现了糟糕的结果，early.stop.round 可帮助 XGBoost 决定什么时候停止迭代。在某些情况下，与前一次迭代相比，Boosting 迭代结果不佳。在这种情况下，最好是停止进一步的迭代，并为模型选择最近的最佳迭代。Early.stop.iteration 定义在结果较差的情况下停止之前要观察的迭代次数。每次迭代后，XGBoost 算法会在屏幕上打印统计数据，以便解释模型的改进。可以通过设置 Verbose = 0 来禁用这个功能。同样，也可以为 XGBoost 算法选择并行线程的数量来处理。如果忽略此参数，XGBoost 会为并行处理自动选择最佳值。

现在，已经理解了如何构建算法，接下来使用该模型来预测测试集当中的结果：

```
#Creating a function to predict the outcome
（创建一个函数预测结果）
#And also calculate the TPR, TNR, FPR and overall accuracy
（而且也计算 TPR、TNR、FPR 和总体精度）
print_xgb_summary<- function(xgb,test.sparse,test)
    {
        y_pred <- predict(xgb, newdata=test.sparse)
        y_pred<-ifelse(y_pred>0.5,"Good","Bad")
        print(a<-table(test$Detergent_Quality,y_pred))
        print(paste("Overall accuracy ->",(sum(a[1,1],a[2,2])/sum(a))))
        print(paste("TPR ->",(a[2,2]/sum(a[2,1],a[2,2]))))
        print(paste("TNR ->",(a[1,1]/sum(a[1,1],a[1,2]))))
        print(paste("FPR ->",(a[1,2]/sum(a[1,1],a[1,2]))))
    }
```

```
#Showcasing the results
(展示结果)
print_xgb_summary(xgb,test.sparse,test)

     y_pred
     Bad  Good
 Bad   45    5
Good   30  120

[1] "Overall accuracy -> 0.825"
[1] "TPR -> 0.8"
[1] "TNR -> 0.9"
[1] "FPR -> 0.1"
```

与随机森林结果相比，结果是否有所改进？

是的，看起来似乎如此。

如果仔细观察所有的指标——总体精度、TPR、FPR 和 TNR，就会发现 TNR 已经有了很大的提高。因此，可以归结出，这个解决方案取得了一个不错的改进结果，或者与之前的结果不相上下。

如果进一步调整所得的结果，还需要更加深入地探索变量，利用超参数进行更多的正则化。XGBoost 提供了大量的选项来调整和规范，然而讨论所有这些内容超出了本书的范围。接着将通过更改一些参数来做另一种尝试。采取增加 early.stop.iteration 和 eta 的范围，将尝试使用最大深度、子采样和列样本参数：

```
#Training an XGBoost model with the resampled training data
(使用重抽样训练数据训练一个 XGBoost 模型)
xgb <- xgboost(data = train.sparse,
               label = new_train$y,
               objective="binary:logistic",
               eta = 0.1,
               max_depth = 15,
               nround=200,
               subsample = 0.6,
               colsample_bytree = 0.8,
               random.seed = set.seed(100),
               nfold=20,
```

```
                   eval_metric = "error",
                   nthread = 3,booster="gbtree",
                   early.stop.round =20,
                   verbose = TRUE
)
print_xgb_summary(xgb,test.sparse,test)
      y_pred
       Bad  Good
  Bad  42     8
 Good  30  120
[1] "Overall accuracy -> 0.81"
[1] "TPR -> 0.8"
[1] "TNR -> 0.84"
[1] "FPR -> 0.16"
```

这里没有看到任何更进一步的改进。相反，发现总体精度略有下降。此时可以继续研究 R 语言中实施 XGBoost（算法）时可用的其他调优参数，并在试错的基础上实施一系列实验，以了解可以在哪里改进结果。此外，在断定通过 XGBoost 获得的结果是目前为止为较好的结果之前，还需要做一个简单的检查，以验证在大多数情况下这种断言也是成立的。

1. 真的获得了较好的结果吗

Boosting 算法容易过拟合；然而与前几代相比，XGBoost 已经大大改善了这一点。但是 XGBoost 仍然存在过拟合的可能性，尤其在数据不平衡的情况下。

为了验证这一点，将采用训练集上的预测快速检查结果：

```
#Using the previously define function to predict on the training dataset
（使用先前定义的函数在训练数据集上进行预测）
print_xgb_summary(xgb,train.sparse,new_train)


      y_pred
        Bad  Good
  Bad  173     2
 Good    0   350


[1] "Overall accuracy -> 0.996190476190476"
[1] "TPR -> 1"
```

```
[1] "TNR -> 0.988571428571429"
[1] "FPR -> 0.0114285714285714"
```

可以清楚地看到结果是过拟合的。尽管在测试集中得到了有利的结果，但是训练集和测试集的结果似乎有很大差异。如果使用这种过拟合模型，就不能真正利用在测试集中获得的结果，因为如果选用另一个小的测试样本，它很容易就给出完全不同的结果。

同样地，Boosting 算法也可能是高度不稳定的，这意味着在采用相同的数据和参数迭代地构建模型的同时，会得到不同的结果。

因此，采用这个模型将会造成预测能力非常不稳定，因为可能会看到与另一个测试样本完全不同的结果。所以，从随机森林中获得的结果是至今为止最好的结果。下面继续分析。

2．下一步该做什么

为了在预测性分析中获得最佳结果，第一步就要深入研究数据，就像在第 3 章“探索性决策科学在物联网中的应用内容和原因”中所采取的行动一样。深入研究这些数据，再加上具备强大的业务领域知识，有助于数据科学家创建许多新特征用于完成分析。将这些知识应用到建模技术中，通过多种方法对模型进行规范和校准来改进结果，可帮助获得最好的结果。

在将结果总结并传达给约翰之前，我们打算在机器学习和人工智能领域（即神经网络和深度学习领域）进行最后一次尝试。受到人类大脑模型的启发，神经网络和深度学习早已证明了通过研究数据中的复杂关系，来提供强大的解决方案。本书的研究范围限定在研究神经网络和深度学习的细微差别，探究其在当今世界的不同类型和应用。在充分理解了这个主题之后，接下来将在现有的用例上构建一些简单的深度学习模型，观察是否会取得任何改进。

3．注意事项

神经网络和深度学习属于非常广泛和复杂的主题。对如此广泛的主题进行深入探索和实验超出了本书的范围。因此只在以下小节对这个主题进行初步和前期的介绍。本书引入这个主题和实验书中用例的目的，仅仅是为了向读者展示应该如何开始展开分析。同时也鼓励读者进一步探索和学习这些主题。

5.4　神经网络与深度学习

过去 20 年，神经网络和深度学习一直是机器学习和人工智能的一个前景光明的领域。

而最近的发展更是令人惊讶，人们亲眼目睹了行业将它们应用去解决以前遇到的各种困难问题。不管有意或无意，在构建日常生活中的应用程序时，也采用了这些先进技术。Google Now、Apple Siri 或 Microsoft Cortana 语音功能的数字助理应用程序，都是应用了强大的深度学习技术开发出来的。同样，人们所知道的人脸检测功能，将照片上传到Facebook，以及实时语言翻译工具等，也都开发出来了，这些都是应用最新和最强大的神经网络和深度学习技术的结果。

本质上，人们一直使用计算机来构建软件和应用程序，让生活变得更加轻松惬意。通过解决人们要解决的相对复杂的问题，构建出的那些预测算法已经迈出了一大步。但是，有一类问题由人类来解决轻而易举，而由计算机来解决却困难重重。这些问题最初主要集中在与视觉和语音相关的用例上。当用 Google 搜索“黄色的汽车”时，就会出现许多黄颜色汽车的图像。对于一个人而言，用这个标准来区分和分类一幅图像（即“黄色的汽车”）是一件易如反掌的事情，但如果要帮助计算机辨别和区分，这是一项极具挑战性的任务。

这一切都始于人类大脑如何处理以视觉和语音/音频形式接收到的信息。人类的大脑是由一个极其密集的生物神经网络组成的，它可以在几分之一秒内处理并传递信息给其他相连的神经元。这些不计其数相互连接的神经元合力帮助解决一系列问题。

最初帮助计算机识别图像/视频视觉或语音/音频片段的尝试一败涂地。训练计算机学习这些模式的过程是一个庞大而复杂的任务。神经网络和深度学习试图通过模仿高度简化的人脑解决这些问题。近年来，这些领域的进步无比巨大，人们也切身体会到了它对日常生活的影响。接下来深入浅出地介绍这些复杂的术语。

1. 什么是神经网络

一个最简单的神经网络可以定义为“一个由许许多多简单的、高度互联的处理单元组成的计算系统，它通过对外部输入的动态响应来处理信息”。简而言之，神经网络通过模仿高度简化的人脑，创建一个含有许多高度互联的神经元（即简单的处理单元）网络来解决问题。这些神经元通常排列成许多层。一个典型的前馈神经网络至少含有一个输入层、一个隐藏层和一个输出层。输入层节点对应于我们希望输入到神经网络中的特征或属性的数量。这些与前面在线性和 Logistic 回归模型中使用的特征/维度相似。输出节点的数量与我们希望预测或分类的项目数量相对应。隐藏层节点通常用于对原始输入属性进行非线性转换。

神经网络最初是为了解决语音和视觉问题而构建起来的，但是如今几乎所有其他领域都在利用它的超强能力解决问题。

图 5.4 显示了含有一个单隐藏层的一个简单神经网络。

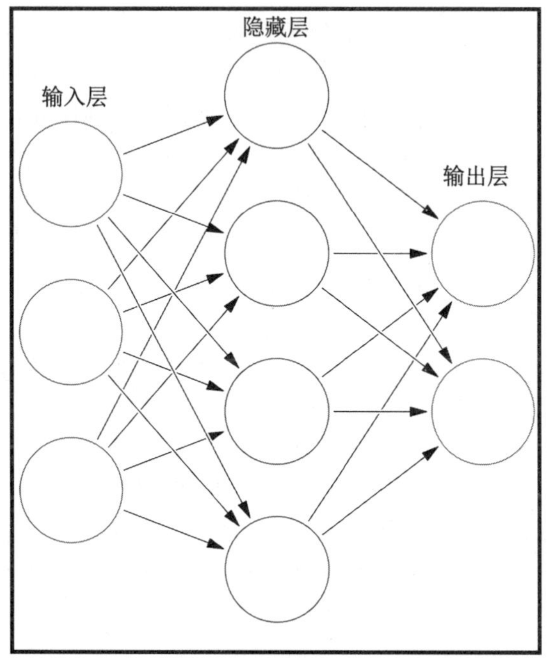

图 5.4

这是一个简单的神经网络，含有 3 个输入层、2 个输出层和一个具有 4 个神经元的隐藏层（多个隐藏层也是可能的）。图 5.4 中的每个连接都有一个与之相关的权重。每个神经元接收来自前一个节点的输入，通过一个函数处理一些信息，并将该信息传递给下一个节点。最终的输出节点输出结果。神经网络的学习过程是使用一个简单的算法，如反向传播，它试图通过改变与神经元之间的每个连接相关的权重来减少误差。

为了简化整个过程，将图 5.4 和之前用来学习决策树的例子进行比较，也就是预测一名员工是技术人员还是管理人员。3 个输入节点可采用诸如“着装标准”“年龄”“性别”的特征，并且最终输出将含有分别用于技术人员和用于管理人员的一个节点。根据最终节点中的值，再决定是与否。

2. 那么深度学习是什么

一言蔽之，深度学习可以被定义为一个含有更多隐藏层的神经网络（肯定比这里的更多；本书稍后再讨论）。如所看到的，在前面的例子中，有一个带有一个单隐藏层的神经网络。大多数神经网络最多有 2～3 层隐藏层。然而，深度神经网络比真实意义上的神经网络要深得多。它们可以深达 25～30 层，用以解决复杂的语音识别问题。

深度学习是神经网络领域的一个进步。许多人不禁会提出一个简单的问题：为什么需要将一个含有多层隐藏层的神经网络分类为深度学习？这两者不是很相似吗？

答案既为“是”也为“否”。请容慢慢解释。最初尝试构建神经网络的唯一愿景是解决使用现有技术无法解决的复杂问题。采用编程构建的高度简化的人脑模型，帮助模型学习了复杂的特征和模式，这对于早期成功是十分有帮助的。而由此触发的一个简单的想法是，含有更多的隐藏层数会帮助模型学习更复杂的特征和模式，从而解决更复杂的问题。然而，这个想法并不正确。在近 20 年的时间里，训练和构建多层神经网络的各种尝试鲜有成功。这主要是因为“消失的梯度”效应，增加多于一个的隐藏层并没有带来任何益处。

采用不同方法，训练一个神经网络的下层，然后将处理后的信息以问题不可知的方式传递给上层，这有助于利用多层的力量解决更复杂的问题。这一进步帮助神经网络在解决巨大复杂问题方面取得了不同程度的成功。深度学习指的是在神经网络中构建的用以学习复杂函数的许多深度层数，深度学习得名也源自于此。

图 5.5 显示了含有 3 个隐藏层以及一个输入层和一个输出层的深度神经网络。

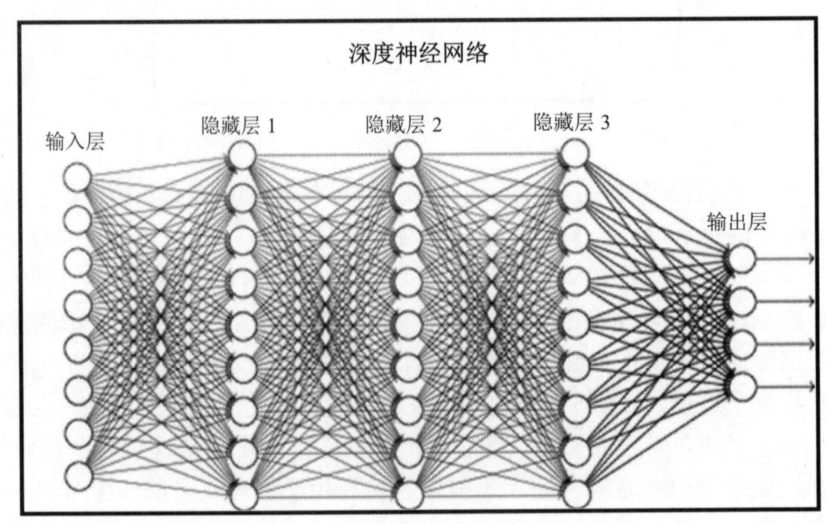

图 5.5

3. 神经网络和深度学习能解决什么问题

神经网络和深度学习共同解决了革命性的问题。在日常生活中已深有体会。所有人都从这种或那种深度学习中获益。以下是神经网络和深度学习技术解决问题的几个范例。

（1）回归：通过利用深度学习技术解决问题，那些朴素普遍的老问题取得了进一步的进展。

（2）分类：通过利用深度学习技术，二元和多类分类的分类问题已经获得显著改进。

（3）模式识别。

- 在文本、视频和图像中查找模式。
- 语音检测，即语音到文本和文本到语音的转换。
- 语音和文本的语言翻译。
- 用于体育与取证的视频分析。

从日常使用的软件应用程序的发展中，人们最近观察到一些重要的里程碑式的发展。

具有视频功能的 Google 翻译，可用手机查看指示牌或其他牌板上的他国语言，实时转换为其他语言。语音文本转换的准确性已经有了显著的提高。图像分析和模式检测使 Google Photos 这类工具变得非常智能。排序的照片会自动检测以创建短小的动画电影。搜索图片库时，如今可以通过现有选项按图片、背景或人物进行搜索。

运动视频的增强，比如板球的实时路径追踪，以及在视频中增加额外信息，有助于观众轻松地使用信息。自动驾驶汽车和无人驾驶飞机，飞机上的自动驾驶功能，自导导弹等，都通过某种方式提高了人们的生活品质。

在电子商务网站上购物时给出的建议，在手机中输入文本时的自动完成功能，使用不同软件的拼写检查和语法检查工具等，都是利用了深度学习技术。

还有许多被人们遗漏的各种功能，如可降低功耗的智能空调，可自动调节的智能手机屏幕亮度，自动增强自拍和照片等都与深度学习息息相关。

不过，本书将应用深度学习技术来继续解决问题的练习，这个练习即是在探讨 XGBoost 时所尝试过的。接下来会使用神经网络和深度学习来观察用例是否得到任何增强的结果。

4. 神经网络是如何工作的

下面简要地介绍神经网络中的不同组件。一个简单的神经网络可以从根本上分为 4 个主要部分。

- 神经元。
- 连接（edges/connections）[①]。
- 激活函数。
- 学习。

---

① 原文为“Edges (connections)”，同时也可从原文第 230 页和第 236 页中看出作者对 Edge 做出的解释，即 Edge 表示两个相邻层中的两个神经元之间的连接。更多详情请参阅《译者序》中对 edge 的解读，本书讨论与神经网络神经元相关的 edge 实指 connection。——译者注

后续将逐一讨论上述内容。

5．神经元

图 5.6 显示了大脑中生物神经元的表示。请观察最重要的组成部分，其中含有轴突、树突和神经元。

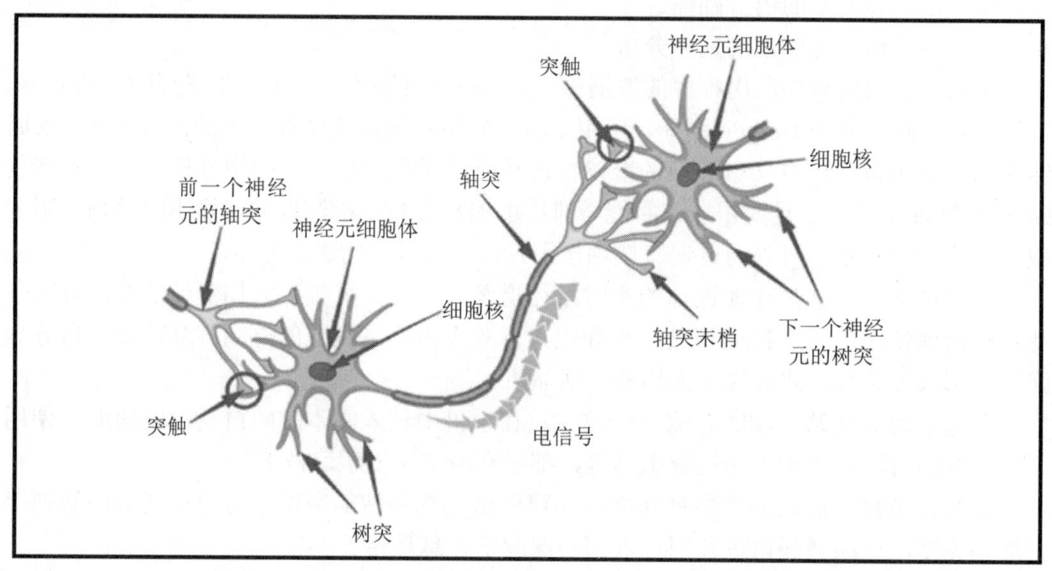

图 5.6

生物神经元通过电信号或脉冲互相传递信号或信息。相邻的神经元通过它们的树突来接收这些信号。信息从树突流向主细胞体到轴突再到轴突终末。一言以蔽之，生物神经元是相互传递关于各种生物功能的信息的计算机器。前面的图像表示两个互相连接的神经元。

神经网络的关键是一个数学节点、单元或神经元，它是一个简单的处理元素。在输入层神经元接收到的信息应用一个数学函数处理，然后传递到隐藏层中的神经元。该信息再次由隐藏层神经元处理并传递给输出层神经元。重要的一点是，信息或消息是通过一个激活函数来处理的。激活函数模仿大脑神经元，它可能会或可能不会根据输入信号的强度发送信号。然后将该激活函数的结果加权并发送到下一层中的每个连接。

整个过程请参看图 5.7。

右侧的图像表示来自神经网络隐藏层的神经元之一。它接收 3 个输入连接，每个连接都有一个与之相关的权重。来自输入节点的值与权重相乘，然后将所有权重和输入的总和传递给激活函数。

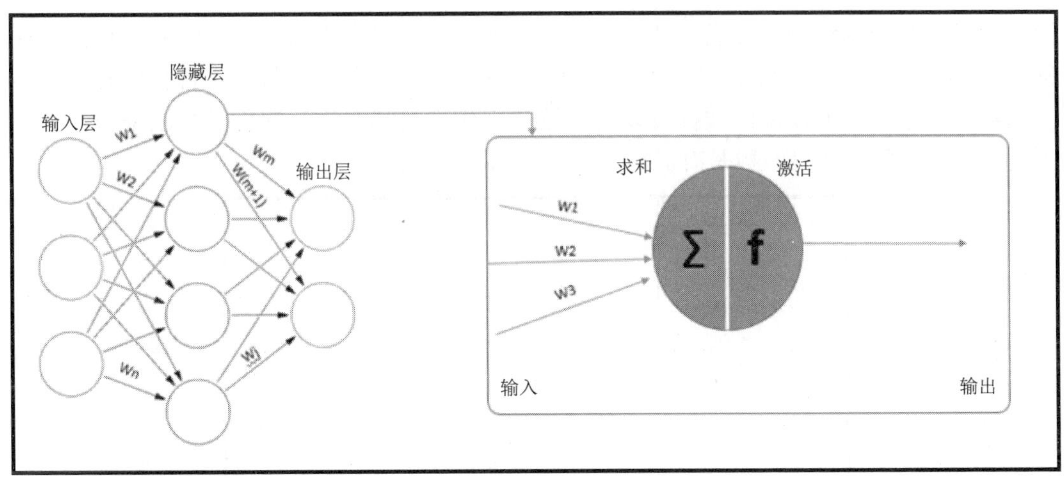

图 5.7

求和函数如下所示。

$$f(u) = \sum_{i=1}^{n} w_{ij} x_{ij} + b_{ij}$$

其中：

- n 是输入神经元的总数。
- w_{ij} 是从第 i 个神经元到当前神经元的连接的权重，即 j。
- x_{ij} 是输入神经元（第 i 个神经元）的输出。
- b_{ij} 是偏置（bias）。

偏置与之前在线性和 Logistic 回归模型中学到的截距概念类似。它允许神经网络模型将激活函数“向上”或“向下”移动。这有助于神经网络变得更灵活，从而提供更稳健和更稳定的结果。

6．连接（Edges/Connections）

Edge（亦即 connection）表示两个相邻层中的两个神经元之间的连接。它可处在一个输入层和一个隐藏层之间，两个隐藏层之间或一个隐藏层和一个输出层之间。每一个连接都有一个与之相关联的权重，此权重相当于在决定特征时的相关性，如图 5.8 所示。

7．激活函数

激活函数帮助隐藏层中的神经元向网络中引入非线性。激活函数应用于求和函数的结果，并将输出传递给下一层中的下一个神经元或多个神经元。它刺激生物神经元的发电或不发电性质。生物神经元基本上根据接收到的输入信号将电信号传递给下一个神经元。为了在神经网络的神经元中获得相似的功能，可以设计它来限制神经元的输出，通常为 0 到 1 或-1 到 1 之间的值。在大多数情况下，网络中的每个神经元都使用相同的激活函数。几乎任何非线性函数都可以完成这项工作；虽然对于反向传播算法来说，它必须是可微的，而且如果函数是有界的，它也会有所帮助。

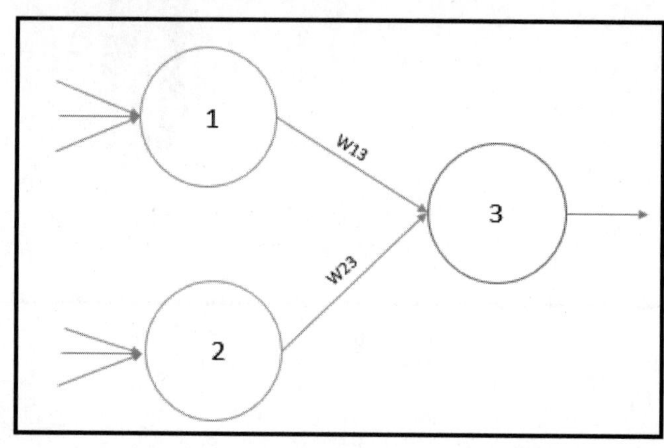

图 5.8

在许许多多的选择当中，sigmoid 函数是广受应用的激活函数。这是一个 S 型可微分激活函数。这个函数之所以很受欢迎，主要是由于其易于微分而计算效率好。

除了 sigmoid 函数之外，其他常用的激活函数还有一次函数、双曲正切函数、softmax 函数、ReLU 函数等。

8．学习

与以前探索的算法不同，神经网络的学习过程略有不同。学习过程本质上是迭代的，每次迭代都会尝试提高连接（edge/connection）的权重，从而减少误差并更接近结果。这个过程一直持续到结果低于预先设定的阈值。

神经网络最流行的学习算法之一是反向传播算法（还有更多算法）。它是在早期开发的，但现在仍然被广泛使用。该算法使用梯度下降（gradient descent）作为核心学习机制。它首先为网络中的每一个连接分配随机权重。然后通过做出微小改变来计算连接的权重，并逐渐根据网络产生的结果与期望的结果之间的误差来确定调整。

反向传播算法应用从输出到输入的误差传播，并逐渐微调网络权重，以使用梯度下降技术将误差总和最小化。

反向传播学习算法描述如下。

- 初始化连接的权重：首先给每个连接（edge/connection）都随机分配一个权重，

也可由用户定义。

- 前馈：通过节点激活函数和权重，将消息处理并通过网络从输入层传递到隐藏层和输出层。
- 计算误差：将网络的结果与实际已知的输出进行比较。如果误差低于预定义的阈值，则训练神经网络并终止算法；否则，它就被传播。
- 传播：根据在输出层计算的误差修改连接（edge/connection）的权重。该算法通过网络向后传播误差（因此得名反向传播），并计算与权重值变化相对应的误差变化的梯度。
- 调整：连接（edge/connection）的权重使用梯度变化进行调整，唯一目的是减少误差。每个神经元的权重和偏置根据激活函数的导数的因子来调整。

这就是训练时神经网络学习的过程。经过了这个学习过程的每次循环被称为一个epoch（循环次数）。

9．神经网络有哪些不同类型

世界各地的科学家根据神经网络的结构，构建了各种各样的神经网络。最受欢迎的神经网络如下。

- 前馈神经网络：前馈神经网络是一种人工神经网络，各个单元之间的连接不形成一个循环。这是第一个也是最简单的人工神经网络。信息只在一个方向上移动，从输入节点通过隐藏节点（如果有的话）然后到输出节点；例如，感知器和多层感知器（MLP）。
- 递归神经网络：递归神经网络（RNN）包含至少一个反馈连接，以便激活可以循环流动。这使得网络能够进行时间处理和学习序列，例如执行序列识别/再现或时间关联/预测。RNN 的例子有 Elman 网络、Jordan 网络等，如图 5.9 所示。

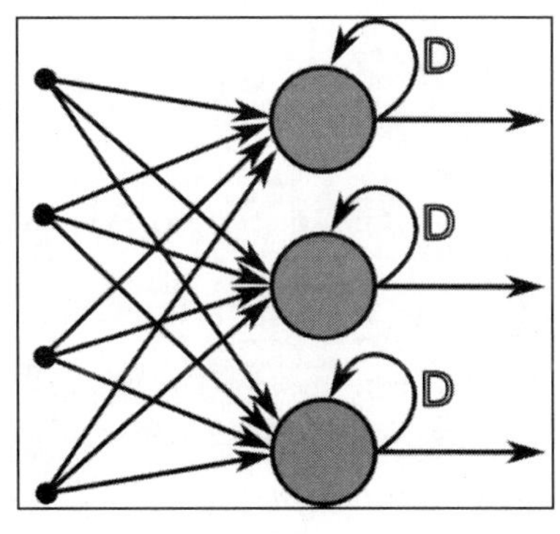

图 5.9

- 卷积神经网络：在卷积神经网络（CNN）中，每一层都充当检测层，用于呈现在原始数据中存在的特定特征或模式。CNN 中的第一层检测相对容易识别和解释的特征。后面的层则检测更小的特征，这些特征更为抽象，通常出现在较早层检测到的许多较大特征中。CNN 的最后一层能够通过结合输入数据中先前各层检测到的所有特定特征进行分类。

10．应用神经网络或深度学习技术进行建模

R 语言中有很多软件包可用于构建深度学习模型。最受欢迎的是 neuralnet、AMORE、H20、RSNNS 等。在对应的用例中，将选择 RSNNS 包中一个非常流行的前馈神经网络，称为多层感知器（MLP）。

MLP 是感知器的一种先进的且改进后的实现，也就是一种最简单的前馈神经网络算法。MLP 是感知器的提升和改进版本，而感知器又是前馈神经网络的最简单形式的算法。一个感知器只有一个神经元隐藏层，而 MLP 顾名思义有多个隐藏层。MLP 比感知器拥有更多的优势。它可以更好地处理数据并更容易地对复杂关系建模，这是因为它可以区分非线性可分的数据。而且，一个含有足够隐藏节点的双层反向传播网络已被证明是一个通用逼近器。

有时，MLP 不能落在全局最小值，而是陷入了局部最小值中。这是由于接下来的梯度下降策略。另外，由于这个原因，有时会得到非常不稳定的模型。不稳定的模型可以被定义为一个场景，其中在相同的数据上具有完全相同参数设置的模型，其每次迭代都给出了完全不同的结果。

下面开始构建 MLP 深度学习模型，观察它们是否能够比以前的解决方案提供更好的结果。

一个 MLP 只处理数值型数据。因此，将分别创建二进制标志，在训练神经网络之前对数值型数据点进行归一化：

```
library(RSNNS)

#creating a binary flag for the categorical variables
（创建一个二进制标志用于分类变量）
data$Quantity_Deviation_new_High<-
ifelse(data$Quantity_Deviation_new=="High",1,0)
data$Quantity_Deviation_new_Medium<-
ifelse(data$Quantity_Deviation_new=="Medium",1,0)
data$Quantity_Deviation_new_Low<-
ifelse(data$Quantity_Deviation_new=="Low",1,0)
```

```
data$Stage1_PrevProduct_1_Product_545<-ifelse(data$Stage1_PrevProduct_1 ==
"Product_545",1,0)
data$Stage1_PrevProduct_1_Others<-ifelse(data$Stage1_PrevProduct_1 ==
"Others",1,0)

data$Stage3_ResourceName_new_Resource_108<-
ifelse(data$Stage3_ResourceName_new=="Resource_108",1,0)

data$Stage3_ResourceName_new_Resource_109<-
ifelse(data$Stage3_ResourceName_new=="Resource_109",1,0)
data$Stage3_ResourceName_new_Others<-
ifelse(data$Stage3_ResourceName_new=="Others",1,0)

data$Stage1_ProductChange_Flag_Yes<-
ifelse(data$Stage1_ProductChange_Flag=="Yes",1,0)

#Creating the test and train sample
（创建测试样本和训练样本）
set.seed(600)
#Creating a 20% sample for test and 80% Train
（创建一个 20% 测试样本和一个 80%训练样本）
test_index<-sample(1:nrow(data),floor(nrow(data)*0.2))
train<-data[-test_index,]
test<-data[test_index,]

#Collecting the newly created variables together
（将新创建的变量集合起来）
binary_categorical<-
c("Quantity_Deviation_new_High","Quantity_Deviation_new_Medium",
"Quantity_Deviation_new_Low","Stage1_PrevProduct_1_Product_545",
"Stage1_PrevProduct_1_Others","Stage3_ResourceName_new_Resource_108",
"Stage3_ResourceName_new_Resource_109","Stage3_ResourceName_new_Others",
                      "Stage1_ProductChange_Flag_Yes")

#Collecting all the numeric features together
```

```
（将所有数值型特征集合起来）
features<-c(
'Stage1_RM1_QParameter2', 'Stage1_RM1_QParameter1',
'Stage1_RM2_QParameter2',
'Stage1_RM2_QParameter1', 'Stage3_RM1_QParameter1',
'Stage3_RM1_QParameter2',
'Stage3_RM2_QParameter1', 'Stage3_RM3_QParameter2',
'Stage3_RM3_QParameter1')

#Taking a 66:33 training sample for Good:Bad
（取一个训练样本，良品和不良品样本比例为 66:33 ）
new_train<-stratified(train,"Detergent_Quality",175)
subset<-train[sample(rownames(train[train$y==1,]),350),]
new_train<-rbind(new_train[new_train$y==0,1:ncol(train)],subset)

#Normalizing all the numeric columns in the data and then combining with
the cateogrical data
（将数据中的所有数值型的列归一化，然后与分类数据结合）
train.numeric<-normalizeData(new_train[,features])
train.numeric<-cbind(train.numeric,new_train[,binary_categorical])

#Normalizing all the numeric columns in the data and then combining with
the cateogrical data
（将数据中的所有数值型的列归一化，然后与分类数据结合）
test.numeric<-normalizeData(test[,features])
test.numeric<-cbind(test.numeric,test[,binary_categorical])

Y<-new_train$y
X=train.numeric

fit<-mlp(x=train.numeric, y=Y, size = c(5,3),
         maxit = 100,
         initFunc = "Randomize_Weights",
     initFuncParams = c(-0.3, 0.3),
         learnFunc = "Std_Backpropagation",
         learnFuncParams = c(0.1, 0),
```

```
        updateFunc = "Topological_Order",
        updateFuncParams = c(0),
        hiddenActFunc = "Act_Logistic",
        shufflePatterns = TRUE,
        linOut = FALSE)
```

所使用的代码几乎相同。因为 MLP 只处理数值型数据，这里添加了一些额外的代码，手动创建选择的 4 个分类变量的二进制标志。此外，也采用了 RSNNS 包中提供的内置函数，对数据集中的连续变量进行了归一化。

最后，采取一个重新分配后的 66：33 比例的训练样本，就和以前的实验一样。前面的代码突出显示了 MLP 神经网络的函数调用。后续很快就会讨论这里最新出现的参数。size 参数定义了每个隐藏层中神经元的数量。已经定义了两个隐藏层，分别含有 5 个神经元和 3 个神经元用于当前的迭代。maxit 参数定义了神经网络应该执行的最大迭代的上限，以找到对连接（edge/connection）权重的最佳估计值。initFunc 参数定义初始化函数以初始化网络中连接（edge/connection）的权重。在大多数情况下，最好是随机加权。将函数赋以 Randomize_Weights 就能让 mlp 函数处理这个过程。

learnFunc 参数定义网络的学习算法。可以选择 Std_Backpropagation，也就是前面学到的学习算法。它是最受欢迎和广泛使用的学习函数。这个软件包还有一些其他的选项，读者可以试试看。此外，还需要为隐藏层中的神经元定义激活函数。还有其他一些选项，如 SCG（缩放共轭梯度）、Rprop、Quickprop 等。每种学习技术都有各自的优势和缺点，可以根据数据的变化进行调整。最后，linout 选项设置为 FALSE，因为此处正在为一个分类用例建模，而不是为一个线性回归用例。

现已非常随机地选择了神经元数和层数。有一个通用的经验规则，即每层神经元数越少，过拟合的可能性越低。可用试错法来查看和验证什么样的层数和神经元数最适合神经网络。如前所述，两层网络已普遍显示出很好的效果。因此，这时也为网络选择两个隐藏层。

现在观察模型在测试数据上会取得怎样的效果。下面将构建一个类似于先前模型的函数来预测和计算有关指标，即 TPR、TNR、FPR 和总体精度：

```
print_mlp_summary<-function(fit,test.numeric, test)
{
    yhat<-predict(fit,test.numeric)
    yhat<-ifelse(yhat>0.5,1,0)
```

```
    confusion_matrix<- table(test$y,yhat)
    print("Confusion Matrix :-")
    print(confusion_matrix)
    TP<-confusion_matrix[2,2]
    FP<-confusion_matrix[1,2]
    TN<-confusion_matrix[1,1]
    FN<-confusion_matrix[2,1]
    print(paste("Overall_accuracy ->",(TP+TN)/sum(confusion_matrix)))
    print(paste("TPR -> ",TP/(TP+FN)))
    print(paste("TNR -> ",TN/(TN+FP)))
    print(paste("FP -> ",FP/(TN+FP)))
}

print_mlp_summary(fit,test.numeric,test)

   yhat
      0   1
 0   40  10
 1   42 108

[1] "Overall_accuracy -> 0.74"
[1] "TPR -> 0.72"
[1] "TNR -> 0.8"
[1] "FP -> 0.2"
```

然而并没有看到很好的结果。与先前迭代比较，结果相对较差。与以前的结果相比，总体精度、TPR 和 TNR 都下降了一些。在继续完成我们的研究成果之前，还需要确定模型是否稳定以及是否过拟合。

接着要用训练数据来测试预测结果，以检查结果是否有很大差异：

```
> print_mlp_summary(fit,train.numeric,new_train)

[1] "Overall_accuracy -> 0.811428571428571"
[1] "TPR -> 0.768571428571429"
[1] "TNR -> 0.897142857142857"
[1] "FP -> 0.102857142857143"
```

可以观察到结果稍微过拟合，但仍然比以前在 XGBoost 中看到的要好。很可能结果也不稳定。现可采用相同的参数设置和数据，对模型执行几次迭代来检查。如果结果变化太大，可得出结论，即模型也是不稳定的。

使用相同的训练集和超参数，对模型构建练习再一次迭代，最后得出以下输出结果：

```
[1] "Confusion Matrix :-"

 yhat
     0   1
 0  43   7
 1  43 107

[1] "Overall_accuracy -> 0.75"
[1] "TPR -> 0.713333333333333"
[1] "TNR -> 0.86"
[1] "FP -> 0.14"
```

结果非常相似。因此，可以说模型相对稳定，在很大程度上没有过拟合，总体性能较平均。但是，还不能把前面的结果作为最好的结果发给约翰团队。这个结果不是迄今为止得到的最好的结果。还有另外一个模型——随机森林——它给我们提供了最好的结果。此时可以进一步调整深度学习模型，以提供更好、更稳定的结果，或者返回并选择以前的任何实验去更好地调整模型。

11. 后续任务

此刻暂时停下预测性分析的实验，先从所有练习中吸取学习收获，以便提取出最好的结果。对实验进行不断地调整，这种做法可一直持续下去。因此，会从预测性分析堆栈中提取迄今为止取得的最好结果。

12. 阶段性成果分析

开始时，我方团队在分析中通过探查预测堆栈来解决问题。在第 4 章中，最初采用了线性回归用以解决问题，预测生产洗涤剂的关键成品质量参数之一。接着，还尝试使用既强大又简单的算法来预测连续变量。由于依然发现结果没有获得任何重大改进，另外尝试对一个二元结果建模。应用一种非常简单的 Logistic 回归技术构建了分类模型，并且观察到颇有希望的结果，因而进一步实验。随后，使用平衡的样本来改进模型精度让我们看到了一线希望。

然后，利用机器学习中的尖端算法来学习模式，以更好地预测“不良品”洗涤剂的可能性。使用了随机森林和 XGBoost 等集成机器学习模型。而且用随机森林在整个实验中取得了最好的结果——TPR、TNR 和总体精度都超过了 80%。但是，Boosting 算法不利于获得好的结果，因为它们不能通过泛化拟合数据。最后，对神经网络和深度学习的基础知识进行了探索和实验，为改进结果竭尽所能。我们取得了相当不错的成绩，然而却并不比随机森林好很多。

因此，可以将随机森林模型提交给约翰团队，以解决他们正在试图解决的预测性问题，从而减少工厂生产的洗涤剂不良品。

5.5 汇总结果

现在快速汇总所有的发现和学习收获，给约翰团队提交解决方案。下面将简单回顾总结洗涤剂质量用例的整个解决问题过程。

5.5.1 快速回顾

位于印度浦那的一家大型消费品公司的生产工厂，由于频繁生产出一些劣质洗涤剂而面临严重的商业损失。其运营负责人约翰前来联系，看看我们能否帮助他找出造成劣质洗涤剂的原因。于是，我方团队采用一种解决问题的技术来详细研究问题的动态变化。并且也全身心地投入大量时间来理解问题，选取一个众所周知的行业架构即 SCQ 框架去解析问题。

在解析好问题之后，就不同的（问题影响）因素展开头脑风暴，设计了各种可以帮助解决问题的假设。应用一个结构化的框架（即问题解决框架），为这个问题设计了一个较高层次且十分详尽的解决方案/蓝图。随后，深入数据并验证了由问题解决框架设计的不同假设。最后，从假设检验中吸收了所有的学习收获，把问题的原因告知约翰。

这个解决方案给约翰留下了十分深刻的印象，同时他的团队对这个问题及其中起到关键作用的原因也取得了比较清晰的认识。因此，约翰的团队再次联系，想知道是否能够帮助他们更有效地开展工作，即希望构建一个预测性解决方案，帮助他们在生产过程之前做出更好、更有针对性的决策，从而减少损失。

故此，我方探查了解决问题的预测性分析堆栈。同时对此进行了讨论和实验，而且实际应用了线性回归、Logistic 回归、决策树、随机森林和 XGBoost 等机器学习技术以及多层感知器等深度学习技术。在所有的实验中，我们从随机森林模型中获得了最好的结果。实现了 80%以上的总体精度，超过 80%的 TPR（正确预测洗涤剂良品）和超过 80%的 TNR（正确预测洗涤剂不良品）。

5.5.2　从预测建模练习取得的结果

利用我们的预测模型，可以帮助约翰的团队对 80%的产品采取对策，因为在这些 80%的产品中产生不良品可能性很高。因此，运营团队而今有机会解决和减轻生产的全部 20%洗涤剂不良品中的 80%。这将直接帮助他们将不良品从大约 20%降低到 4%，也可以理解为约 16%的收入增量。

5.5.3　需要注意的几点

在解决问题的整个过程中，本书采取了一个简单易行的方法。可能还有很多不同甚至更好的替代方法。但是差别可能在于解析问题的方式，甚至是解决方案中采用的技术和统计检验。当对从机器学习或统计技术中获得的结果不甚满意时，很快就开始尝试另一种方法。这种方法绝对有效，但可能不是最好或最理想的方法。有很多方法可以通过在很大程度上调整和校准模型，进一步微调模型，而不用选择另一种技术。列举这些方法是一个非常大的课题，无法在本章的一小节中就能合理涵盖。本书的学习路径着重于投入学习构建各种技能来解决问题。

同样，在本书的用例中，我们发现随机森林模型给出了最好结果。但是这并不意味着随机森林模型总是超越讨论过的或在行业中可用的其他技术。这些结果纯粹是我们用于用例数据时所得出的。不同的用例会有不同的数据维度，而不同的模式可能会有不同的更适合的技术。本书一直建议，要尽可能地探索数据以了解模式，采用各种不同的技术进行检验，观察哪一种技术能够提供最好的结果。许多数据科学家常常使用一个非常简单快捷的方法即试错法检验，以取得较好的结果。

最后，在预测建模练习中需要进行迭代，这样才能洞察更好的结果并进一步改进。在这里研究的迭代只是多次迭代中的其中一次，尽管这一次失败了。但是，强烈建议读者要不断实践和实验，以改进结果并掌握预测性分析。

5.6　小　　结

本章将预测性分析技能提高到了一个新水平，探究并实践了尖端的机器学习和深度学习算法，利用预测能力改进结果。同时，研究了机器学习中的集成建模技术，如随机森林和极限梯度提升算法 XGBoost。并且还学习了应用多层感知器（即 MLP）的神经网络和深度学习的基础知识。在整个练习中，我方团队为解决用例取得了更好的改进结果，可用于预测生产过程之前洗涤剂的最终质量。最终为约翰和他的团队构建了一个有价值的解决方案，让他们有机会立即采取措施减少质量欠佳的产品，并将整体损失减少约 16%。

在第 6 章中，将以速成的方式去解决另一个物联网用例，加强问题解决和决策科学技能。并将利用一个章节重温决策科学的历程，到了章节末尾后，也就能掌握解决问题的技能。第 6 章将重点解决一个可再生能源巨头在太阳能生产领域开创性的物联网用例。

第 6 章　决策科学结合物联网的分析速成

决策科学在解决多种因素的问题上与数据科学不同。虽然这可能是一个永无休止的争论，但是决策科学更趋向采用一种结构框架，即由商业问题驱动的探查性分析来解决问题。而数据科学可被定义为由数据驱动分析和建模的一个更复杂的版本。本书的问题解决方法更符合决策科学。

在第 2 章“物联网问题体系研究和用例设计”中，深入探究一个物联网商业用例。接着对这个问题进行解析，运用“问题解决框架”设计了一个解决方案。这帮助详细地构建出一个解决问题的蓝图。而在第 3 章“探索性决策科学在物联网中的应用内容和原因”中，尝试用第 2 章“物联网问题体系研究和用例设计”的方法解决这个问题。回答了“是什么”和“为什么”的问题，因此设计出一个简化的解决方案。之后，在第 4 章“预测性分析在物联网中的应用”中，通过预测性分析，使解决方案（离我们的目标）更近一步，同时也回答了“何时”的问题。在第 5 章“利用机器学习增强物联网预测性分析”中，采用了机器学习算法来提高预测准确度并更好地解决问题。

解决问题的整个过程占据了本书 4 个章节，在每一个阶段都详细介绍了解决问题的不同方法。在本章中，将解决一个新领域中的全新物联网用例。至本章末尾时，会对整个用例的解决方案进行总结，吸取之前的学习经验来起草解决方案。首先，采用同样的问题解决方式，即使用结构化的问题解决框架去解析问题和（设计）方法。而后，从数据探索阶段开始，快捷迅速地解决问题。在本章的最后，将以速成的方式加强决策科学问题解决方面的学习。

本章将涵盖以下主题。

- 搭建问题的背景信息。
- 解析问题并设计方法。
- 探索性数据分析和特征工程。
- 构建用例的预测模型。
- 汇总解决方案。

6.1　搭建问题的背景信息

本章采用一个全新的可再生能源领域的物联网用例。假设一家跨国集团巨头进军可再生能源领域，为离网地区提供太阳能服务。有一些地区在电力电缆铺设上，远比给发电机配置柴油昂贵得多，而该公司的目标就是为这些地区提供端到端的太阳能设备。非洲的许多热带国家正是如此，以他们为例再好不过了。比如乌干达的一个小村庄，那里有大量充足的太阳能，但是一点电都没有。许多中小企业日常运营就依靠柴油发电机。由于柴油的运输和配置，时不时对柴油发电机的维护和维修，加上需要采购必需的柴油去发电，此类情况所产生的巨额开销造成这些企业的运营费用超出了收支平衡。

该公司设计了一个解决方案，让任何对电力有需求的企业，无论大小，都可从太阳那里获得清洁和具有成本效益的能源用于日常运营，从而实现自给自足。太阳能电池板安装在建筑物的屋顶或企业的场所内。其余的基础设施安装在建筑物的其中一个房间内，以连接电池、逆变器和其他后勤。白天时，太阳能电池板不仅为电池充电，也为建筑物内的仪器和其他设备的照明和供电提供电力。

6.1.1　真正的问题

这个解决方案的主要障碍在于太阳能发电量是否能够满足次日运营所需。

这家公司的行政主管负责处理日常运营的一切事宜，以保证工作能够顺利展开。由于太阳能发电完全依赖于天气条件，所以如果没有足够的能量产生，配置柴油去发动柴油发电机将是至关重要的一项工作。如果由于恶劣的天气条件，或者为了满足紧急业务需求耗费了超过平常所需的太阳能电量，而太阳能电池板又不能产生足够的电能，那么业务将会蒙受巨大的损失。

解决这个问题的方法各式各样。该公司可以过度规划基础设施，把电能短缺的可能性降至最小，即产能比要求的翻一番。但是，这个解决方案根本行不通。对一项既定的太阳能技术过度规划并不是一笔有利可图的交易。或者，也可以要求该行政主管预先准备好柴油罐，当太阳能发电量过低时，可用发电机作为备用。这对于行政主管而言，也不是一个可行的解决方案，因为每天都备用柴油罐也是一笔昂贵的交易。

为了直观地解决这个问题，这家公司求助于我们。他们希望帮助构建一个具有成本效益和可行的方案，以解决掉这一问题。最简单的一个解决方案就是，预测一天中产生的太阳能是否足以满足当天的运营，并且要求至少提前一天预测。

概而言之，如果管理人员今天得知，明天太阳能发电量很有可能不足以支撑当天的运营，他将能够更好地安排发电机运行所需的柴油，以避免发生商业损失。

6.1.2　接下来做什么

现在已经获得了足够的背景信息用以解决这个问题，下面就需要运用之前研究的框架，更详细地解析问题并进行设计。与前面的用例不同，这里的问题更加集中也更加清晰，并已对需要解决什么问题一清二楚。更具体而言，在这个用例中要回答“何时”的问题，因此本章的数据探索和研究会与前面的用例略有不同。此外，为了设计方法和探究问题的全貌，要去访问一位能够帮助我们更透彻地理解问题，而且能够从领域的专业角度回答我们问题的行业专家。

6.2　解析问题并设计方法

为了对商业问题做出解析，将应用第 2 章“物联网问题体系研究和用例设计”中的 SCQ 框架，这会有助于明确界定当前的情景、冲突和主要疑问。在解析问题之后，将通过研究、思考和头脑风暴来设计问题的解决方案，如图 6.1 所示。

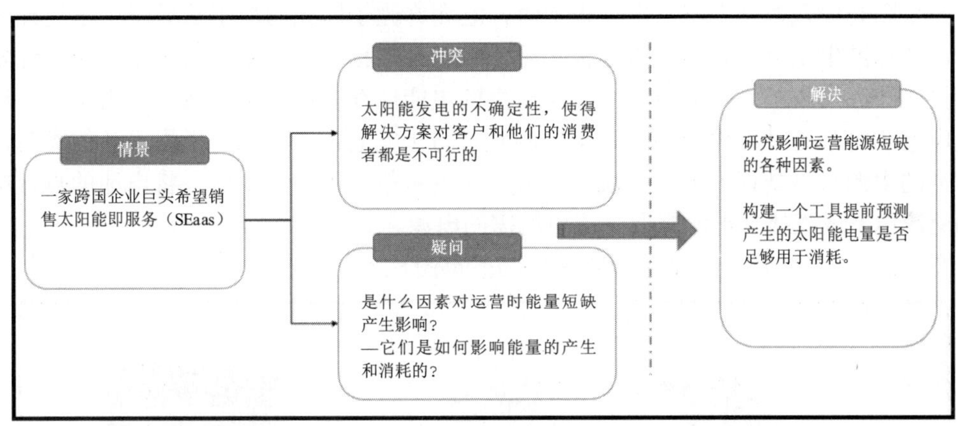

图 6.1

6.2.1　构建一个 SCQ（即情景-冲突-疑问）方案

使用 SCQ 对需要解答的情景、冲突、疑问和解决办法进行详细描述，清清楚楚地对这个问题做出了解析。

为了更详细地设计方法，需要探究和构思与该领域有关的许多事情。此外，还要拜访一位行业专家，他可以提供内部系统在基础架构部署之地是如何工作的见解。

6.2.2　研究

为了详细研究这个问题，要求更透彻地探究问题的动态。需要知道太阳能电池板装置的大致工作原理，不同类型的太阳能电池板安装，正常运行时遇到的问题等。此外，如果对太阳能电池板生态系统和不同组件了解很清楚，也会大有益处。

下面是策划出的一个问题清单并附上一些简短的解释（与行业专家讨论并通过互联网搜索研究，可帮助获得以下信息）。

1. 太阳能电池板生态系统如何工作

太阳能电池板生态系统包括不同的资产，例如太阳能电池板，暴露于阳光下时可将太阳能转换为电能，电池用于在电池板充电时存储能量，逆变器将电池的直流电（DC）转换为交流电（AC）等。一些组件可直接使用电池的直流电；其余的则通过逆变器使用交流电。

2. 运作

当太阳光线入射到太阳能电池板上时，它允许光子即光的粒子从原子中击发释放出电子，从而产生电流。太阳能电池板实际上包含许多称为光伏电池的小型装置。许多电池连接在一起组成了太阳能电池板。所产生的电能储存在电池中，或者（当电池充满电或发电过剩时）有时直供使用。充电控制器可防止电池过度充电。根据设备的类型，运行所需的电源可以是直流电或交流电。万一交流负载，可从逆变器（将电池的直流电转换为交流电）或直接从电池提取直流电所需的电源。

图 6.2 为一个太阳能电池板基本运作的概览图。

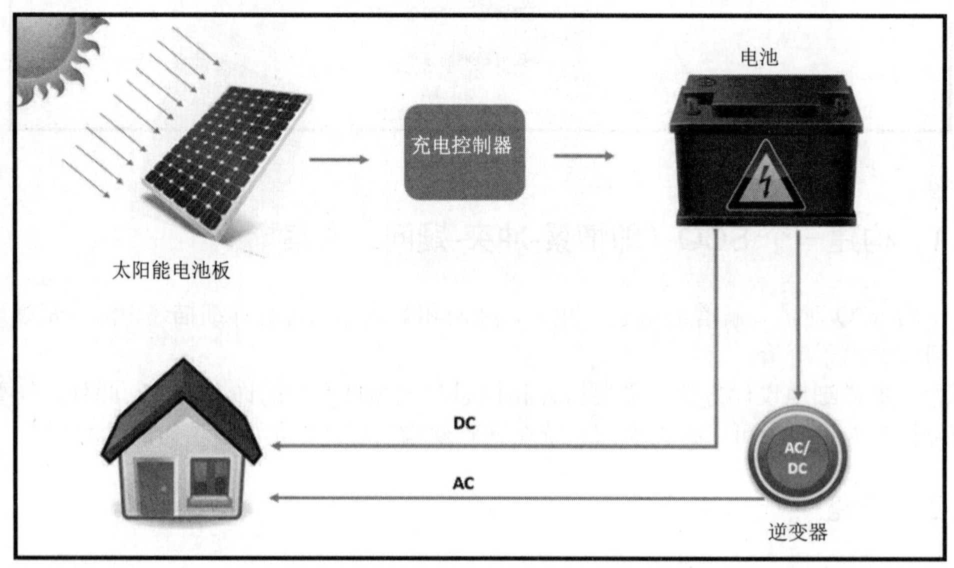

图 6.2

3. 不同类型的太阳能电池板安装有哪些不同

安装不同类型的太阳能电池板时，其安装差别基本上可通过是否有电网支持来确定。有些配置可能是完全离网的解决方案，换言之，根本没有电网的支持。所以如果电池没电了，那就没有其他能量来源了。

一些太阳能电池板有电网支持，因此可将它们配置成在电池没电或没有能量的情况下，从电网给电池充电，或者当电池充满电时也可以将过剩的能量发送到电网，并且其他负载不需要额外的能量。

4. 依靠太阳能电池板的运营面临哪些挑战

离网解决方案面临的最大挑战是，系统除了太阳以外没有其他产生能量的方法。如果电池没电了，唯一的办法是配置一个发电机，等到次日太阳升起。

另外一些是有电网支持的。如果遇到低发电量或电量大量消耗的情况，可利用电网给电池充电以满足需求。而且，当电池充满电时，所产生的过剩电能也可以回馈给电网。

同样，需要定期清洁太阳能电池板以保持无尘。累积的灰尘和其他污垢颗粒会减少阳光的照射，从而减少能量的产生。

6.2.3 太阳能领域的背景信息

以上调研笔记让我们从更高层次对太阳能电池板配置取得了一定认识。在这里鼓励读者继续去探索和研究更多内容。现在，对太阳能电池板及其基础设施已一清二楚，下面将深入该领域，探查更多问题相关的细节。

这家公司早已在热带国家多处地点安装了太阳能电池板，同时作为他们早期试验的一部分。这些地点基本上都是为中小型企业量身定做的，这些企业日常运营只需 2～3 千瓦容量的电池板就足够了。我方团队从一个热带国家的发电厂获得了完全离网地区的数据。该发电厂为一家拥有大约 20 张病床，可以满足每天约 50 名病人的基本医疗用品需求的医院供电。所有 3 个负载都从医院的太阳能基础设施中获取电源。交流负载为医疗仪器、计算机和其他设备供电，直流负载为外部照明供电，另一直流负载则为内部照明供电。太阳能电池板放置在两层高的建筑物屋顶上。一楼的一个房间里装有其余的基础设施，即逆变器、电池、充电控制器和电缆。

在太阳能基础设施的各个组件中安装有传感器，以测量各种参数。太阳能电池板配备有传感器，用于测量电压、瞬时功率、电流和产生的太阳能。同样，电池还装配了一个传感器来测量电压、功率和电流的参数。逆变器有测量类似参数的另外一个传感器。环境传感器测量电池板的温度，而辐照度传感器测量电池板上的辐照度。辐照度只不过是电池板上的太阳光总量。该电池板是一个 3 千瓦的电池板，并且不支持电网充电或放电。电池、逆变器和电池板按照预定的时间间隔进行维护。

如果电池没电了，医院的主管人员用柴油机给发电机发电。附近的地方没有加油站，因此派一个人去远处的加油站取柴油，来回需要大约 1～2 个小时。

6.2.4 设计方法

有了足够的领域背景信息后，此时可以开始举行头脑风暴会议，构想哪些因素会造成诊所日常运营缺乏电力的情况。运用类似第 2 章“物联网问题体系研究和用例设计”中用到的图表逐一列举这些因素，如图 6.3 所示。

图 6.3

在特定的某一天里太阳能发电量不足即电力中断，可能有各种各样的原因。图 6.3 只举出了可能造成问题的一些潜在原因。有可能是由于太阳能发电量太低，也可能是由于电池板配置错误、电池板积尘或多云的环境条件。同样地，那一天或者也可能是前面 3～4 天的能量消耗也许较高；或者也可能是两者兼而有之，即当天或者过去几天里太阳能发电量都较低，但能量消耗却较高。逆变器可能由于运行故障而导致电源突然放电，也成为其中一个潜在原因；同样，因为电池故障或前一天电池电量不足，也可能会出现问题。

由于问题更多集中在预测性分析上，可能不需要创建假设矩阵来优先考虑和收集所有的假设。相反，可采用前面列出的各种因素去帮助了解如何解决预测问题。这里可以利用每个数据维度来构建解决方案的预测模型。在图 6.3 中，通过头脑风暴列举出的几个维度或因素可能在数据中没有。但是在对数据全貌有了全面了解后，将重新调整原来的因素/维度列表。

接下来，作为设计方法的一部分，可以列出需要执行的步骤用以解决问题。现已经解析了这个问题，确定了可能造成这个问题的潜在因素。此时应该探索数据的全貌，以了解现有什么样的数据以及应该如何利用这些数据。随后，将对数据进行探索性数据分析，揭示可以更好地构建预测模型的模式。从探索性数据分析中获得的领域知识和结果，可以进一步用于创建特征，即特征工程。通过为模型提供各种特征和预测因子，可以专门为用例处理加工数据。由于数据粒度是传感器层级的，而且按分钟来捕获数据，须用数据工程来处理数据。最终会为用例构建机器学习/预测模型，同时将尝试预测第二天的值是否为“0”（即能量可持续），或者值为“1”（即没有可持续能量），以此提醒该行政主管在第二天运营时需要做好后备工作。

整个方法的可视化流程如图 6.4 所示。

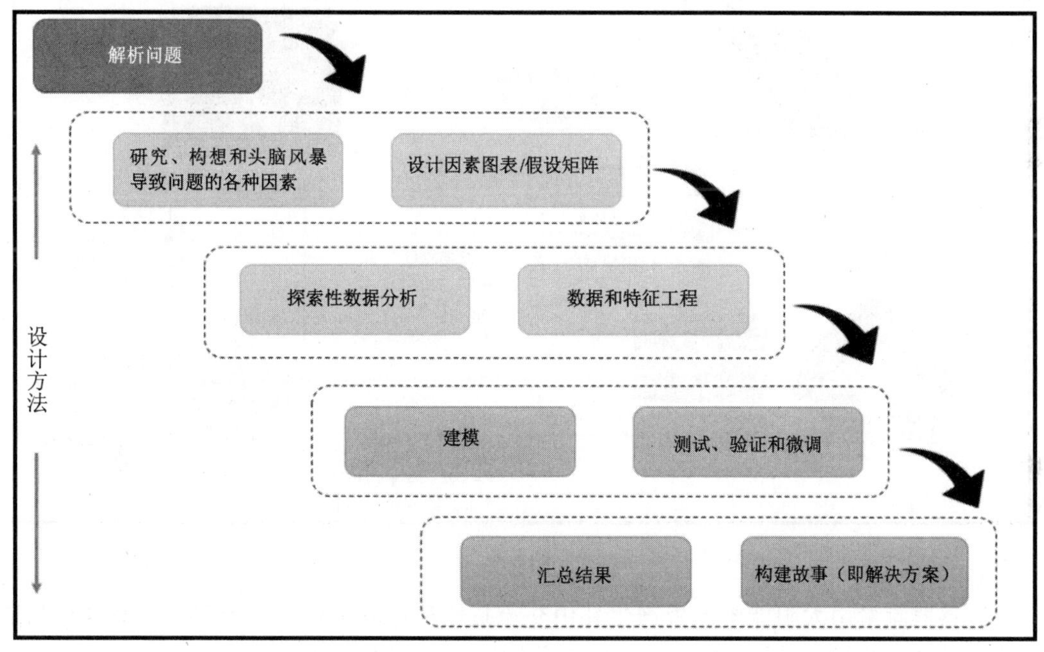

图 6.4

6.2.5　研究数据全貌

此处用例的数据，是从安装在太阳能电池板生态系统不同设备上的各种传感器中获取的。这些传感器按分钟频率捕获数据后将其推送到云端。有一个传感器数据的转储，可供该云端存储一个地点在 4 个月内产生的各种参数。

图 6.5 所示为太阳能电池板架构和抓取不同数据点的传感器的可视化图表。

传感器分别安装在太阳能电池板的上方和下方、电池中、逆变器前后，最后安装在负载上（一个负载类似于单个设备测量的能耗的一个终端，也就是说，在一座 4 层建筑中，每个楼层都可被认为是一个负载）。总之，这些传感器有助于捕获太阳能电池板、电池和各个直流负载的电压、瞬时功率和电流。同时，也能够捕获到一个交流负载和两个直流负载所消耗的能量以及太阳能电池板所产生的能量。太阳能电池板上方的传感器捕捉电池板的温度和辐照度（日晒）。如前所述，目前在用例中所举例的太阳能电池板安装没有电网支持，因此这里没有到电网的充电或放电。

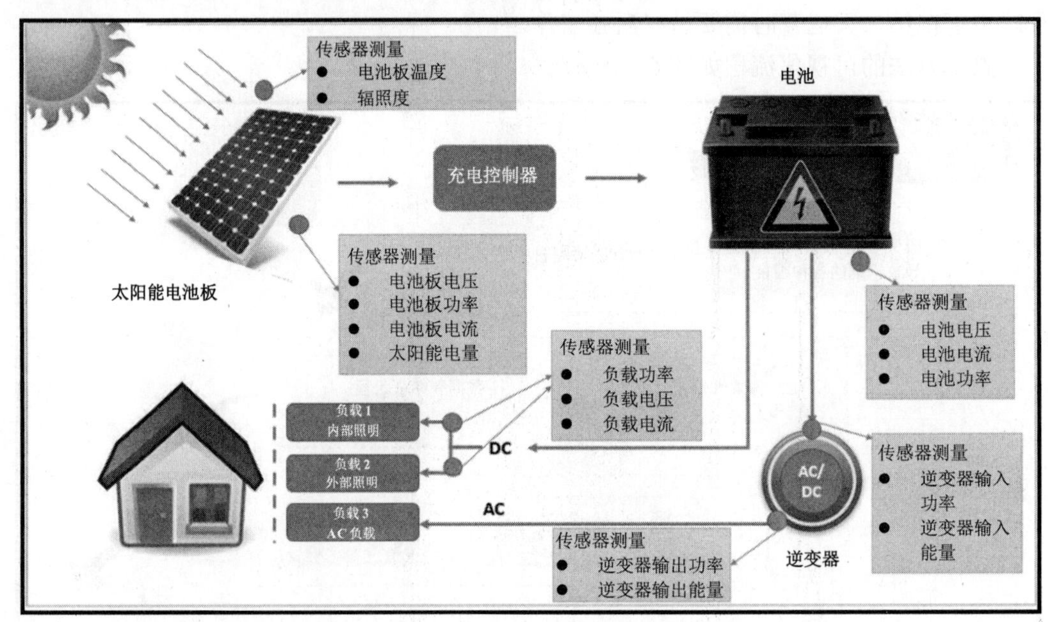

图 6.5

传感器测量由太阳能电池板产生并由交流负载和直流负载消耗的能量，而且也测量两条记录之间的相应时间间隔内（即约 1 分钟）产生/消耗的能量。

6.3　探索性数据分析与特征工程

此时将重点深入探索数据，进行探索性数据分析。以下代码从本人的公共 Git 存储库下载数据并创建一个数据框。先从较高层面去探索数据开始：

```
>#Read Solar Panel IoT use case CSV data from public repository
（从公共存储库中读取太阳能电池板物联网用例的 CSV 数据）


>url<-
"https://github.com/jojo62000/Smarter_Decisions/raw/master/Chapter%206
```

```
/Data/Final_SolarData.csv"

>#Load the data into a dataframe
（将数据加载到一个数据框中）
>data<-read.csv(url)

>#Check the dimensions of the dataframe
（检查该数据框的维度）
>dim(data)
[1] 119296 23

>#Take a glimpse into each column of the dataframe
（浏览数据框的每一列）
>str(data)

'data.frame':   119296 obs. of  23 variables:
$ location              : Factor w/ 1 level "Peru": 1 1 1 ...
$ date_time             : Factor w/ 119308 levels "2015-12-02
00:01:40",...
$ solarvoltage          : num  0 0 0 0 0 0 0 0 0 0 ...
$ solarcurrent          : num  0 0 0 0 0 0 0 0 0 0 ...
$ solarenergy           : num  0 0 0 0 0 0 0 0 0 0 ...
$ solarpower            : num  0 0 0 0 0 0 0 0 0 0 ...
$ batteryvoltage        : num  98.8 98.5 98.6 98.6 ...
$ batterycurrent        : num  0 0 0 0 0 0 0 0 0 0 ...
$ batterypower          : num  0 0 0 0 0 0 0 0 0 0 ...
$ load_energy1          : num  0.01 0 0 0.01 0 ...
$ load_power1           : num  192 185 176 189 179 ...
$ load_current1         : num  1.01 0.98 0.93 1.01 ...
$ load_voltage1         : num  189 188 188 189 189 ...
$ load_energy2          : num  0.01 0 0 0 0 ...
$ load_power2           : num  71.7 81.3 87.8 78.3 ...

$ load_current2         : num  0.38 0.43 0.46 0.46 ...
$ load_voltage2         : num  189 188 188 189 189 ...
$ inverter_input_power : num  0.52 0.52 0.66 0.42 ...
$ inverter_output_power: num  0.32 0.32 0.45 0.22 ...
```

```
$ inverter_input_energy     : num  0.01 0 0.03 0.01 ...
$ inverter_output_energy    : num  0 0.01 0.01 0.01 0 ...
$ irradiance                : int    0 15 0 0 0 30 0 0 ...
$ temperature               : num  38.4 38.4 38.4 38.4 ...
```

载入的数据是一个含有 119266 行和 23 列数据的数据框。如果用 str 命令来查看这些列中的数据类型，可以看到除了 date_time 和 location 之外，其他所有的变量都是数值型。该 location（即地点）只包含值（即 Peru），而 date_time 捕获时间戳，并且对每行都是唯一的。

下面看看有多少天的数据以及它们是如何分布的：

```
>#Load the R package required for date operations
（加载用于日期操作所需的 R 包）
>library(lubridate)

>#Convert the string to a timestamp format
（将字符串转换为一个时间戳格式）
>data$date_time<-ymd_hms(data$date_time)

>min(data$date_time)
[1] "2015-12-02 00:00:27 UTC"

>max(data$date_time)
[1] "2016-03-14 22:26:52 UTC"
```

可见，大约有 3.5 个月的数据。但是我们是否有这段时间内每一天的数据？下面来仔细观察：

```
>#Counting the number of distinct days in the data
（计算数据中不同天数的数量）
>length(unique(date(data$date_time)))
[1] 104

>#Calculating the difference between min and max date time values
（计算最小和最大日期时间值之间的差）
> difftime(ymd_hms(max(data$date_time)),ymd_hms(min(data$date_time)))
Time difference of 103.9342 days
```

没错，这段时间内每一天的数据都有。

接下来逐个讨论数据中的核心参数。为了使数据可视化，举个例子如一天的样本，观察参数是如何随着时间的推移而变化的。根据调查结果，我们会在较长一段时间内做进一步探索。

以下从太阳能电池板参数开始，即电池板电压（Solar Voltage）、电池板功率（Solar Power）、太阳能（Solar Energy）和电池板电流（Solar Current）。

```
>#Selecting the Solar panel related parameters
（选择太阳能电池板相关参数）
>cols<- c("solarpower","solarvoltage","solarenergy","solarcurrent")
>summary(data[,cols])

  solarpower       solarvoltage      solarenergy         solarcurrent
Min.     :   0.0  Min.    :  0.00  Min.    :0.000000   Min.     : 0.000
1st Qu. :   0.0  1st Qu.:  0.00  1st Qu.:0.000000   1st Qu. : 0.000
Median  :   0.0  Median :  0.00  Median :0.000000   Median  : 1.170
Mean     : 508.3  Mean    : 81.55  Mean    :0.008706   Mean     : 3.123
3rd Qu. :1130.6  3rd Qu. :182.39  3rd Qu.:0.020000   3rd Qu. : 6.300
Max.     :2981.0  Max.    :198.75  Max.    :3.230000   Max.     :18.350
```

可以发现，所有太阳能电池板参数的最小值为零，而不同参数的最大值是有变化的。数据看起来有点稀疏，但这也在预料之中。太阳能电池板只在太阳出来时才会活跃起来，而每天日照时间大约 10～12 小时。下面将这些参数在一天中的表现可视化。

```
>#Select any one day for a sample
（选择任意一天作为一个样本）
>day<-"2015-12-12"

>#Subset the data for the sample day
（将该样本日的数据划分子集）
>sample<-data[date(data$date_time)==day,]
>summary(sample[,cols])

  solarpower      solarvoltage      solarenergy         solarcurrent
Min.     : 0.0   Min.    : 0.00   Min.    :0.000000   Min.     :  0.000
1st Qu. : 0.0   1st Qu.: 0.00   1st Qu.:0.000000   1st Qu. :  0.000
Median  : 0.0   Median : 0.00   Median :0.000000   Median  :  0.000
Mean     : 459.1 Mean    : 85.21  Mean    :0.007726   Mean     :  2.522
```

```
3rd Qu. : 993.3  3rd Qu.:184.02  3rd Qu.:0.010000   3rd Qu. :  5.370
Max.    :2173.6  Max.   :191.62  Max.   :0.090000   Max.    : 12.790
```

太阳能电池板参数一天的摘要看起来几乎与整个数据集同步。接着来观察这些参数在一天内的分布情况，如图 6.6 所示。

```
>library(ggplot2)

>#Plotting 4 line charts for the 4 different parameters
（分别给 4 个不同参数绘制相应的折线图）
>ggplot(sample,aes(x=date_time,y=solarvoltage))+geom_line()
>ggplot(sample,aes(x=date_time,y=solarcurrent))+geom_line()
>ggplot(sample,aes(x=date_time,y=solarpower))+geom_line()
>ggplot(sample,aes(x=date_time,y=solarenergy))+geom_line()
```

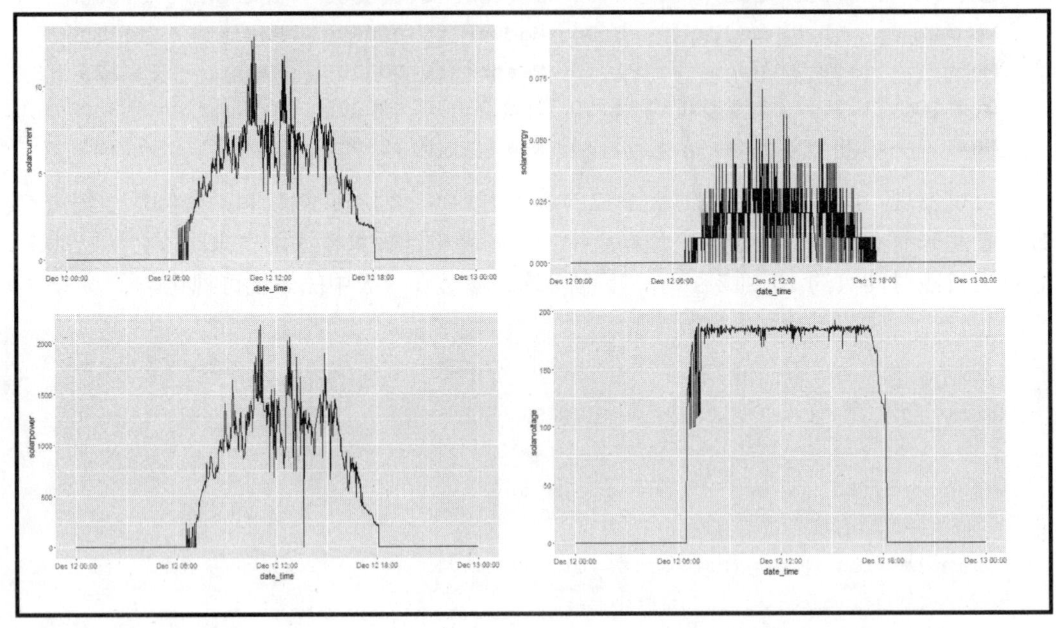

图 6.6

图 6.6 使用的是样本日（即 2015 年 12 月 12 日）的数据。如预料之中的一样，只有当太阳照射时，参数才具有一个有效值。x 轴表示一天中的时间，可以观察到太阳照射时太阳能电池板活跃了约 12 小时，也就是大约上午 6 点到下午 6 点。每隔一分钟计算一次发电量（右侧图的最顶端）。图 6.7 绘制一张帕累托图来研究一天中的能量累积生成。

```
> sample$solarenergy_cumsum<-cumsum(sample$solarenergy)
> ggplot(sample,aes(x=date_time,y=solarenergy_cumsum))+geom_line()
```

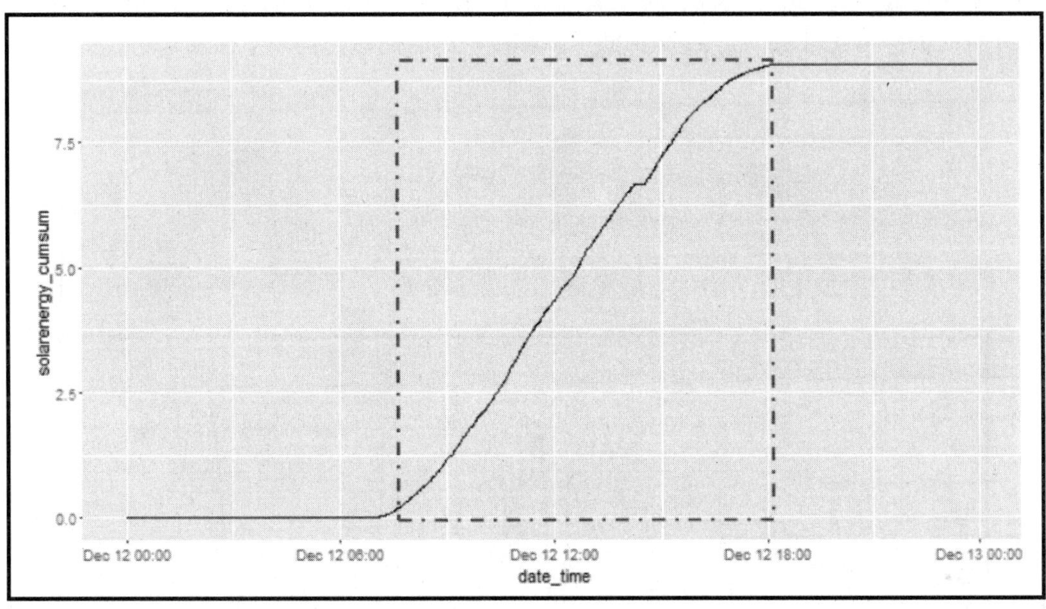

图 6.7

从上午 6 点开始产生能量，一直到晚上 6 点。总的来说，可以看到一天之内 9～10 个单位的能量在产生。在图 6.7 中用虚线框突出显示的是能量产生曲线。

所以发现，当太阳光照足以让电池板产生一些有限的电量时，所有的太阳能电池板参数都是活跃的。因而可以大概得出结论，在所举例的地点上，太阳照射了大约 12 个小时。紧接着看看在这段时间里，在几天之内发电量是如何变化的：

```
>library(dplyr)

>#Calculate Total Solar energy generated for each day
（计算每天太阳能总发电量）
>data$date<-as.Date(data$date_time)
>new<-data %>% group_by(location,date) %>%
           summarise(total_senergy=sum(solarenergy))

>summary(new$total_senergy)
```

```
 Min.   1st Qu.  Median   Mean   3rd Qu.    Max.
4.960    9.275  10.030  9.987   10.900  13.020
```

该分布清楚地表明，大部分时间大约有 9～10 个单位的能量产生。下面绘制整个时间段的折线图（见图 6.8）。这会有助于了解在一个时间段内的季节性和趋势。

```
> ggplot(new,aes(x=date,y=total_senergy)) +
   geom_line(colour="blue",size=1)+
   theme(axis.text=element_text(size=12),
         axis.title=element_text(size=15,face="bold")) +
   geom_hline(yintercept = 11,colour="red") +
   geom_hline(yintercept = 8,colour="red")
```

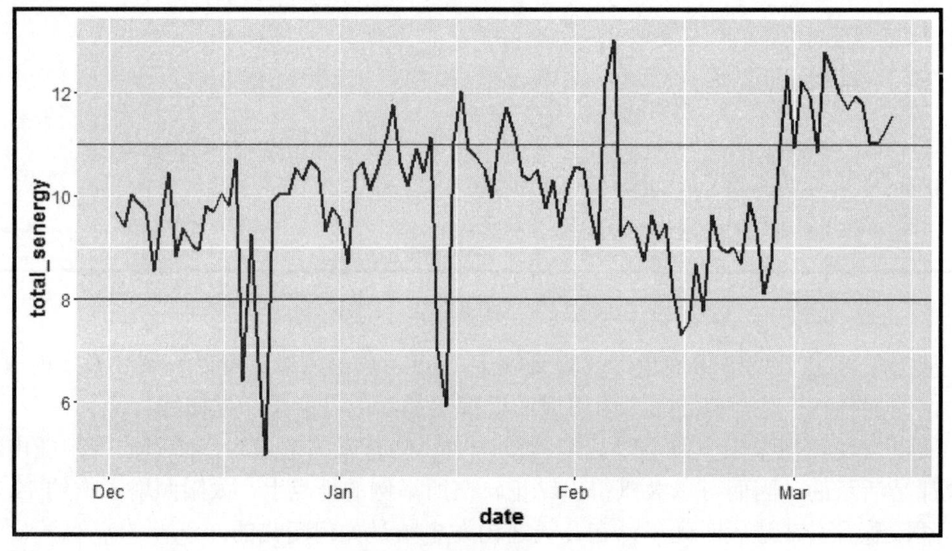

图 6.8

从图 6.8 可以看到，在一大段时间内太阳能发电量在 8～11 单位之间（用稍微宽一点的窗口）。骤升（突然增加）和骤降（突然减少）的现象明显，没有始终如一的模式。不过整体来看，2 月至 3 月有小幅度的下滑，然后急剧上升。

6.3.1 能量消耗和能量产生相比结果如何

用例中有 3 种不同的消耗负载——两个直流负载和一个交流负载。下面来探究能量消耗在数据上的表现。与太阳能类似，负载能量也是以一分钟的时间间隔计算的。可将这些数据汇聚成一天的数据来研究模式。首先，研究每分钟能量消耗的分布情况。

注意：

负载是一个术语，用于定义一个确定的消耗源。在一栋四层建筑中，可以将每个楼层定义为一个负载。在此用例中，交流电消耗和直流电消耗是分开的，直流电消耗也进一步分为内部照明和外部照明。

```
>cols<-c("load_energy1","load_energy2","inverter_input_energy")
>summary(data[,cols])

   load_energy1        load_energy2     inverter_input_energy
Min.    :0.00000   Min.    :0.00000   Min.    :0.000000
1st Qu. :0.00000   1st Qu. :0.00000   1st Qu. :0.000000
Median  :0.00000   Median  :0.00000   Median  :0.000000
Mean    :0.00298   Mean    :0.00161   Mean    :0.004202
3rd Qu. :0.01000   3rd Qu. :0.00000   3rd Qu. :0.007000
Max.    :2.01000   Max.    :0.27000   Max.    :1.162000
```

能量消耗参数的总体分布与太阳能产生的模式相当。数据整体看起来非常稀疏，如图 6.9 所示。

以下代码采用一个样本日的数据来研究其分布：

```
>day<-"2015-12-12"

>#Collecting the consumption related parameters
（收集与能量消耗有关的参数）
>cols<-c("load_energy1","load_energy2","inverter_input_energy")

>#Taking a sample day's data
（取一个样本日的数据）
>sample<-data[date(data$date_time)==day,]

>#Calaculating cumulative sum for the consumption parameters
（计算能量消耗参数的累计和）
>sample$load_energy1_cumsum<-cumsum(sample$load_energy1)
>sample$load_energy2_cumsum<-cumsum(sample$load_energy2)
>sample$inverter_input_energy_cumsum<-
```

```
    cumsum(sample$inverter_input_energy)

>library(reshape2)
>a<-melt(sample,id.vars="date_time",
        measure.vars=c("load_energy1_cumsum","load_energy2_cumsum",
        "inverter_input_energy_cumsum"))

>#Plotting all 3 consumption trends for a day together
（将一天中的所有 3 种消耗趋势绘制在一块）
>ggplot(a,aes(x=date_time,y=value,group=variable,colour=variable)) +
    geom_line(size=1) +
    theme(axis.text=element_text(size=12),
    axis.title=element_text(size=15,face="bold"))
```

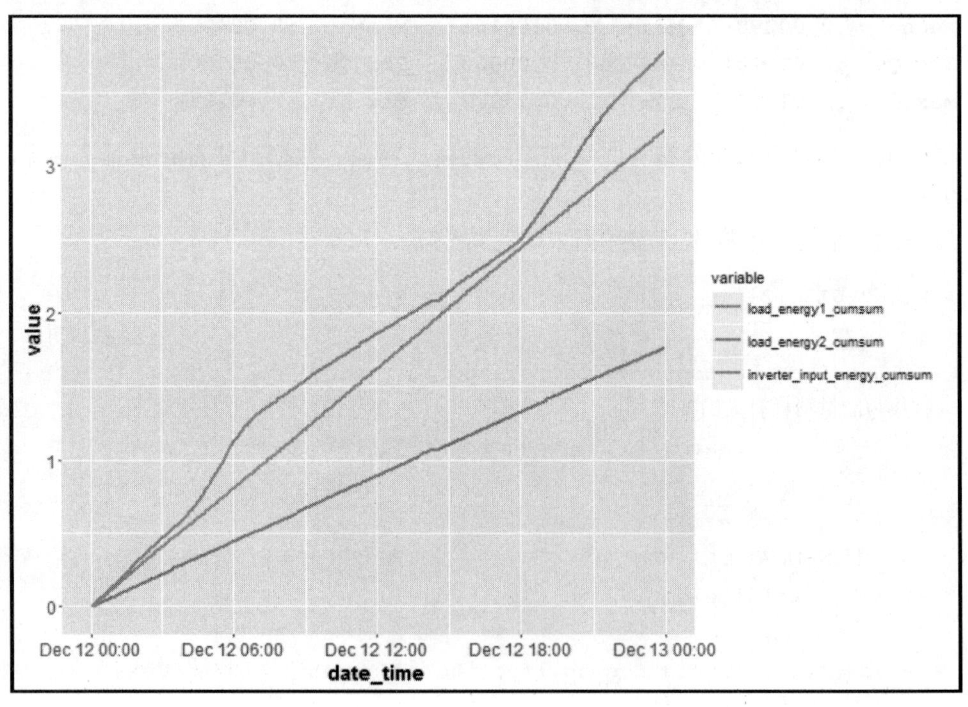

图 6.9

负载 1 和负载 2 以及交流逆变器负载的能量消耗趋势处于线性增长的趋势。可以观察到负载 1 消耗最高，负载 2 则有最低的消耗；而逆变器负载消耗位于两者之间。下面来看看能量产生与 3 种负荷的综合消耗相比较的情况如何，如图 6.10 所示。

```
>#Calculating the energy consumed and generated at a day level
（计算一天中消耗和产生的能量）
>new<-data %>% group_by(location,date) %>%
    summarise(total_solarenergy=sum(solarenergy),
              total_load1energy=sum(load_energy1),
              total_load2energy=sum(load_energy2),
              total_invenergy=sum(inverter_input_energy)
             )

>#Calculating the total consumption from all 3 loads together
（计算所有 3 个负载的总消耗量）
>new$total_consumption<-new$total_load1energy+
                        new$total_load2energy+
                        new$total_invenergy

>summary(new$total_consumption)
   Min. 1st Qu.  Median    Mean  3rd Qu.    Max.
  5.830   8.743   9.979  10.090   11.360  14.820

>#Creating a melted dataframe for combined plot
（创建一个融合型数据框组合绘图）
>a<-melt(new,id.vars="date",measure.vars =
      c("total_solarenergy","total_consumption"))

># Plotting the generation and consumption trends at a day level
（绘制一天中的能量产生趋势和消耗趋势）
>ggplot(a,aes(x=date,y=value,colour=variable)) +
    geom_line(size=1.5) +
    theme(axis.text=element_text(size=12),
    axis.title=element_text(size=15,face="bold"))
```

从图 6.10 可以观察到，有很多情况是能量产生比能量消耗更多，反之亦然。在总发电量低于综合消耗量的情况下，使用电池的剩余能量。肯定也会有电池剩余电量不足的情况发生。在这种情况下，就不可避免停电了。

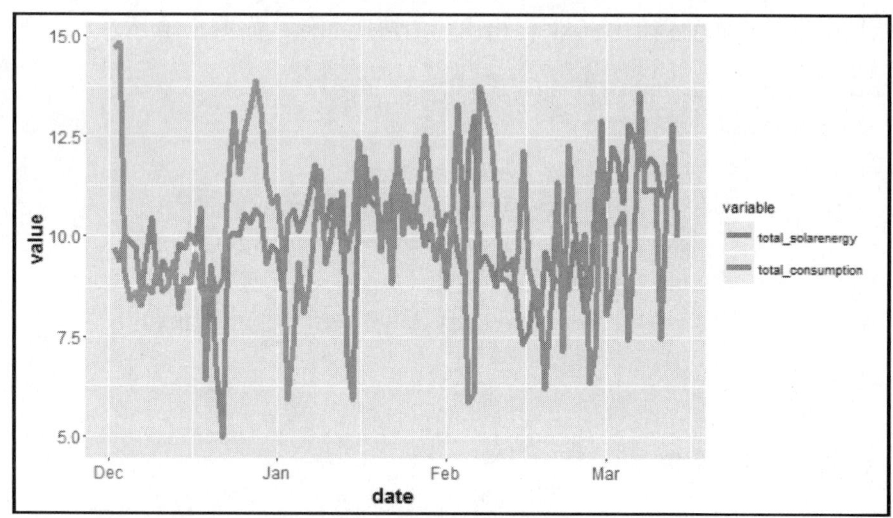

图 6.10

6.3.2　电池

本小节继续探索电池参数。这些参数包含电池电压（Battery Voltage）、电池电流（Battery Current）和电池功率（Battery Power）。与前面的练习类似，从研究参数的分布情况开始：

```
#Collecting the battery related parameters
（收集电池相关的参数）
>cols<-c("batterypower","batteryvoltage","batterycurrent")
>summary(data[,cols])

  batterypower        batteryvoltage       batterycurrent
Min.     :   0.00   Min.     :  0.00    Min.     : 0.000
1st Qu. :   0.00   1st Qu. : 97.02    1st Qu. : 0.000
Median  :  94.13   Median  : 98.77    Median  : 0.970
Mean     : 421.16   Mean     : 98.69    Mean     : 4.171
3rd Qu. : 885.87   3rd Qu. :100.53    3rd Qu. : 8.840
Max.     :2526.64   Max.     :112.07    Max.     :23.990
```

与太阳能电池板的其他参数以及与其他电池参数相比，电池电压参数看起来相当不同。这个参数显得相对稀疏。但这属于预料之中，因为只要电池还有电，电池电压在电池整个使用寿命期间都是存在的。另一方面，电池功率和电池电流与太阳能电池板参数的状态非常相似。这两者在太阳光照射下（当面板给电池充电时）保持活跃。下面来研究样本日数据的电池参数趋势，如图 6.11 和图 6.12 所示。

```
>day<-"2016-01-31"
>sample<-data[date(data$date_time)==day,]

>#Plot Battery Power across Time
（绘制电池功率-时间图）
>ggplot(sample,aes(x=date_time,y=batterypower)) +
    geom_line() +
    theme(axis.text=element_text(size=12),
    axis.title=element_text(size=15,face="bold"))

>#Plot Battery Voltage across Time
（绘制电池电压-时间图）
>ggplot(sample,aes(x=date_time,y=batteryvoltage)) +
    geom_line() +
    theme(axis.text=element_text(size=12),
    axis.title=element_text(size=15,face="bold"))

>#Plot Battery Current across Time
（绘制电池电流-时间图）
>ggplot(sample,aes(x=date_time,y=batterycurrent)) +
    geom_line() +
    theme(axis.text=element_text(size=12),
    axis.title=element_text(size=15,face="bold"))
```

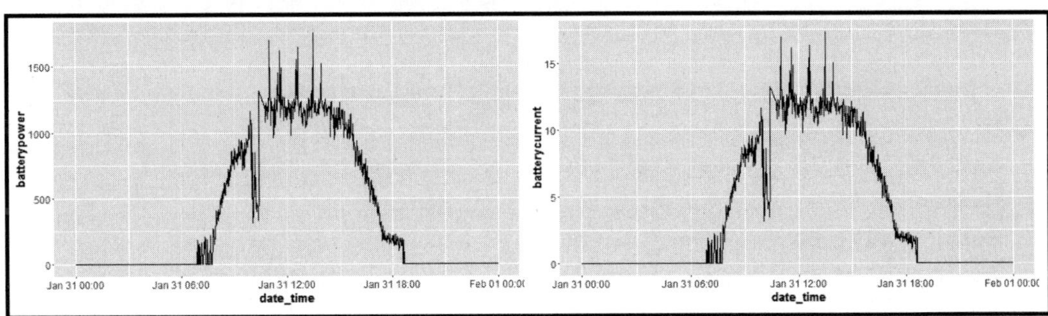

图 6.11

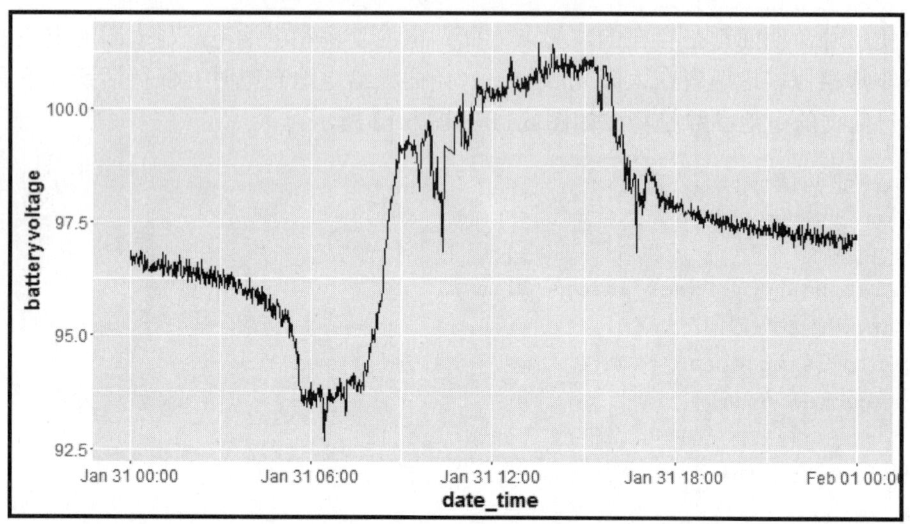

图 6.12

如果仔细观察电池电压的趋势，就能清晰地研究电池放电和充电周期。x 轴绘制出特定的一天的趋势，时间从上午 12 点开始到晚上 11 点 59 分。可以看到，从午夜到日出，电池电压持续在下降。日出后，电池电压间歇地增加和减少，一直到晚上 5 点。这表示同时在充电和放电。日落之后，电池再次持续放电。

6.3.3　负载

现在来探讨负载参数。此处有两个直流负载和一个交流逆变器负载。已经看到负载能量消耗的分布，因此接下来将探索其余的参数：

```
>cols<-c("load_power1","load_voltage1","load_current1")
>summary(data[,cols])

 load_power1          load_voltage1          load_current1
Min.     : 55.03     Min.     :127.8        Min.     :0.2900
1st Qu. :134.18      1st Qu. :186.1         1st Qu. :0.7000
Median  :165.37      Median  :187.3         Median  :0.8800
Mean    :174.80      Mean    :186.7         Mean    :0.9307
3rd Qu. :204.62      3rd Qu. :188.1         3rd Qu. :1.0800
Max.    :461.43      Max.    :190.9         Max.    :2.4800
```

同样，来观察负载 2 参数的分布：

```
>cols<-c("load_power2","load_voltage2","load_current2")
>summary(data[,cols])

 load_power2       load_voltage2      load_current2
Min.     : 0.00    Min.     :127.8    Min.     :0.1300
1st Qu. : 75.29    1st Qu. :186.1    1st Qu. :0.4100
Median  : 97.33    Median  :187.3    Median  :0.5100
Mean    : 94.92    Mean    :186.7    Mean    :0.5043
3rd Qu. :113.06    3rd Qu. :188.1    3rd Qu. :0.6000
Max.    :242.00    Max.    :190.9    Max.    :1.3300
```

负载 1 和负载 2 从数据角度上看是完全不同的。如果仔细观察负载功率（load power）参数，就可以看到负载 1 在整个时间段内几乎都处于活动状态，而负载 2 则相对较少。这是因为各个负载的用途不同而造成的。负载 1 用于内部照明，而负载 2 用于外部照明。外部照明只有在夜幕降临时才会使用，也就是在日落后使用。而内部照明几乎一整天都使用，比如手术室或者其他地方等都用。此外，负载 1 和负载 2 的电压完全相同。这是因为这两个负载都是直流负载，并从同一电池汲取电力。

下面一起绘制一个样本日数据直流负载电流和功率参数的趋势图（见图 6.13）。

```
>#Consider the sample dataset with 1 day's data
（采取一个含有 1 天数据的样本数据集）
>#Create a melted dataframe for Load Current 1 and 2
（为负载电流 1 和 2 创建一个融合型数据库）
>a<-melt(sample,id.vars="date_time",
       measure.vars=c("load_current1","load_current2"))

>#Plotting Load 1 and Load 2 parameters across time
（绘制负载 1 和负载 2 参数-时间图）
>ggplot(a,aes(x=date_time,y=value,group=variable,colour=variable)) +
    geom_line() +
    theme(axis.text=element_text(size=12),
    axis.title=element_text(size=15,face="bold"))

>#Create a melted dataframe for Load Power 1 and 2
（为负载功率 1 和 2 创建一个融合型数据框）
```

```
>a<-melt(sample,id.vars="date_time",
      measure.vars=c("load_power1","load_power2"))

>#Plotting Load 1 and Load 2 parameters across time
（绘制负载 1 和负载 2 参数-时间图）
>ggplot(a,aes(x=date_time,y=value,group=variable,colour=variable)) +
    geom_line() +
    theme(axis.text=element_text(size=12),
    axis.title=element_text(size=15,face="bold"))
```

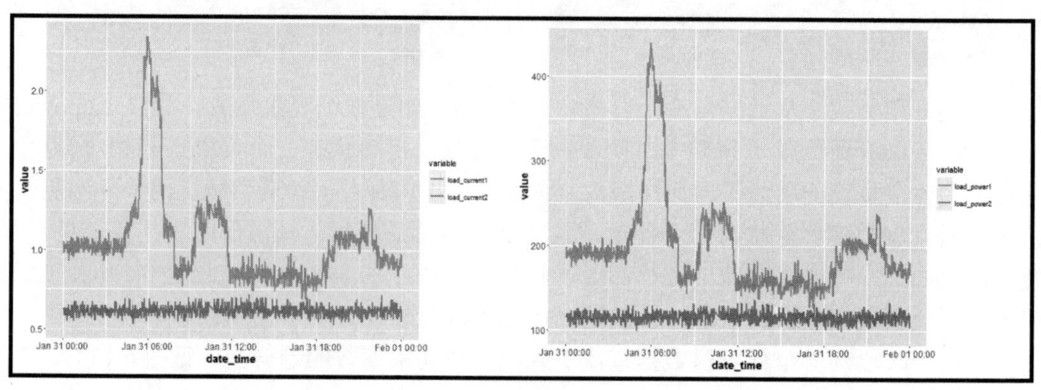

图 6.13

同一个负载的功率和电流趋势非常相似。尽管处在完全不同的尺度上，但对于相同的负载，该趋势看起来非常相似。这是因为电压恒定时功率与电流呈线性关系。

6.3.4 逆变器

最后但也很重要的一点是，需要研究逆变器的参数。逆变器捕获有与能量和功率有关的参数。捕获到这两个参数的输入和输出指标。这是因为输入和输出所提供的参数值会有所不同。首先，逆变器的运行需要一定的能量，其次在直流到交流转换过程中会出现一些损耗。已经研究了能量消耗参数，因此接下来研究的是输入功率参数。

```
>cols<-c("inverter_input_power")
>summary(data[,cols])
   Min. 1st Qu.  Median   Mean  3rd Qu.    Max.
 0.0000  0.1900  0.1900 0.2936   0.3300  2.3200
```

在逆变器功率数据中可以看到少量的稀疏性，这通常发生在电源完全切断或绝对没有消耗的情况下。交流负载供诊所的仪器和其他设备使用。其使用模式可能是间歇性的。来看一个样本日的逆变器功率数据的分布情况，如图 6.14 所示。

```
>cols<-c("inverter_input_power")
>summary(data[,cols])
>ggplot(sample,aes(x=date_time,y=inverter_input_power)) +
    geom_line(size=1) +
    theme(axis.text=element_text(size=12),
    axis.title=element_text(size=15,face="bold"))
```

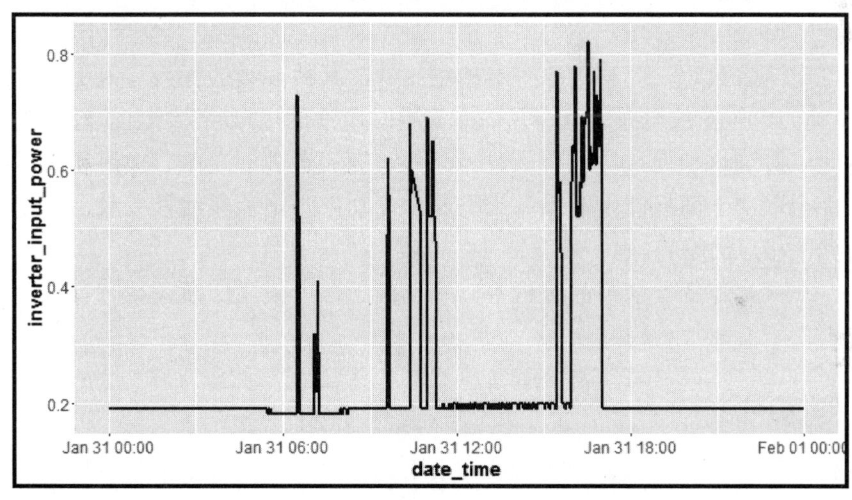

图 6.14

上述样本日数据的逆变器输入功率曲线，有助于了解交流负载消耗的间歇性。它按患者治疗要求的变化而变化。

6.3.5 从数据探索练习中学习

截至目前，探索了数据全貌中的不同参数。在探索性数据分析阶段，也深入探讨了太阳能电池板、电池以及直流和交流负载的不同参数。那么迄今为止得到了哪些收获？

6.3.6 简单概括所有的发现和学习收获

目前研究了太阳能电池板参数的分布，如功率、电压、电流和产生的能量，并且发现该模式与太阳一致相关，正如从数据的稀疏性中预期的那样。为了理解更加深入透彻，还研究了样本日数据的参数的时间序列趋势。所有这些模式的行为都与日出和日落模式同步。大部分参数在阳光照射的情况下是活跃的，即在大约上午 6 点到下午 6 点期间。并且考察了不同时间和不同日期的样本日的累积发电量趋势，发现在白天（上午 6 点到下午 6 点），发电量几乎呈线性增长；另外，日常的发电量趋势缺乏稳定性。每天产生大约 8 至 11 个单位的能量。

接着，探讨了两个直流负载和一个交流负载的能源消耗模式，以及三者的组合。并且从中发现了最大消耗量主要来自负载 2，而负载 1 则最小。交流负载大致位于中间。对每日总发电量和总消耗量的研究表明，有许多情况下一天中的能量产生低于能量消耗，反之亦然。

在研究电池参数时，观察到除了电池电压外，其他参数的行为与太阳能电池板行为相符。 电池的电压在放电时会减少，而在充电时电池的电压将会增加，在太阳正常照射的一天中可以看到这种现象会保持一致。此外，直流负载的功率、电流和电压参数是间歇性的，完全取决于消耗能量的设备类型。由于功率与电流呈线性关系，所以从两个参数中都看到了相似的趋势。

最后，在探究逆变器参数的过程中，发现由于白天使用交流负载时有时无，逆变器功率趋势再次变得非常不稳定。

6.3.7 解决问题

现在已较全面地掌握了数据总况。接下来暂停一下，慎重思考正在解决什么问题，以及将如何解决这个问题。

太阳能电池板安装所面临的主要问题或难点是，第二天发电量供应的不确定性。所以基本上需要预测第二天能否有足够的发电量。而发现哪一天停电是无法直接从数据中计算出来的。这是因为除了能量消耗和能量产生存在差异之外，还因为上一次能量产生所存储在电池中的有限能量。

此处有一个单独的数据集，记录了同一时间段和地点的停电情况。数据是一个停电提示（flag），例如每天为 1 或 0（1 表示停电）。因此，需要构建一个模型，从中获得每天所有的指标或特征。利用此层级的数据，可以根据当天的不同特征、指标和其他数据点设计数据，以预测次日的情况。

现在的问题是，可以定义/设计哪种特征来代表在所举例地点的一天情况？

下面是正式开始研究特征工程。看看可以从数据中直接提取出哪些信息/特征。

6.3.8　特征工程

首先，可以创建的最简单和最重要的特征如下：

- 一天太阳能总发电量。
- 一天总消耗量。

同样，许多参数的行为与太阳的活动，即太阳能电池板的活动有着密切的关系。由于太阳能电池板完全取决于太阳，所以太阳能电池板的行为会有变化。对特征进行加工，以最合适的方式来压缩这些信息是非常重要的。

接下来从有可能对增值有用的简单特征开始。一天中大部分参数的最大值会有相对较好的变化。但是，对于大多数参数来说，最小值将为 0，所以现在就来观察一下。

同样的，这些参数的活跃持续时间是有价值的，比如在没有太阳的情况下电池板电流将为 0，但是当太阳光强度足以产生能量时电流的值将会超过阈值。可能会出现这样的情况，由于天气多云，太阳能电池板获得的阳光充足的时间相对较少，影响了能量的产生，因此可能是造成第二天停电的潜在原因。

另外，在一天的开始和结束时，电池中的电量对于判断第二天电量短缺的概率非常有帮助。而每分钟的电池电压值，可供了解特定时刻电池剩余电量的百分比。

注意：

电池的最高电压为 112V，最低为 88V。由于性能原因，电池绝不允许降到其容量的 30%以下。这里，112V 表示 100%的电量，88V 表示 30%的电量。因此，可以单独计算电压在任何给定时刻电池剩余电量百分比。

截至目前，还没有触及辐照度和温度读数。理想情况下，太阳能电池板设计为在 25℃下接收 1000W/m^2 的辐照度时效果最佳。温度升高或降低会使太阳能发电量略有下降；类似地，低于 1000W/m^2 的辐照度值也会降低发电量。可以将这些信息编码为一天的特征。比方说，有一个至少 1000W/m^2 的辐照度，而如果有偏差，那么偏差为多少？白天的电池板温度与 25℃的平均绝对偏差也是有价值的。

注意：

若要获得关于温度和辐照度对太阳能发电量的影响以及其他参数的洞见，最理想的做法是进行调研或与行业专家交谈了解领域背景信息。

接下来快速构建这些数据特征。

首先尝试找出高于指定阈值的持续时间参数。目前已经为不同的参数设定了阈值。即电池板电流为 5A，电池板电压为 120V，电池板功率为 1000W，电池电流为 10A，以及电池功率为800W。这里选择了上述值是基于在深入了解数据并向行业专家咨询后做出的决定。

```
>a<- data %>%
     mutate(
        s_current_ts = ifelse(solarcurrent > 5,as.numeric(date_time),NA),
        s_voltage_ts = ifelse(solarvoltage > 120,as.numeric(date_time),NA),
        s_power_ts = ifelse(solarpower > 1000,as.numeric(date_time),NA),
        b_current_ts = ifelse(batterycurrent >
10,as.numeric(date_time),NA),
        b_power_ts = ifelse(batterypower > 800,as.numeric(date_time),NA)
          )
```

现在可以像前面讨论的那样，按天创建一些特征：

```
>a<-a %>% group_by(location,date) %>%
        summarise(
                     #Calculating the maximum values at a day level
                     （计算一天中的最大值）
                     max_solarpower=max(solarpower),
                     max_solarcurrent=max(solarcurrent),
                     max_solarvoltage=max(solarvoltage),

                     #Calculating the mean/avg values at a day level
                     （计算一天中的均值/平均数）
                     mean_solarpower=mean(solarpower),
                     mean_solarcurrent=mean(solarcurrent),
                     mean_solarvoltage=mean(solarvoltage),

                     #Calculating the min and max of date_time
                     （计算 date_time 的最小值和最大值）
                          #for conditional parameters
                          （用于条件参数）
                     s_current_min=min(s_current_ts,na.rm=T),
                     s_current_max=max(s_current_ts,na.rm=T),
                     s_voltage_min=min(s_voltage_ts,na.rm=T),
                     s_voltage_max=max(s_voltage_ts,na.rm=T),
                     s_power_min=min(s_power_ts,na.rm=T),
```

```
                 s_power_max=max(s_power_ts,na.rm=T),
                 b_power_min=min(b_power_ts,na.rm=T),
                 b_power_max=max(b_power_ts,na.rm=T),
                 b_current_min=min(b_current_ts,na.rm=T),
                 b_current_max=max(b_current_ts,na.rm=T),

                 #Calculating total energy at a day level
                 （计算一天中的总能量）
                  s_energy=sum(solarenergy),
                  l1_energy=sum(load_energy1),
                  l2_energy=sum(load_energy2),
                  inv_energy=sum(inverter_input_energy),

                  #Calculating first and last battery Voltages
                  （计算第一个和最后一个的电池电压）
                 fbat=first(batteryvoltage),
                 lbat=last(batteryvoltage)
                 )

>#Converting the data time to the proper required format
（将数据时间转换为合适的所需格式）
>a <- a %>%
    mutate(
      s_current_min=
as.POSIXct(s_current_min,origin="1970-01-01",tz="UTC"),
      s_current_max=
as.POSIXct(s_current_max,origin="1970-01-01",tz="UTC"),
      s_voltage_min=
as.POSIXct(s_voltage_min,origin="1970-01-01",tz="UTC"),
      s_voltage_max=
as.POSIXct(s_voltage_max,origin="1970-01-01",tz="UTC"),
      s_power_min= as.POSIXct(s_power_min,origin="1970-01-01",tz="UTC"),
      s_power_max= as.POSIXct(s_power_max,origin="1970-01-01",tz="UTC"),

      b_power_min= as.POSIXct(b_power_min,origin="1970-01-01",tz="UTC"),
      b_power_max= as.POSIXct(b_power_max,origin="1970-01-01",tz="UTC"),
      b_current_min=
```

```
as.POSIXct(b_current_min,origin="1970-01-01",tz="UTC"),
       b_current_max=
as.POSIXct(b_current_max,origin="1970-01-01",tz="UTC"),
       weekdays=weekdays(date)
          )

>#Adding final changes to the dataset
（将最终更改添加到数据集）
>a<-a %>%
    mutate(
    #Calculating the time duration in mins for the parameters with active
    （按分钟计算有效参数的持续时间）
    #Value above threshold
    （超过阈值的值）
s_current_duration=as.numeric(difftime(s_current_max,s_current_min),
units="mins"),
s_voltage_duration=as.numeric(difftime(s_voltage_max,s_voltage_min),
units="mins"),
s_power_duration=as.numeric(difftime(s_power_max,s_power_min),units=
"mins"),
b_power_duration=as.numeric(difftime(b_power_max,b_power_min),units=
"mins"),
b_current_duration=as.numeric(difftime(b_current_max,b_current_min),
units="mins"),

    #Calculating % battery remaining from the voltage
    （计算电压余留的电池电量的百分比））
    fbat_perc=(100-(112-fbat)*2.916),
    lbat_perc=(100-(112-lbat)*2.916),

    #Calculating
    （计算）
    total_consumed_energy=inv_energy+l1_energy+l2_energy
)
```

此刻已经创建了大部分的特征，下面来看看它们的分布。

研究了能量消耗和日常发电量的趋势之后，接着观察一天中太阳能电池板和电池参数的最大值和平均值：

```
>cols<-c("max_solarpower","max_solarcurrent","max_solarvoltage",
        "mean_solarpower","mean_solarcurrent","mean_solarvoltage")

>summary(a[,cols])
```

```
max_solarpower max_solarcurrent max_solarvoltage mean_solarpower mean_solarcurrent mean_solarvoltage

 Min.   :1379   Min.   : 7.60   Min.   :186.0   Min.   :304.0   Min.   :1.748    Min.   :61.03
 1st Qu.:2068   1st Qu.:12.29   1st Qu.:189.0   1st Qu.:466.3   1st Qu.:2.643    1st Qu.:75.04
 Median :2226   Median :13.53   Median :192.6   Median :513.0   Median :2.967    Median :84.72
 Mean   :2193   Mean   :13.44   Mean   :192.3   Mean   :507.6   Mean   :3.117    Mean   :81.49
 3rd Qu.:2331   3rd Qu.:14.77   3rd Qu.:194.9   3rd Qu.:552.9   3rd Qu.:3.376    3rd Qu.:85.83
 Max.   :2981   Max.   :18.35   Max.   :198.8   Max.   :659.9   Max.   :5.023    Max.   :98.97
```

除了电池板电压最大值，可以看到分布相对较好。这意味着，从一天中某个参数的最大值或均值考虑，可以预计这些值会有一些变化，最终有助于整理出一些信息来预测第二天是否会停电。

紧接着，将研究超过预设阈值以上的不同参数的持续时间数据分布：

```
>cols<-c("s_current_duration","s_voltage_duration","s_power_duration",
        "b_power_duration","b_current_duration")
>summary(a[,cols])
```

```
s_current_duration  s_voltage_duration   s_power_duration   b_power_duration   b_current_duration
 Min.   :243.7       Min.   :646.3        Min.   :207.7      Min.   :201.7      Min.   : 40.02
 1st Qu.:461.2       1st Qu.:697.5        1st Qu.:438.7      1st Qu.:437.6      1st Qu.:367.50
 Median :481.8       Median :702.5        Median :455.1      Median :448.6      Median :406.20
 Mean   :482.4       Mean   :705.1        Mean   :451.1      Mean   :447.4      Mean   :388.81
 3rd Qu.:516.0       3rd Qu.:715.1        3rd Qu.:468.7      3rd Qu.:465.7      3rd Qu.:432.90
 Max.   :544.8       Max.   :743.7        Max.   :540.0      Max.   :508.1      Max.   :463.20
```

另外，来查看一天开始和结束时电池剩余电量百分比，观察其数据分布是如何的：

```
>cols<-c("fbat_perc","lbat_perc")
>summary(a[,cols])

  fbat_perc       lbat_perc
Min.    :39.11   Min.    :38.56
1st Qu. :54.81   1st Qu. :54.77
Median  :58.75   Median  :59.04
Mean    :57.95   Mean    :57.69
3rd Qu. :62.70   3rd Qu. :62.47
Max.    :71.83   Max.    :68.89
```

与以前的特征类似，可以发现在一天的开始和结束时，电池剩余电量百分比数据相对较好。

现在来观察该诊所业主使用太阳能基础设施时的停电记录数据：

```
>url<-
"https://github.com/jojo62000/Smarter_Decisions/raw/master/Chapter%206
/Data/outcome.csv"
>outcome<-read.csv(url)

>dim(outcome)
[1] 104 2

>head(outcome)
          date   flag
1   2015-12-02      1
2   2015-12-03      1
3   2015-12-04      0
4   2015-12-05      0
5   2015-12-06      0
6   2015-12-07      0

>summary(as.Date(outcome$date))

    Min.        1st Qu.      Median        Mean        3rd Qu.       Max.
"2015-12-02" "2015-12-27" "2016-01-22" "2016-01-22" "2016-02-17" "2016-03-14"

>#Check the distribution of 0's and 1's in the data
（检查数据中 0 和 1 的分布）
>table(outcome$flag)

 0   1
68  36
```

从以上结果可以看到，该结果数据记录了一天停电的结果。1 表示停电，0 表示没有停电，而我们获得了与太阳能电池板传感器数据相同时间段的数据。从整个 104 天的数据来看，停电 36 天，也就是说，当能量消耗超过能量产生和电池剩余电量时，有约 35%的情况出现计划外停电。

下面把完整的数据整合起来放进一个数据框：

```
>columns<-
    c(
    "location","date",
    "s_current_duration","s_voltage_duration","s_power_duration",
    "b_power_duration","b_current_duration",
    "max_solarpower","max_solarcurrent","max_solarvoltage",
    "mean_solarpower","mean_solarcurrent","mean_solarvoltage",
    "fbat_perc","lbat_perc",
"s_energy","l1_energy","l2_energy","inv_energy","total_consumed_energy",
    "weekdays"
    )

>#Convert the Date variable in Outcome data to a 'Date' format
（将结果数据中的"Date"变量转换为"Date"格式）
>outcome$date<- as.Date(outcome$date)

>day_level<-a[,columns]
>day_level<-merge(day_level,outcome,on="date",how="inner")

>dim(day_level)
[1] 104 22
```

此刻收集了所创建一天中的所有重要变量/特征，并组合了当天的结果，也就是得出一个表示当天是否有停电的提示（flag）。

由于须建模以预测第二天是否会停电，这里创建一个新变量，用以指明第二天是否停电。这可以通过一个 lead（函数）操作就能轻而易举地实现，也就是将所有的行向上移动一行。由于最后一行有一个缺失值，从数据中删除最后一行。

注意：

结果数据集中的数据仅指明数据集当前是否存在停电状况。但是，需要预测第二天的停电情况。因此，采取一个 lead（函数）操作，使横断面数据处于同一水平并获取第二天的结果。

```
>day_level$outcome<-lead(day_level$flag)
>day_level<-day_level[1:(nrow(day_level)-1),]
```

接下来，可能会开始构建预测模型，并采用类似于以前分析所用的技术来验证它们。

注意：

解决这个问题的方法比比皆是。由于数据采用时间序列格式，因此大多数数据科学家和统计人员会利用 ARIMA 或 ARIMAX 模型来解决相同的问题。为了方便，本书选择了以下方法。但是这两种方法都可以利用。

6.4 构建用例的预测模型

弄到目前，已经解析了问题并设计了方法，而且探索了数据并研究通过传感器捕获到的各种参数的模式。然后，又对这些数据进行加工，并创建了几个特征，以丰富的维度来描述日常活动。现在拥有多个预测因子和因变量结果的数据（对该提示即 flag 采用一个 lead（函数）操作来创建，也就是说指明第二天是否停电）。此时面临的挑战是一个二元结果（即 1 和 0）的普通分类问题。

注意：

作为建模练习的一部分，需要深入探索分类模型的变量，研究相关性、多重共线性和其他检验等。如果要讨论用于预测模型建设练习而获取数据的全过程，则已超出了本章的范围。但是在此强烈建议读者在建模之前执行所有必需的检查。

由于这是一个二元分类问题，所以可以选择前面章节中学到的算法，如决策树、随机森林、Logistic 回归，甚至 XGBoost。在当前用例中，虽然最初有一个巨大的数据转储，但经过加工和数据转换之后，最后只剩下大约 100 天的数据，总共可转化为 100 个训练样本。这个数字较小，如果至少有 500 个训练样本，那将更加好。有一个经验法则是，应该至少有 30 个训练样本用于每个预测因子，换言之，如果有 6 个预测变量，那么应该超过 180 个训练样本。

为了建立模型，接下来将从随机森林模型开始，而且如果需要，还可以多尝试一个算法。

在加工后的所有预测因子中，并不是所有的预测因子都可以增加真正的价值。此处选择的这些变量都是随机的。后续将尝试通过向后选择法（backward selection）来提高模型准确度。

第 1 步：从所有的变量开始。

```
>set.seed(600)
>train_sample<-sample(1:nrow(day_level),floor(0.7*nrow(day_level)))
>train<-day_level[train_sample,]
>test<-day_level[-train_sample,]
>library(randomForest)
>fit<-randomForest( as.factor(outcome)~
s_current_duration + total_consumed_energy + s_voltage_duration +
s_power_duration + b_power_duration + b_current_duration +
fbat_perc + lbat_perc + s_energy + l1_energy + l2_energy+
inv_energy + max_solarpower + max_solarcurrent +
max_solarvoltage + mean_solarpower + mean_solarcurrent+
mean_solarvoltage,
data=train,mtry=4,ntree=500,replace=TRUE)

Call:
 randomForest(formula = as.factor(outcome) ~ s_current_duration +
total_consumed_energy + s_voltage_duration + s_power_duration +
b_power_duration + b_current_duration + fbat_perc + lbat_perc +
s_energy + l1_energy + l2_energy + inv_energy + max_solarpower +
max_solarcurrent + max_solarvoltage + mean_solarpower + mean_solarcurrent +
mean_solarvoltage, data = train, mtry = 4, ntree = 500, replace = TRUE)
               Type of random forest  : classification
                     Number of trees  : 500
No. of variables tried at each split  : 4
         OOB estimate of error rate : 26.39%
Confusion matrix:
    0  1   class.error
0   45  5     0.1000000
1   14  8     0.6363636

>#Creating a function to summarise the prediction
（创建一个函数来汇总预测）
>prediction_summary<-function(fit,test)
   {
   #Predicting results on the test data, using the fitted model
```

```
(使用拟合后的模型预测测试数据的结果)
predicted<-predict(fit,newdata=test,type="response")
actuals<-test$outcome
confusion_matrix<-table(actuals,predicted)
print("Confusion Matrix :-")
print(confusion_matrix)
print("")
#Calcualting the different measures for Goodness of fit
(计算不同度量用于拟合优度)
TP<-confusion_matrix[2,2]
FP<-confusion_matrix[1,2]
TN<-confusion_matrix[1,1]
FN<-confusion_matrix[2,1]
#Calcualting all the required
(计算所有需要的)
print(paste("Overall_accuracy -> ",(TP+TN)/sum(confusion_matrix)))
print(paste("TPR -> ",TP/(TP+FN)))
print(paste("TNR -> ",TN/(TN+FP)))
print(paste("FP -> ",FP/(TN+FP)))
}

>prediction_summary(fit,test)

[1] "Confusion Matrix :-"
      predicted
actuals  0 1
     0  15 3
     1  10 3
[1] ""
[1] "Overall_accuracy -> 0.580645161290323"
[1] "TPR -> 0.230769230769231"
[1] "TNR -> 0.833333333333333"
[1] "FP -> 0.166666666666667"
```

使用所有的变量进行第一次迭代，可以清楚地看到，所获得的结果非常糟糕。在这个练习中，希望预测关于停电为正确事件的最大量，因此需要着重于 TPR 和相对较好的 TNR。

由于 TPR 极低，检查训练数据的分布情况：

```
>table(train$outcome)

 0   1
50  22
```

训练样本向 0 倾斜，因此用于 1 的训练样本更少了。这有点类似于之前的用例，只是在那个用例中有一个倾向于 1 的倾斜样本。为了提高学习效率，可以尝试各种技术，如过抽样、分层抽样、Boosting 等。现在取一个具有相似分布的因变量样本，以便模型以相等的权重学习预测 1 和 0。通过这一步，因为有很少的训练样本，基本上就给用于 1 的训练样本增加了一些额外的权重：

```
>#Doubling the number of 1's
（将用于 1 的训练样本翻倍）
>new_train<-rbind(train,train[train$outcome==1,])

>table(new_train$outcome)

 0   1
50  44

#we have added more number of 1's to get the training sample almost balanced
（增加了更多用于 1 的训练样本数以使训练样本几乎达到平衡）
```

接下来使用新的过抽样训练集的所有变量，尝试运行相同的模型：

```
>#Codes have been ignored for the model call
（已忽略用于模型调用的代码）
Call:
 randomForest(formula = as.factor(outcome) ~ s_current_duration +
total_consumed_energy + s_voltage_duration + s_power_duration +
b_power_duration + b_current_duration + fbat_perc + lbat_perc +
s_energy + l1_energy + l2_energy + inv_energy + max_solarpower +
max_solarcurrent + max_solarvoltage + mean_solarpower + mean_solarcurrent +
mean_solarvoltage, data = new_train, mtry = 4, ntree = 500, replace =
```

```
TRUE)
                    Type of random forest   : classification
                              Number of trees : 500
No. of variables tried at each split    : 4

               OOB estimate of error rate : 9.57%

Confusion matrix:
     0   1   class.error
0   41   9          0.18
1    0  44          0.00

> prediction_summary(fit,test)
[1] "Confusion Matrix :-"

          predicted
actuals   0  1
       0 14  4
       1  5  8
[1] ""
[1] "Overall_accuracy -> 0.709677419354839"
[1] "TPR -> 0.615384615384615"
[1] "TNR -> 0.777777777777778"
[1] "FP -> 0.222222222222222"
```

研究上述测试数据的结果，发现了相对较好的结果。通过小小牺牲一点 TNR 来提高 TPR 和总体精度。然后试着去掉那些没有增加价值的预测因子。这可用 randomForest 包中的 varImpPlot 工具进行研究，如图 6.15 所示。

```
>varImpPlot(fit)
```

在图 6.15 所示的变量重要性图中，通过对 MeanDecreaseGini 的研究，观察发现由随机森林模型界定的最不重要的变量。最顶端的变量是模型中最重要的变量，而最底部的变量是最不重要的变量。为了改进模型，将消除一些不太重要的变量，并尝试调整模型。这一步将进行完全迭代和一次试错实验。

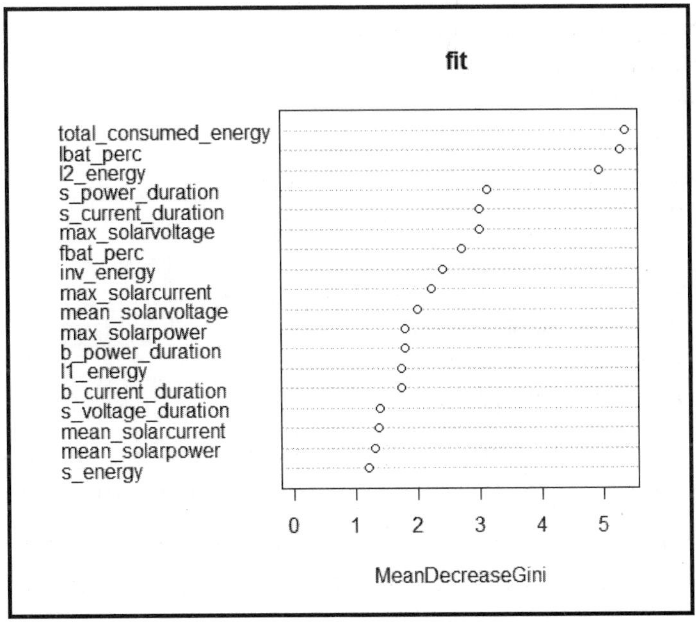

图 6.15

以下结果是从该迭代结果得来的：

```
Call:
randomForest(formula = as.factor(outcome) ~ s_current_duration +
total_consumed_energy + s_power_duration + b_power_duration +
b_current_duration + fbat_perc + lbat_perc + l1_energy + l2_energy +
inv_energy + max_solarpower + max_solarcurrent + max_solarvoltage +
mean_solarvoltage, data = new_train, mtry = 3, ntree = 100, replace =
TRUE, nodesize = 5, maxnodes = 5)
               Type of random forest  : classification
                     Number of trees : 100
No. of variables tried at each split  : 3

            OOB estimate of error rate : 20.21%
Confusion matrix:
    0   1  class.error
0  36  14    0.2800000
1   5  39    0.1136364
```

```
> prediction_summary(fit,test)
[1] "Confusion Matrix :-"
        predicted
actuals  0  1
      0 13  5
      1  3 10
[1] ""
[1] "Overall_accuracy -> 0.741935483870968"
[1] "TPR -> 0.769230769230769"
[1] "TNR -> 0.722222222222222"
[1] "FP -> 0.277777777777778"
```

可以看到结果略有改进。TPR、TNR 和总体精度略微提高。但是，由于测试样本中使用的样本数相对较少，不能十分肯定地总结结果。结果的范围可以随着另一个测试样本而变化。这种事件发生的可能性是相当高的，因为在较低的训练样本中，即使是一个或两个样本误分类也会导致总体结果变化 10%～20%。为了获得更好的想法，随后将使用整个数据集来测试模型并研究结果。

```
>prediction_summary(fit,day_level)

[1] "Confusion Matrix :-"
        predicted

actuals  0   1
      0 54  14
      1 3   32

[1] ""
[1] "Overall_accuracy -> 0.83495145631068"
[1] "TPR -> 0.914285714285714"
[1] "TNR -> 0.794117647058823"
[1] "FP -> 0.205882352941176"
```

从上可观察到，总体上取得了很好的结果。TPR 和 TNR 也相对良好，并且微调后的模型总体精度也很高。如果考虑一个平均的模型，也就是说，既没有与整个数据集的结果一样好，但也不像测试集的一样低，即获得的 TPR 约为 70%，TNR 约为 75%，因此总体精度约为 75%。

注意：

目前的模型构建还有很大的改进余地。然而，当前的这个练习是受限于解决方案之前的结果。鼓励读者进一步迭代和调整模型。

接下来将汇总结果，看看如何为本章用例起草一个故事（即解决方案）。

6.5　汇总解决方案

此时准备好了一个能够给出准确度相对较好的模型。从大概数字来说，实现了 75%的总体精度，70%的 TPR 和 75%的 TNR（还可以进一步提高这个数字）。

这些是如何让用例的收益增加的？通过我方团队准备好的模型，可以肯定地说，预测 10 次有 7 次是正确的。所以，把因停电而造成的损失节省了 70%。可是现在也错误地预测了停电的时间，即 10 次中有大约 2.5 次预测错误。假设预计第二天将停电，储备柴油就会产生成本；而这个成本损失将会从正确的预测中抵消（惩罚）。

总体 FPR 较低，而且停电时备用柴油的成本通常远低于计划外停电造成的损失。因此，我们仍然处于为解决方案增值的有利位置。假设第二天的柴油成本为 100 美元，计划外停电造成的损失为 300 美元。那么，每 100 个事件，就有大约 35 个事件会发生意外的停电。

因此，总损失= 35×300 = 10500 美元。

运用预测模型，正确预测了 10 例中的 7 例，即 35 例中的 24.5 例。

因此，损失减少= 24.5×300 = 7350 美元。

每一次不正确的预测，都会因为备用不必要的柴油而损失 100 美元，换而言之，10 次中的 2.5 次是 100 次中的 25 次= 25×100 = 2500 美元。

因此，净损失减少= 7350 – 2500 = 4850 美元。

现在，比较净损失（4850 美元）与原来的损失（10500 美元），已经减少了约 50%（46%）的损失。

这个数字对于太阳能基础设施用例来说显然是切切实实的。

因此可总结出来，通过将最终客户的损失减少了 50%（假设），解决了停电的不确定性问题。

6.6　小　　结

在本章中，通过解决太阳能行业一个全新的用例，加强了决策科学的学习。运用解析问题和设计问题的方法和蓝图，对相同的解决问题的根本原因开始分析。经过研究，与以前的用例相比，本章用例中的问题陈述更加具体和范围更加缩小。我方团队解决了太阳能技术停电的不确定性问题。在清晰地解析了问题陈述之后，探索太阳能电池板和基础设施的传感器数据，以查找模式和相关信息。在（通过调研和咨询行业专家）收集了数据和领域的基础背景信息之后，加工出更好的特征来解决问题。

随后，利用在第 5 章中学到的这些特征和机器学习算法，构建出一个预测模型，用以提前一天预测太阳能电池板基础设施停电的可能性。通过基本的业务假设，为客户汇总并验证了解决方案。而且，通过事先预测太阳能技术停电的可能性，将损失减少了 50%。

因此，顺利完成了整个解决问题的速成分析，同时也加强了对物联网决策科学的学习。在第 7 章中，将接触解决问题的下一个层面——规范性科学。并且，打算采用一个假设的例子和一些现实生活中的例子，探究学习如何战胜业务灾难。

第 7 章　规范性科学与决策

预测性分析将分析和决策的能力扩展到了一个卓越的水平。这里将日常生活作为一个例子。如果能回答出“何时”的问题，那么就能帮助人们做出更好的决策，为未来保驾护航。对未来的预见性会让每个人更加轻松自如地生活。决策科学中的问题解决也是如此。问题的性质可以是描述性、探查性、预测性或规范性的。规范性科学或规范性分析（Prescriptive Analytics）回答这个问题，即“那么会发生什么/现在该做什么”，旨在改进问题的结果。人们在日常分析操作中看到问题后也经常会如此发问。

规范性分析是描述性、探查性和预测性分析相融合的一种模糊过渡。这个问题到达了一个点，即此刻要对各种不同的问题不断地迭代，不管是从业务问题中恢复或者进一步改进解决方案。在本章中，将采用一个假设的例子来探明规范分析的细微差别。与此同时，了解可以采取什么行动能从业务问题中恢复，或运用从描述性+探查性+预测性堆栈中学到的知识进一步改进解决方案。完成端到端的问题堆栈之后，则会将各个学习点连接起来，更详细地研究决策科学中问题的相互关联性。

本章将介绍以下主题：

- 应用一种分层方法和各种测试控制方法战胜业务问题。
- 将结果与数据驱动和启发式驱动的假设联系起来。
- 连接问题体系中的各个点。
- 构造并理解问题体系中相互关联的问题。
- 实施解决方案。

7.1　应用一种分层方法和各种测试控制方法战胜业务问题

规范性科学是描述性分析、探查性分析和预测性分析三者的融合。它是一种分层的方法，而且一直迭代到解决方案令人满意为止。为了清楚地理解这个概念，现从外行人的角度用重构抽象和模糊的词来简化它。

7.1.1　规范性分析的定义

规范性分析有助于回答在问题解决练习中的“那么会发生什么/现在该做什么”，也就是帮助改进结果。这是问题解决（堆栈）的最后一层，是前 3 种类型（描述性分析+好奇性分析+预测性分析）的融合。

接下来将举一个浅显易懂的例子，以便更详细地研究这个问题。比如一家提供诸如宽带连接、IPTV、移动电话连接等多种服务的电信巨头（例如 AT&T、Verizon 等）。客户体验团队的主管马克希望解决一个问题。该问题最初从（问题解决堆栈）第一层开始，即试图做出回答的描述性分析。

1．发生了什么

马克的团队研究各种报告后对数据进行分析，发现联络中心（呼叫中心）的整体运营成本增加了 20%。这主要是由于过去几周某个区域的客户来电超大流量而造成的。

2．为什么以及如何发生的

某些操作区域的网络中出现拥塞，导致网速下降，掉线等。愤怒的客户一直在不断地向客服主管提出投诉和账单/退款问题。

3．什么时候会再发生

该团队探索数据，构建了各种预测模型，用来预测客户何时进行下一次呼叫（例如 8 天之后），而且还要构建各种预报模型，用以预测未来几周预期的呼叫量。这些数字显示，客服座席处理的电话数量出现了惊人的增长。

4．那么会发生什么/现在该做什么

客户体验主管马克此刻面临着无比巨大的压力。为了解决这个问题，他要求他的团队快速解决问题，以减轻业务问题。超大呼叫量将会扼杀代理商的带宽，增加客户的通话等待时间，登记的投诉将很难被解决，最终也会影响客户体验。一些愤怒的客户甚至可能停止使用这些服务，转而选择竞争对手的服务/产品。这种情况不仅会造成巨大的商业损失，也会严重影响公司的品牌价值。马克需要立即采取行动解决问题，减轻业务问题的影响。

现在对这个案例有了一个总体的了解，接下来要试着简单地理解“那么会发生什么/现在该做什么”的答案。马克的团队已完成了最初的一系列分析，并且贯穿了问题的描述性、探查性和预测性分析。因此，已经有了“是什么”“为什么”“何时”的答案。此时到达了一个点，即要问“那么会发生什么……”（客服座席的呼叫量大幅增加最终将导致巨大的商业损失），以及“现在该做什么……”（团队需要迅速采取对策来解决问题以缓解业务问题）。作为一种补救措施，我们将从小处着手，但在解决问题时，还会发现很多新问题。为了解决这些问题，需要遍历问题堆栈直到为整个问题找到解决方案。

因此，规范性分析是指，将整个问题堆栈中收集到的各种洞见和答案融合在一起的

一个结果。整个过程可以用图 7.1 来概括。

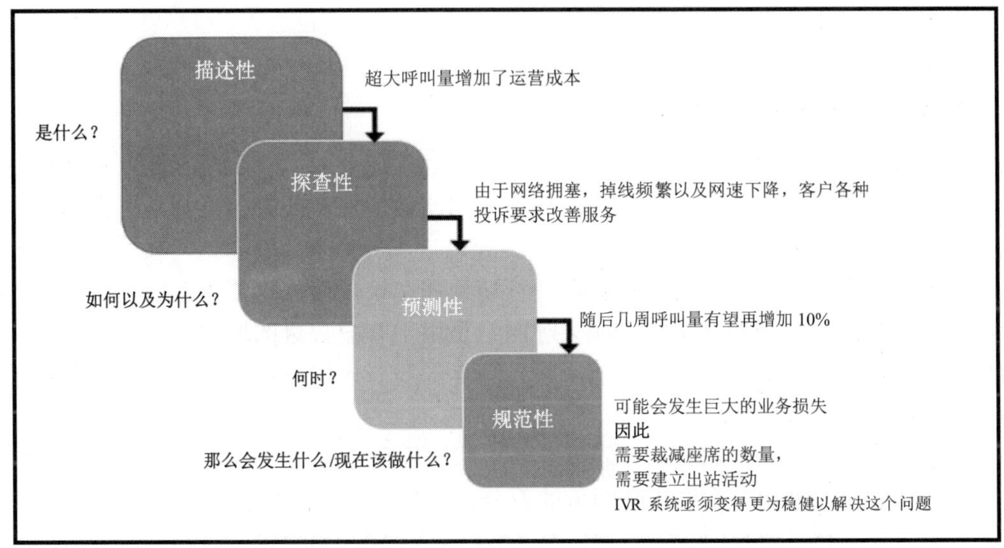

图 7.1

概而言之，规范性分析可以被定义为找到给定情况的最佳行动方案。

此时对规范性分析有了较清楚的理解，接下来研究一些措施，看看如何得出针对特定情况的最佳建议行动。

7.1.2　解决一个规范性分析用例

举一个假设的用例，借此深入了解可以用来缓解业务问题的不同方法。下面将用分层的方法来解决问题；也就是说，从描述性开始，再转向探查性和预测性的解决方案。融合 3 个层面的所有知识，会不断接近规范性分析。大多数情况下，在使用规范性分析解决问题的同时，会根据更新的问题进行调整。分层方法遍历整个堆栈中的每个问题，并最终解决问题体系中的所有相互关联的问题。在第 1 章“物联网和决策科学”和第 2 章“物联网问题体系研究和用例设计”中研究了问题的相互关联性。

随后将用电信行业的一个用例（假设）来举例。此用例与之前研究的例子类似，但稍微详细一些且略有不同。

1. 用例的背景信息

一家跨国业务的领先电信巨头，主要为消费者和企业提供移动电话服务、IPTV 和宽带服务。该电信巨头的客户体验团队运营一个呼叫中心，支持聊天、语音来电、IVR、出站活动和电子邮件以解决客户的投诉。客户体验团队主管马克负责以最低的运营成本实现平稳运营，而不会影响客户的满意度。

此处采用和前面一样的一组问题来构建用例。

2. 描述性分析——发生了什么

马克最近研究发现由于呼叫量增加，呼叫中心的运营成本一直在上涨。那么仔细观察一下。会不会是因为客户数量增加而导致呼叫次数增加？或者会不会是一个季节性模式，导致在一年中的通话量普遍较高？

为了总结调查结果，不仅要对数据进行切片和切块，而且也要肯定地确认由于呼叫量增加，运营成本是否确实增加。如果呼叫量是由于客户数量的增加，那么由于呼叫量增加，无法证明运营成本增加。如前所述，马克的职责包括以最低的运营成本保持平稳的运营，而不影响客户体验。

以下可视化图展示了对数据（假设数据）的切片和切块操作的结果。

先来看看年度呼叫量和同比呼叫量的百分比增长率，如图 7.2 所示。

图 7.2

可以清楚地看到，过去 5 年里每年的呼叫量有一个递增的趋势。柱形图显示呼叫量同比增长几乎一致。2012 年增幅最小，即 11%；在大多数情况下，呼叫量表现出稳定的增长。

那么，呼叫增长是否可以归因于客户增长呢？

答案是肯定的。随着客户数量的增长，呼叫中心收到的呼叫量也会增长。但是，需要检查呼叫量的增长是否与客户增长成正比。该如何检查这一点？

为了近似地看到呼叫量的增长是否与日益增长的客户群成正比，要定义一个归一化的维数或向量，这基本上是关于呼叫或客户标准化的关键绩效指标（KPI）。可定义一个 KPI，如每个客户的呼叫量——总活跃客户数的总呼叫数。

下面绘制多年来每个客户的呼叫量分布情况，如图 7.3 所示。

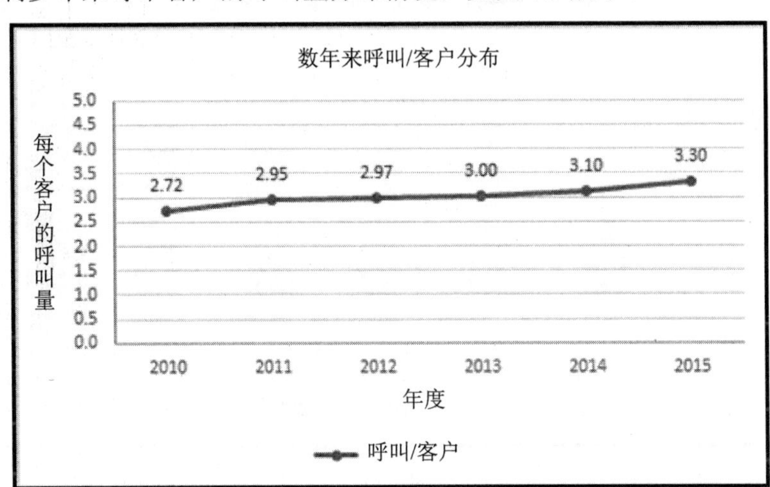

图 7.3

正如所看到的，尽管随着客户数量的增长，呼叫次数也在增长，但从 2014 年到 2015 年，每个客户的呼叫次数肯定增加了很多。这可以帮助确认，整体而言在呼叫中心的年度呼叫量出现显著的增长。

接下来，需要回答为什么整体年度呼叫量有所增长？这意味着要通过探查性分析来盘根究底。

3．探查性分析——为什么以及如何发生

为了理解整体呼叫量增长的原因，要遵循相同的（解决问题的）普遍过程。以下将解析问题，对各种因素进行头脑风暴和假设，而且设计解决方案的蓝图（问题解决框架）。在探索性数据分析阶段，将深入分析数据，找出呼叫量增长的原因。

在收集的所有假设中，其中一个因素是“重复呼叫”，即客户一次又一次地就同一个问题呼叫。有一个简单的业务规则可以帮助定义一个重复的呼叫，它指的是在 48 小时内从同一个客户呼入的另一个电话。为了验证此假设，每个客户的呼叫量增加了，最终也增加了每年的呼叫量，而这主要是由于来自客户的重复呼叫。客户再次打电话来了解这个问题，因为在首次呼叫时没有提到这个问题。

这似乎是一个有效的假设。下面就来深入分析数据，看看数据的分布如何，如图 7.4 所示。

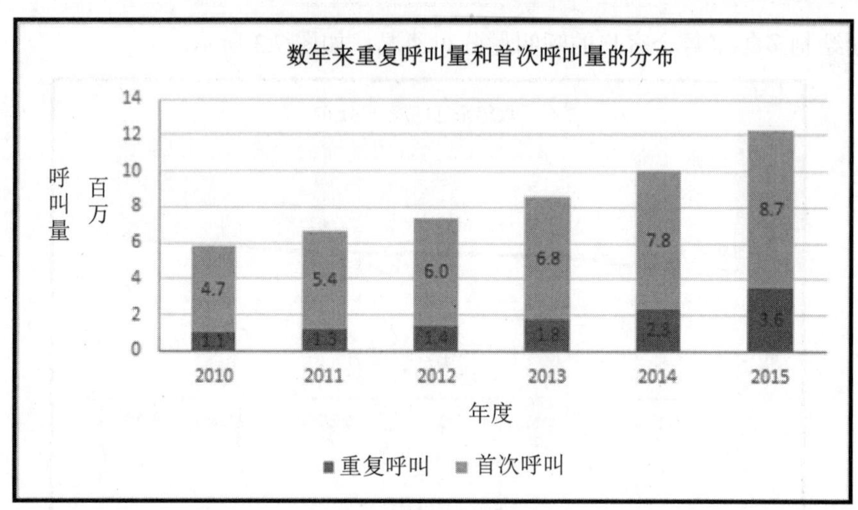

图 7.4

从图 7.4 可观察到，每年重复呼叫占整体呼叫量的 20%。但是，这仍然是相关的吗？因为它可能与每年越来越多的呼叫量同步。为了验证假设，还要再多提出一个观点，用以研究重复呼叫率是否确实有所提高。以下绘制了一个堆叠条形图（见图 7.5），其中包括各年的“重复呼叫”和“首次呼叫”百分比。

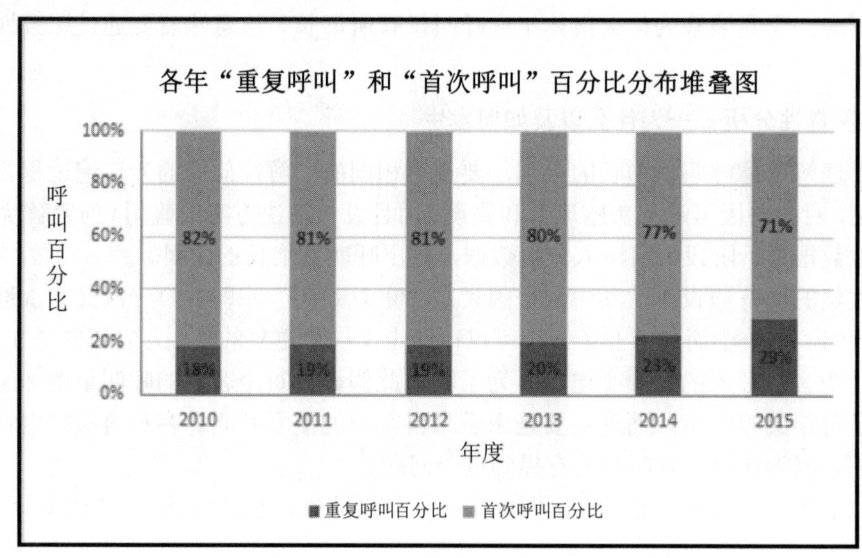

图 7.5

现在可以得出结论：假设为真。也就是说，重复呼叫率确实同比有所上升。这可能是本年度每个客户呼叫量增长的潜在原因之一。

但是，如果客户正在重复呼叫，他们又是如何重复的呢？是出于同样的原因还是不同的原因？

通常情况下，由处理该问题的 IVR 或座席为来电分配呼叫类型。呼叫类型可以是诸如“无法连接网络”“网速慢”“计费问题”“请勿打扰激活”“充值计划”等。现在的问题是，如果一个客户呼叫要求排除互联网故障，后来在 48 小时内为计费问题再次致电，那么这是一个重复呼叫还是一种巧合？

尽管假设似乎有效，但仍然需要检查更多的有效性。如果 100 个电话中有 20 个重复（基于业务规则），并且其中 15～18 个重复呼叫是由于不同的原因，那么不能将重复呼叫确定为呼叫量增长的因素之一。这可能是一个普通的问题，恰巧被标记为重复呼叫。

紧接着来看看重复呼叫的数据分布情况，更加仔细地查看具体原因，也就是具有相同原因的重复呼叫和具有不同原因的重复呼叫。这里可以定义，在 48 小时内的一个“同样原因重复呼叫”（参数）作为同一客户的一次额外呼叫，以用于相同原因的重复呼叫。而“不同原因重复呼叫”（参数）则用于不同原因的重复呼叫。因此，如果客户因为同样的原因在 48 小时内再次呼叫“网速慢的问题”，这就属于“相同原因重复呼叫”。否则，如果同一客户因其他原因在 48 小时内打另一个电话，比如说“计费问题”或“充值计划”，则将其归类为“不同原因重复呼叫”。图 7.6 显示了各年相同原因和不同原因的重复呼叫分布。

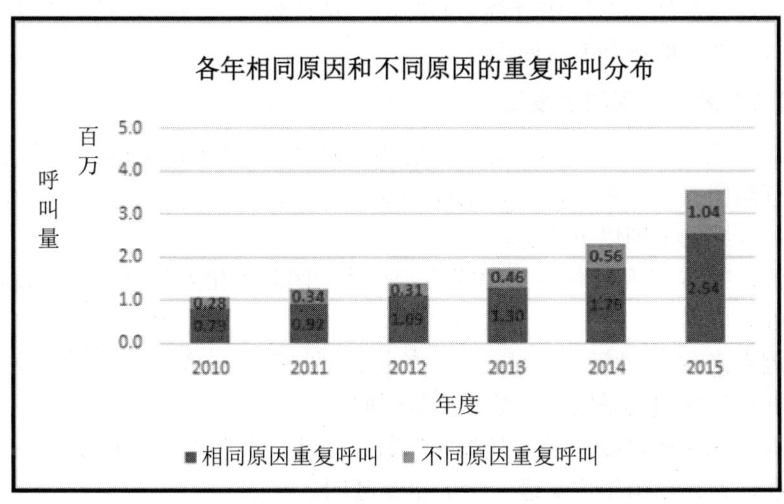

图 7.6

可以注意到，大部分重复呼叫都是出于同样的原因。大约四分之一呼叫重复的原因可能是一个真正的呼叫重复或可能只是一种巧合。图 7.7 绘制了多年来相同原因和不同原因的重复呼叫百分比的堆叠百分比分布。并且从中发现，在大多数情况下一个不同原因的重复呼叫的百分比大概处于 20%～30%。

图 7.7

所以可以肯定地认为，高重复呼叫率是导致整体呼叫量增长的因素之一。

接下来的步骤是什么？现在解答了问题的“是什么”“为什么和如何做”。下面研究预测性分析如何才能帮助解决问题？

4．预测性分析——何时会发生

马克目前对这个问题已了然于心。他的团队研究了问题的根本原因，现在想用预测性分析来增强结果。在一般情况下，借助预测的能力，此时可以利用各种功能强大的机器学习算法，以帮助预测以下信息。

- ❑ 预测未来 6 个月的每月总呼叫数：有助于团队优化人员配置，更高效地处理大量呼叫电话。
- ❑ 预测未来 6 个月每月重复呼叫率的量：通过研究导致重复呼叫的模式，使团队能够预见并相应采取行动减少重复呼叫。
- ❑ 预测第二天即将收到的重复呼叫次数：使团队准备好研究重复呼叫原因所需的技能，并采取措施避免进一步的重复呼叫。
- ❑ 实时预测客户是否会在未来 48 小时内重复呼叫：有助于在通话过程中采取实时行动，以减少重复呼叫的可能性。

为了简单起见，假设前面列表中前 3 种技术的结果如下。

- 未来 6 个月的呼叫量环比增长 8%～10%。
- 未来 6 个月重复呼叫率的量环比增长约 10%。
- 预计第二天的重复呼叫次数增加约 10%。

5. 开始规范性分析

借助对未来的预见性，马克的团队清楚明白了为了改进业务他们需要即刻采取的下一步措施。而这也正是规范性分析在解决问题的过程中开始显露身手的时候。

在了解发生了什么，或者知道可能发生的事情之后，实施规范性分析的行为就开始了。举一个日常生活中的例子。假设您是计算机工程专业的大三学生。离学期考试还有一个月的时间，所以要开始准备考试。根据在前几学期的表现，您对编程技能略有了解。比方说，擅长编程，但是却不熟悉计算机网络。因此，会花更多的时间来学习计算机网络课程。同样，假设您从教授那里知道有一个非常简单的数学考试，而您在数学方面表现十分出色。那么您一定会花更少的精力为数学考试做准备。这就是规范性分析的工作原理。

从更高层次上分析，您正在尝试解决一个问题，而且对这个问题的根本原因有深入的了解，或者可能知道接下来会发生什么。接着，您将相应地调整解决方案以改进结果。规范性分析正是一个反复的过程，需要大量的试错来优化结果。

在前述用例中，我方团队明白了所发生事件的性质以及对即将发生的事件也取得了一定见解。作为解决方案的一部分，马克这时致力于解决问题以减轻业务问题带来的危险。假设预测是 100%正确的（尽管预测并不总是 100%正确），来看看会发生什么样的损害。

客户来电呼叫量近期（过去几个月内）出现大幅上涨，而且根据预测，呼叫量似乎会环比上涨约 8%～10%。这提示在接下来的几个月内将面临巨大的资源紧缺，即客服座席（远远不够）。目前，从整个客户群中打来的电话每个月约 120 万个电话。如果预计未来 6 个月呼叫量环比增长 8%～10%，那么在 6 个月后，将平均每月收到 200 万个电话。只需通过简单的数学计算，就会明白需要增加座席人数来接听暴涨的电话。可是这绝对不是一个理想的情况。在此肯定能够通过增加座席人数来解决问题，但是需要小心谨慎地采取这种做法，以免产生巨大的运营开支。最好的办法是稍微增加人员，同时采取措施减少来电。

所以从技术上而言，有两个更高层次的解决方案来解决这个问题。

- 增加人员接听更多来电呼叫。
- 实施对策以减少来电呼叫。

讨论减少来电的对策是一个非常广泛的话题，但这些对策大概包括以下几点。

- 使 IVR 变得更加稳健，以便在 IVR 内解决呼叫问题。
- 通过电子邮件和自动 IVR，针对常见问题的解决方案设置出站活动。
- 立即解决客户经常打来的技术问题。
- 在呼叫通话时指导客户应该采取的下一个步骤，以避免重复呼叫。
- 通过互联网发布自助指导，让客户自行解决常见的问题等。

可以观察到，此时一个单一的问题已经被分解成了多个小问题。这些问题中的每一个都需要单独解决，并且可能需要采用端到端解决问题的方法去解决每个问题。而且，所有这些小问题实际上是相互关联的。如果没有解决个别问题，就无法解决主要问题。在第 1 章“物联网和决策科学”中清楚了问题的体系，它详细描述了相互关联问题的性质。当到达规范性分析层时，可以更详细地研究问题的体系。图 7.8 描述了该问题的一个相互关联的问题体系。

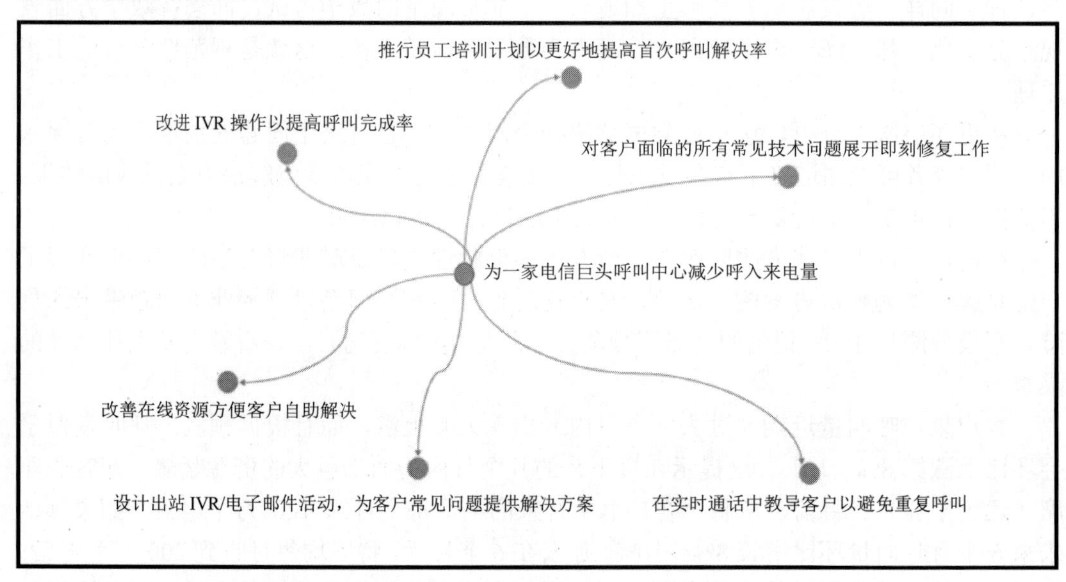

图 7.8

6. 用规范性分析更深入地分析

为了根据探查性和预测性分析阶段的结果来改进结果，可以采用的方法多种多样。在业务问题中，团队作为一种资源通常会按时间以最低（成本）进行运营，因此广泛的试错练习会变得异常奢侈且不可采用。为了保持流程灵活多变，大多数企业都使用 A-B 测试或快速测试和控制技术来评估解决方案的有效性，而不会影响整个业务。下面认真研究在用例中实施过这些策略的例子。

7.1.3　用规范性的方式去解决用例

作为规范性分析解决方案的一部分，企业通常需要验证当前方案的有效性。这种方案是否会造成巨大的损失？客户会不会不喜欢？或者实际上会不会对业务有所改进？为了找到所有这些问题的答案，可以实施一个十分简单的策略，即“测试和控制分析（Test and Control Analysis）”。

1．测试和控制分析

在测试和控制分析中，从总体中随机抽取两个样本进行实验。唯一的规则是两个样本在行为上应该一致，换言之，如果选择客户样本进行实验，那么这两个组应该具有类似的行为，比如人口统计学或基于客户类型的业务。下面将设计一个简单的实验：针对使用电子邮件的客户提供丰厚的节日优惠。从确定的两个样本组中，仅对其中一个样本进行实验，因此称之为“测试”组。另一组没有进行实验的组被称为“控制”组[①]。可以通过比较测试组和控制组结果的差异来研究实验的影响。

假设要测试电子邮件活动对零售店折扣优惠的有效性。可为实验确定一个测试组和控制组，并将电子邮件/信件发送给测试组。那么，就能够观察到测试组与控制组相比的不同表现。如果测试组的反应比控制组好得多，可以得出这样的结论：电子邮件活动的有效性是正面的，即人们对这个活动充满热情。如果没有什么重大差别，则可得出这个结果为中性的，也就是说，这个活动没有产生什么重大的影响。在某些情况下，如果控制组的反应比测试组更好，则电子邮件活动也可能会产生负面影响。

使用测试和控制方法，可以很容易地研究设计在较小样本上的不同实验的影响，而无须对总体进行设计分析。这样的实验能够帮助企业更好地做出决策，以改进他们用以解决风险降低问题的结果。在现实生活中也经常见证类似的实验。Facebook 最近的“实时视频”功能最初只发布到一个小型社区。后来根据结果和反馈，越来越多的用户组直至最终每个人都可以使用该功能。

2．在规范性分析中实施测试和控制分析

在用例中，这里已经到达了从预测性分析中获得各种洞见的一个点，并且在探查性分析时充分地理解了根本原因。而且还设计了一个微型的问题体系，它反映了正在解决的问题的相互关联性。为了继续往前分析，需要设计一些实验来改进结果，也就是减少

[①] Control group——译者注

客户呼叫来电。

下面来看看基于探查性和预测性分析阶段的学习，能够采取什么样的实验用以改进结果。随后将探讨从问题的体系中确定的一些小问题。

3．改进 IVR 操作以提高呼叫完成率

所有来电在到达座席之前首先通过 IVR。如果改进 IVR 操作，就可以减少呼叫量。为了提高 IVR 呼叫收容率或完成率，需要确定将客户呼叫转给座席的漏洞。通过分析 IVR 数据，可以确定以下几个宽泛的领域：

- 识别客户历经的常见路径。
- 研究呼叫转移到座席的常见选项。
- 客户对选择一个选项感到困惑的节点（例如，语言/措辞太复杂等）。

根据调查结果，可以实施一些修复，尽可能帮助客户在 IVR 内完成呼叫。例如，将添加西班牙语作为一个选项可能会减少呼叫转移，或向 IVR 增加一个新的应用程序，例如（之前没有的）自动提出针对计费问题的投诉，也可能会减少呼叫量。但是，在大多数情况下，利益相关者不能百分之百地确定，这些是否是解决问题和改进结果的最佳技术。因此，为了安全起见，选择测试和控制分析。可用一个小样本（测试组）来测试新特征，并将结果与控制组进行比较。如果结果是有利的，也就是说，看到测试组中的呼叫完成率比控制组更高，就可以将该特征推广到更大的样本。

4．减少重复呼叫

在大多数情况下，由于在通话期间提供的信息不足，客户重复呼叫的可能性很高。但是，座席难以向所有客户一次又一次重复信息。而且还会增加通话时间，从而增加运营成本。此处采用一种更优化的方式，可以利用预测性分析阶段中构建的机器学习模型，更有效地帮助座席。

如果机器学习模型能够实时预测，例如在 20 分钟通话中的 15 分钟内，处理呼叫的座席可以选择性地更好地指导客户下一步的步骤以避免重复呼叫。只针对潜在客户不会给座席带来负担，但会增加整个通话时长。

同样，如果能够预测客户是否会因为不同的原因而重复呼叫，那么座席可以根据呼叫的性质，为客户自助解决指点一些电子资源。比方说，如果呼叫被识别为网速连接慢的问题，并且在大多数情况下，网速慢的问题呼叫也伴随着计费问题呼叫，则座席可以教导客户关于自助资源的信息让客户获得额外的计费帮助。这些措施能够进一步减少重复呼叫。

可以采用相同的普遍的测试和控制方法，评估机器学习模型的有效性和座席的绩效，

以减少客户的重复呼叫。这个过程可通过选择一个合适的客户测试组和控制组来实现，稍后再通过对照研究来探究实验的有效性。

5. 提高首次呼叫解决率的员工培训

提高座席的技能以在同一个呼叫中更好地进行处理，也有助于减少重复呼叫。员工培训是一项昂贵的交易，因此也可用测试和控制分析方法进行实验。

规范性分析是一个迭代和详尽的步骤，通过大量的实验改进结果。在业务问题的情况下，并不总是只选择一种测试和控制分析方法。在这种情况下，使用历史模式和启发式方法来总结实验成功的可能性，并将实验一次性推广到所有受影响的运营中。

6. 将结果与数据驱动和启发式驱动的假设联系起来

在决策科学中，解决问题的过程是一个持续的过程。这可以从在上一节中看到的问题体系图中观察到。每一个较小的问题都可再次分解成多个较小的问题，并与另外一系列问题相联系。在每一步中，人们都越来越意识到问题的性质。即逐渐从一团乱麻阶段向混沌不清阶段过渡。越是清楚地意识到这个问题，就越需要解决这个问题。在这一点上，如果复查数据驱动的假设（DDH）矩阵和启发式驱动的假设（HDH）矩阵，将会看到所有维度都有一个小小的改进。也许能够提出更好的假设，也能通过更细化的方式来对数据切片和切块。从数据驱动的假设检验中再次研究结果，可以更透彻地解释结果，总而言之，如果现在就去解决问题，此时就能更好地解决问题。很多时候，人们能够清晰地看到迭代解决问题的诸多益处，因此在整个解决问题的过程中快速地进行迭代。迭代之后，这个问题的解决方案肯定获得了一个增量式地改进。

在这次分析练习中的迭代，最终改进了结果并解决了这个问题，从而促使我们重新回顾结果，重新学习 HDH 和 DDH。HDH 和 DDH 的收敛以及矩阵的复查，是决策科学生命周期中的一个关键点。在重温解决问题的过程中，都会观察到所有重大的创新和突破；此例中，经历了一个精通解决问题框架的结构和简化的路线，即 HDH 和 DDH 矩阵。

假设有了一个当前用例的问题解决框架，类似于在前面章节中所解决的用例中设计的框架。当到达规范性的分析阶段时，就会触及许多新的假设和较小的问题，比一开始就会遇到的问题还要多得多。将这些结果反馈给（问题解决）框架，可以帮助问题更好地演变。在行业中解决每一个问题都是如此。图 7.9 描述了经过不同阶段的问题流程。

从图 7.9 可知，在解决问题的迭代之后通过规范性分析，会复查 DDH 和 HDH（解析一个问题），甚至找出一个新问题。运用问题解决框架对整个循环进行迭代，可以帮助更快、更有条理以及更成熟地解决问题。

在这个过程中发现一个新问题时，这个问题往往与根本问题有关。可能是由当前问题导致的一个小问题，也可能是一个完全不同的问题，但它仍然与当前的问题有关。设计问题的体系，即一个相互关联的问题网络，又会是一个新的问题。这时需要了解其造成的影响和优先次序，以识别和评估新发现的问题与当前问题的关联。在某些情况下，暂停解决当前问题并转向新的相关问题可能是有意义的，因为如果不解决这个问题，当前问题就会碰到障碍。下面就来简单地探究问题体系中问题的相互关联的性质。

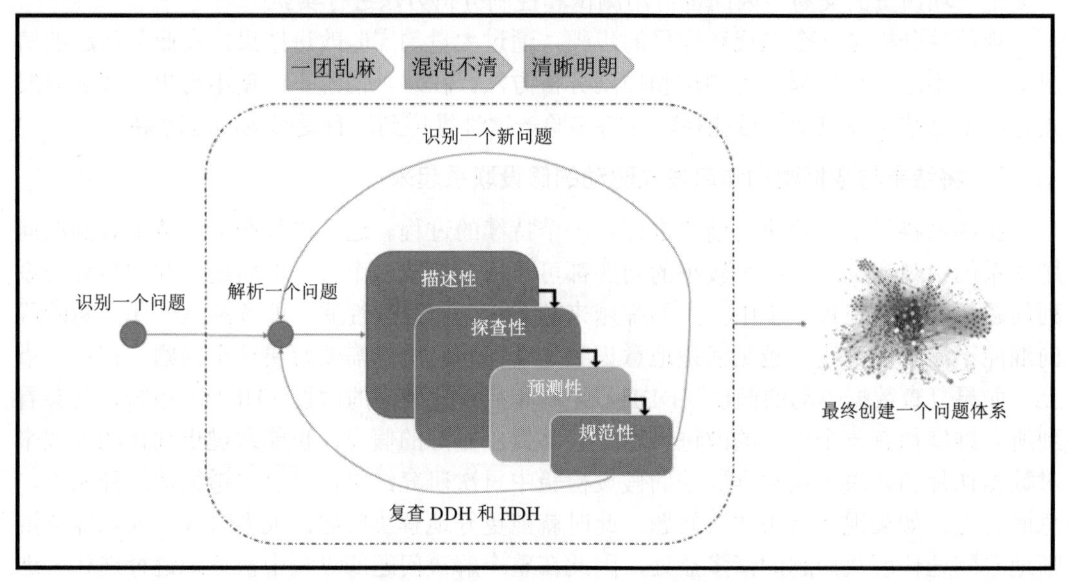

图 7.9

7.2 连接问题体系中的各个点

如果观察为电信巨头用例设计的问题体系，就能看到早已发现了多个问题。有一些基本上是可能在 HDH 头脑风暴时遗漏的假设。另外，由于对该领域的预见有限，可能在创建 DDH 时遗漏了。到达了规范性分析阶段后，则会完成一个理想完整的问题迭代。到了这一点时，将更好地加强对问题和领域的理解。此刻可以利用这个时机来进一步改进问题，但是在某些情况下，也许会发现一些与正在尝试解决的问题完全不同的新问题。以下问题体系用于所举电信业务的用例，请参阅，如图 7.10 所示。

图 7.10 中加下画线的问题实际上是新问题。员工培训和客户教导属于小问题，可以归类为当前问题的增强，可对它们复查 DDH 和 HDH。然而，其他 4 个问题是与当前问题有关的新问题。例如，改善网上自助资源是一个完全不同的问题，涉及处理网站、安

卓和 iPhone 应用程序、用户体验和设计，并且了解客户查询路径和网站美学。它需要运用设计思维和行为科学等新的学科交叉，研究用户在网站上的行为等。解决这个问题最终会对降低呼叫量产生影响，但这本身就是一个截然不同的问题。

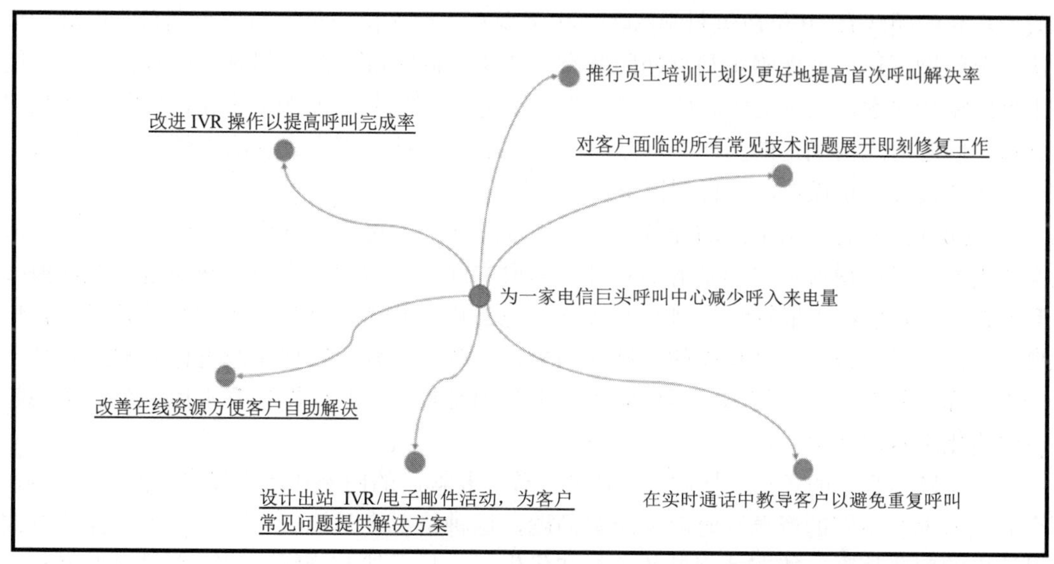

图 7.10

同样地，其他问题节点即“解决技术问题”更多的是网络和硬件问题，设计出站 IVR 和电子邮件活动是一个营销问题等。从前面的例子可以清楚地看到，所有问题之间相互关联是真真实实地存在着的。在这种情况下面临的最大障碍是如何确定问题的优先级。这时，已经知道了在哪些范围内可进一步改进当前问题，以及解决多个新的关联问题。在这种情况下，团队要暂停下来，需要去认真思考哪些问题应优先解决。在这里，解决所有这些问题都是十分重要的，但是也许不可能同时解决所有这些问题，那么该从哪里着手呢？

在这种情形中，需要具备大量的领域知识和商业意识才能做出决定。在每一步之后，团队都会针对每个新问题进行解决，从中直接受益同时也找到新机遇。切勿将太多的重点放在加强当前问题上，而是要把主要重点放在解决影响最大的新问题上。参考所举的用例，发现了 4 个新问题：

- ❑ 解决客户经常遇到的技术问题。
- ❑ 改进 IVR 操作以提高呼叫完成率。
- ❑ 改善在线资源方便客户自助解决。

- 设计出站 IVR 和电子邮件运动，解决频繁的客户投诉。

这个列表还不是详尽无遗的，只是涵盖了问题在一次迭代之后可触及的较高层次的领域。由于我方团队业务和领域知识比较有限，可以评估和优先考虑前面的 4 个新问题。假设马克的团队有 10 位决策科学家，一次至少有 4 至 5 位成员参与一个项目，也就是解决一个问题；这样就能确定马克的团队有足够资源同时解决两个问题。此刻需要考虑优先解决哪些问题，以免造成僵局。假设选择优先级最高的改进 IVR 操作，但是中途意识到这个问题对之前确定的另一个问题具有巨大的依赖性，那么就会陷入僵局，这样其中一个团队需要停止操作，一直到该依赖关系得以解决。

分配优先权是一项艰巨的任务，通常要经过充分的讨论和分析后才能完成。对于前面的用例，可以说最重要的是解决基础性的根本问题，即网络中断、网速慢、通话掉线等问题。一旦解决了根本性问题，可以努力改进 IVR 操作，然后改善在线资源以便客户自助解决，最后设计一个稳妥的出站活动来自动解决问题。对优先级进行分配主要基于为用例提供的有限背景信息。而现实生活中却困难重重。其问题体系永远不会像本书起草的简化版本那么简单。

将问题体系中的各点连接起来，是考虑首先要解决的问题和增强优先级的一种技术。企业能够拥有足够的资源同时解决所有问题，这种情况会是比较罕见的。以这样的方式设计出的问题体系，能够使问题的关联和优先级一目了然，让解决问题变得更加容易。图 7.11 描述了一个简化的问题体系，可以解释相互关联的问题之间的关联级别和优先级。

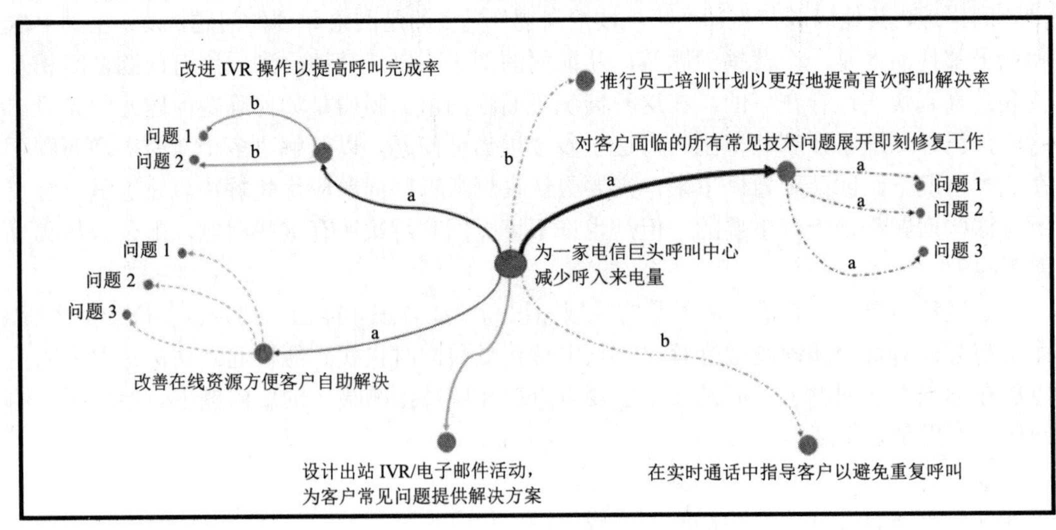

图 7.11

正如所见，将各点连接起来时整个问题体系是非常直观的。边的权重可以直观地显示出关联强度，而图 7.11 绘出的边的颜色可用来表示问题的优先级——红色边（图中用字母 a 表示）优先级最高，蓝色边优先级最低（图中用字母 b 表示）。虚边表示需要加强复查 DDH 和 HDH，而实边表示新的问题。使用这种简单化的可视化图，可以描绘出问题体系的直观视图，以便在连接各点时有助于理解。

7.3　撰写故事——了解问题体系中相互关联的问题

解决问题的过程十分漫长且不断反复。一旦设计了一个问题体系，就能很清楚地知道解决这个问题肯定会比预期的时间要长得多。这个过程本质上是迭代的，但并不意味着要看到切切实实的结果就需要一定的时间。对至今为止所获结果的价值以及设计解决方案路线图时所预期的结果进行评估变得越来越重要。

故事撰写即一种采用清晰明确的方式对结果进行归纳表达的技术，它在决策科学中举足轻重。事实上，这种情况在任何一个问题中都会存在，但是在这里当对问题拥有了整体看法后，就知道这个问题在不断地演变。在每一步中，故事撰写变得越来越重要，通过解决相互关联的问题，可实现所要传递的价值以及即将传递的价值。故事撰写要求按照顺序起草结果，让整个故事看起来既简单又直观，并且可供与项目有关的任何利益相关者使用。

在每个里程碑式的问题上都标上金钱的价值，通过纯粹的数字展示出问题的影响，会为所呈现的故事增添一种别具一格的风格。

下面就该电信用例进行举例以理解这一点。目前，完成了一个解决问题的迭代练习，并且遍历了决策科学中问题解决堆栈的各个方面。换言之，遍历了决策科学的描述性+探查性+预测性+规范性阶段。而且不仅草拟了一个问题体系的版本，也设计了一个问题体系的简约版本。现已经把这些点连接起来，并且也十分清楚下一步应该做什么。这时需要采用一种方式来表达发现和结果，即能够给下一阶段的执行呈现出价值并提供足够的解决措施的一种方式。而马克也要为领导团队和他的公司提供解决方案。

注意：

在下面草拟的故事中，已忽略了解决诸如网络拥塞和掉线等技术问题，因为这些行为超出了客户体验团队的职责范围。

接着将根据一些假设，在所举的用例和解决方案路线图中阐明金钱的价值和机会价值。假设一个座席的酬劳处于平均水平，他平均处理一个电话的成本是 7 美元。目前一个月约有 100 万个电话，每年约有 1200 万个电话。因此，每年的开支约为 8400 万美元。

在当前的情况下，呼叫量环比增长 8%～10%——团队会在第 6 个月末看到每月呼叫量达到 150 万，净增超过 200 万个电话；也就是说，如果在接下来的 6 个月内每个月有 100 万个电话，那么总呼叫量将会是 600 万个左右。然而，每个月平均增加 8%～10%的呼叫量，总共约为 820 万个电话，而不是 600 万个。因此，额外的 220 万个呼叫将导致运营成本增加 1500 万美元（假设每个呼叫的成本为 7 美元）。我们的直接目标是减少因呼叫量增加而造成的损失，并改善运营开支。

此刻确定了一些需要改进的领域，也明确了解决方案路线图的下一步工作。现在就要用当前的结果将所能捕捉到的机会价值罗列出来，考虑如何在解决方案路线图中标示出这些价值。比如未来 6 个月的总呼叫量，即 820 万个呼叫（最坏情况）。由于重复呼叫率的增加，主要呼叫量也在增加。可以看到总呼叫量的大约 25%是来自客户的重复呼叫，即 820 万个的 25%，即约 200 万个的呼叫成本超过了 1400 万美元的运营开支。因此，即时的机会价值就是减少重复呼叫的 1400 万美元开支。

7.3.1　第一步——即时措施

为此，构建了一个机器学习技术，可以实时预测客户是否会在接下来的 48 小时内重复呼叫。此外，将能够预测他是否会出于相同的原因或不同的原因重复呼叫。借助这样的模型，接听现场呼叫的座席将能够更好地避免重复呼叫。假设可以用这种方法来减少大约 60%的重复呼叫。这相当于 200 万个呼叫的 60%（即 120 万个呼叫），即 860 万美元。

7.3.2　第二步——未来措施

为了进一步减少收到的呼叫来电，团队计划改进 IVR 呼叫完成率。让越来越多的呼叫在 IVR 中解决，而无须座席接听电话。随着对 IVR 进行新的改进，可以预计整体呼叫量将减少约 25%。因此，从接下来的 6 个月内 700 万个呼叫中（700 万= 820 万-120 万=从步骤 1 减少的重复呼叫），有望减少约 175 万个呼叫（即 25%）。

同样，通过更长期的计划——改善在线资源和建立出站活动——可预计呼叫量还额外减少 15%，即 525 万个（700 万-175 万= 525 万）的 15%，相当于约 80 万个呼叫。

总而言之，现在拥有一个即时的机会价值，可将呼叫量从 820 万个减少到 700 万个，实时地对一个客户重复呼叫的倾向进行预测，即 120 万个呼叫= 860 万美元[①]。

---

① 此处应为 840 万美元，即 120 万个呼叫×7 美元=840 万。——译者注

随着未来计划的到位，预期将会获得一个适中的结果，团队可以抓住一个机会，通过改进 IVR 操作和在线资源为客户的自助服务，在即将到来的呼叫峰值上至少减少 175 万个+80 万个的呼叫。 因此，有机会节省 175 万+80 万个≈250 万[①]个呼叫×7 美元≈1800 万美元。清晰地列出各种业务的有益之处之后，现在可以开始讲述故事了。马克可利用这个强大的用例和相关益处，说服领导团队和首席执行官采取这个解决问题的方法以及实施接下来的步骤。

整个用例可简化为一个简单的故事，如下：

客户体验团队研究了过去几个月中越来越多的客户呼叫量，这些呼叫不仅增加了运营开支，也影响了消费者体验。这个团队分析了造成这一问题的各种原因，了解到高呼叫量的核心原因主要是重复呼叫率的上升。该团队利用各种预报和预测性技术，并研究预计未来 6 个月呼叫量将每月增长约 8%～10%。由于呼叫量激增，预计将会产生额外的 220 万个呼叫，造成增加超过 1500 万美元的运营开支。

该团队积极制定了即时措施，在接下来的几个月内将重复呼叫率降低约 60%，可将运营开支降低 860 万美元。而且制订了具体计划进一步降低运营开支至 1860 万美元，即通过多种策略如改进 IVR 操作和在线资源，让客户自助服务以减少呼叫量。解决这一问题的路线图不仅有助于降低预期增长的运营开支，而且还将进一步降低成本，但又不会影响消费者体验。

可通过以下简单的流程图（见图 7.12）直观地说明这个故事。

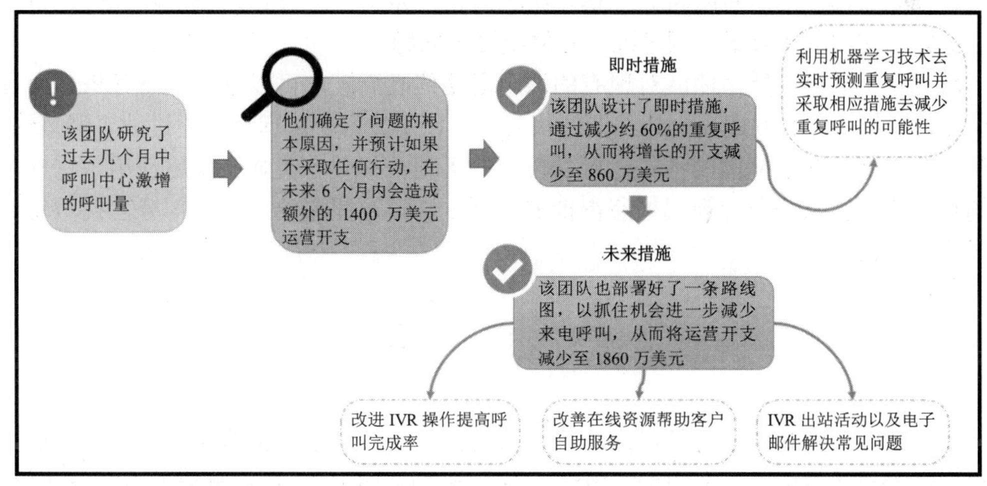

图 7.12

[①] 此处实为 255 万。作者在原文可能只是大体估计。——译者注

这个故事撰写的演练会帮助马克赢得他的领导团队同意，从而批准通过他的策略。在这里让所有细节都变得既简单又直观，方便业务利益相关者去读懂这个故事。在解决问题过程中每遇到一个里程碑之后，就需要执行故事撰写练习。其中的一个里程碑可以被认为是解决方案堆栈中迭代的结束，正如所完成的用例一样。在撰写好的故事基础上，需进一步审慎思考，从设计好的路线图中所获得的诸多益处，是否对执行有价值或者是否需要修改路线图。

7.4　实施解决方案

解决问题的最后一步就是实施解决方案。本章讨论了按照我方团队的计划立即推出的实施方案；即开发出一种解决方案，实时通知座席一个客户是否会在接下来的 48 小时内重复呼叫。为了使解决方案更具可操作性，可以设计一个关联规则表，计算不同呼叫原因（类别）之间的关联。当座席收到通知，知道一个客户将在接下来的 48 小时内因不同的原因重复呼叫时，这个方案将派上用场。座席可利用关联规则表来了解重复呼叫最可能的原因，采取额外步骤减少重复呼叫的可能性。

在完成了前面的所有步骤之后，实施解决方案就需遵循设计的步骤，作为分析学习之旅的一部分，换言之，端到端解决一个商业用例。当完成一个端到端的迭代时，遍历决策科学生命周期的所有阶段。在迭代结束时，确定下一个分析之旅的路线图；也就是说，实施当前的解决方案，同时准备好解决这个问题。

反思整个分析，整个团队对现有的清晰思路信心满满，可以继续往下分析。而且也确切知道在解决什么问题，为什么要解决问题，以及如何解决问题。通过故事撰写练习，把整个分析制定成最简洁的格式，可供每个业务利益相关者清晰明了地使用。这样，马克的解决方案会从公司管理层处获得批准，所以这个过程完成了第一部分，接着转到第二部分，如此等等。

7.5　小　　结

在本章中，对解决问题的最后阶段（即规范性分析）进行了探讨。本章从电信行业的客户体验团队借用了一个假设的用例。为了解决这个问题，利用分层的方法解决问题，并通过描述性的、探查性的和预测性的路径快速遍历。接着，对规范性分析一探究竟，学习如何利用它来改进结果并回答这两个问题：那么会发生什么/现在该做什么？

为了掌握决策科学中的决策过程，本章研究了问题在现实中是如何迭代的，以及如何通过在问题解决框架中复查 DDH 和 HDH 矩阵，更好地解决问题。进一步探究问题在本质上是如何相互关联的，还有如何通过设计问题体系并连接各问题点，以更清楚地理解问题，从而可以研究、捕捉和主动解决问题的演变。最后，研究如何自信地起草一个直观而清晰的故事，将团队的发现和下一步措施作为解决方案路线图的一部分呈现出来，以解决不断演变又相互关联的问题。

因此，到目前为止，不仅探索了决策科学的各个阶段，还学会了如何使用多种用例来解决物联网行业的问题。在每一个用例中，探讨了决策科学中运用各种不同类型的分析技术——描述性、探查性、预测性和规范性的技术。在问题通过自己的生命周期，即从一团乱麻到混沌不清再到清晰明朗的状态往前演变当中，学会了如何解决这个问题。

在第 8 章中，本书打算探寻物联网行业的颠覆性创新，并将简要地讨论物联网是如何在雾计算、认知计算和其他几个领域实现一场革命的。

第 8 章　物联网颠覆性创新

随着物联网模式在各个垂直行业的日益渗透，人们目睹了物联网行业内发生的巨大颠覆性创新。物联网的价值和潜力展现无遗，而且成功案例在每一个垂直行业比比皆是。而伴随物联网的出现，还催生了人工智能、机器学习、深度学习、机器人技术、基因组学、认知计算、雾计算、边缘计算、智能工厂以及不计其数的其他颠覆性创新。当人们在日常生活中利用这些技术创新时，也直接或间接地从这些颠覆性创新中获益。随着时间的推移，肯定会更好地将这些规模进一步扩大。

资产互联和运营互联已经成为现实，而人们也将看到物联网颠覆性创新与多学科创新的相汇融合。仅举几例，比如数据量的不断增加促进了物联网深度学习的发展；边缘计算或雾计算推动了最先进的智能资产的发展；而人类思维和机器智能的结合，颠覆了工业和医疗保健物联网的各个全新领域。人们目睹了十年前在电影中看到的所有科幻幻想而今已梦想成真。在本章中，将简略地了解由于其他学科的创新融合而造成的一些物联网颠覆性创新。

本章简要介绍以下主题：

- 边缘/雾计算——探索雾计算模型。
- 认知计算——非结构化数据的颠覆性智能。
- 下一代机器人和基因组学。
- 自动驾驶汽车。
- 物联网生态系统中的隐私和安全。

8.1　边缘计算/雾计算（Edge computing/Fog computing）

雾计算的话题近年来引起了极大的关注。这个概念在研究和实验阶段已经存在有相当长的一段时间了。但是，随着近来物联网的发展，边缘计算从“创新触发”阶段发展到“预期膨胀峰值”阶段（这里指的是 Gartner 的 Hype cycle 模型[①]）。边缘计算的概念让人惊讶，因此思科公司深受启发，将“雾计算”这个术语从云计算的传统架构中提取出来。

下面从外行人的角度理解雾计算的概念。

[①] 由著名咨询公司 Gartner 发布的 Hype cycle 模型，包含了 Gartner 对众多行业发展周期的预测与判断。——译者注

边缘计算/雾计算是将数据、应用程序和服务的计算，从中央的云推到网络的逻辑极限（即边缘）的一种架构。这种方法需要利用也许不能连续连接到网络的资源，如笔记本电脑、智能手机、平板电脑、家用电器、制造工业机器、传感器等。边缘计算体系结构有许多其他名称，如点对点（P2P）计算、网格（grid/mesh）计算等。

在云计算架构中，中央服务器负责应用程序或设备所需的全部计算。但是，随着物联网生态系统的发展，遵循相同的原则变得越来越累赘臃肿。回顾第 1 章“物联网和决策科学”研究的物联网逻辑堆栈，它指的是物联网生态系统可以逻辑分解成 4 个单元组件——数据、物、人和流程。在数据维度中，人们意识到即使互联的设备正在生成海量数据，但大部分数据本质上是转瞬即逝的数据；换而言之，数据在生成之后的几分钟内就会丧失其价值。因此，只要数据一产生，就对数据进行处理并从中提取出价值，存储用以满足各种分析的需求，这一项技术是一门完全不同的学科。

处理数据并从中提取智能信息需要将计算推送到本地节点设备。这些设备配备了最低要求的计算能力和数据存储设施有助流程的进行。计算之后，只有既丰富又被压缩过的且可重新使用的数据才会传回云端。如果继续在物联网生态系统中利用云计算，那么要让流程依然可行，扩大解决方案和基础设施将成为一个迫在眉睫的瓶颈。而且，随着云计算架构的实现，将如此海量的数据从设备向云端传输，接着又为所有设备处理和提取数据，这种操作将会阻塞网络，同时也需要庞大的存储和计算资源。此外，数据量预计会在很短的时间内翻倍。对于物联网生态系统而言，云计算显然不是一个十分可行的选择，而这时恰好出现了一个更可行和更创新的解决方案的概念，而这个概念对物联网架构极为有利。

随着雾计算的出现，计算能力被推向了极限逻辑端点，从而使设备在一定程度上能够自主智能决策。中央服务器上的存储和计算负载减少到了一定量，并且由于只有既丰富又被压缩过的数据被发送到服务器，通信也能闪电般地实现，进而能够更快地获得结果。随着物联网中雾计算的颠覆性创新，人们亲眼目睹了它们引发创新的各种各样的新事物。

图 8.1 展示了雾计算的架构。

正如所看到的，多个设备聚集在一起，形成一个连接到单个计算节点的较小网络。在某些情况下，将单个设备分配给单个计算节点而不是集群。后续将通过一个假设的用例详细探讨雾计算模型，同时了解物联网如何采用雾计算技术来提供最先进的智能连接设备。但是，本章首先学习一个非常明确的例子，以巩固雾计算基础。

假设您的手机装有一个健身应用程序，可以跟踪您每天所消耗的卡路里数，并且每天给出相应的报告，告诉您燃烧了多少卡路里，同时提供与之前目标和历史表现相比的一些统计数据。这是通过计算您一天行走的步数来实现的。您的手机配备了各种传感器，如计步器、加速计等。这些传感器可以捕捉手机每个细微运动的数据；换而言之，在微秒级，可捕捉到手机的 x 和 y 坐标。

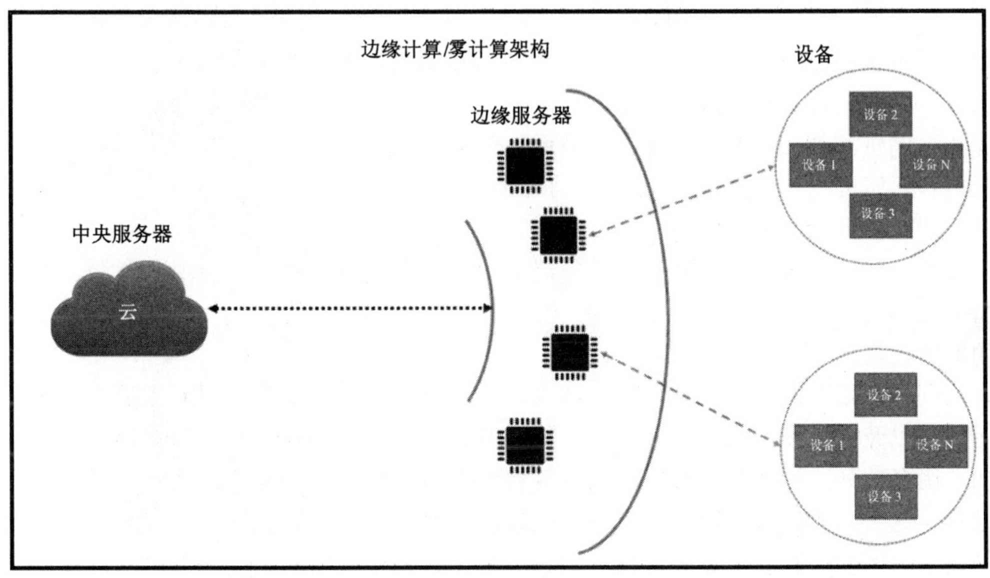

图 8.1

通过在 x 和 y 坐标序列中捕捉一个模式，可以研究一天中您走了多少步。比方说，走路时手机放在口袋里，那么 y 坐标有轻微的提升，而 x 轴向前移动。来自手机传感器的坐标数据图将形成一个模式，以检测完整的步行周期。采用这些模式就能计算用户行走的步数。图 8.2 很好地展示了这个思路。

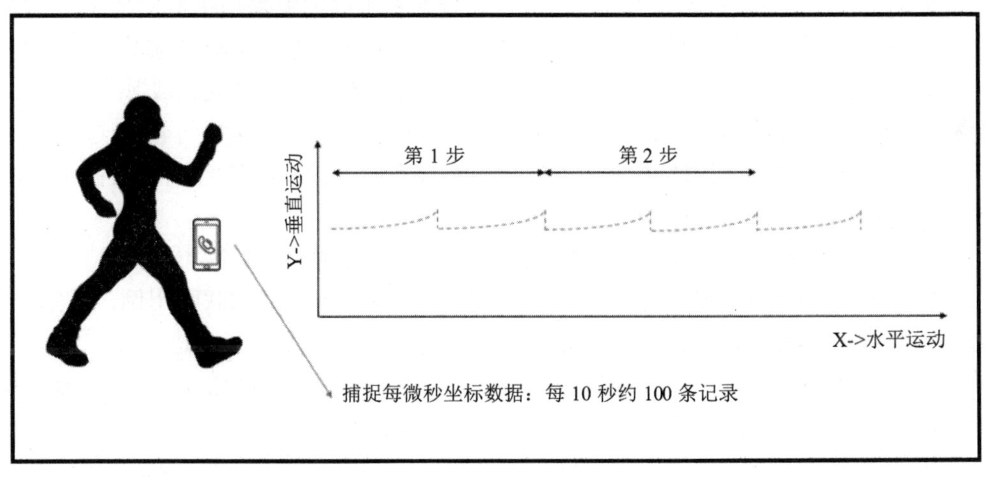

图 8.2

如果这时尝试从简单的云计算角度来思考，那么，这个过程本来就是从计步器收集整个日志数据，即一天大约 50MB，然后发送到云服务器。接着，服务器分析数据，检测步数，应用某些业务规则将其转换为燃烧的卡路里数，再将结果发送回手机。如果有大约 5 亿个用户，需要通过网络发送到云端并在云端进行处理的数据量，完全可以将网络、计算和存储资源都折腾得天翻地覆。然而，如果使用雾计算架构，则可用手机的内部计算能力和存储资源来计算每 30 分钟活动的步数，并且丢弃细粒度的日志数据。到一天结束时，智能手机上的应用程序可发送汇总后的用户行走步数总和，其大小约为 1 KB。

因此，这样不仅可以减轻中央服务器的负载，而且可以有效利用现有资源，做出更加智能更加可行的解决方案。取名为“雾计算”，感觉好像是将云计算延伸到了边缘，犹如地球上真正的雾一样。

此刻已清楚明白了雾计算，下面就来研究一个假设的用例，了解它在现实生活中如何运作，以及它为物联网生态系统带来的一些益处。雾计算除了使云架构可扩展外，还增加了诸多益处，例如革命性地让设备连接到网络时更智能。人们一直松散地定义“智能设备”这个术语。概而言之，可将智能设备定义为一种可以自行决定改进一种特定结果的设备。例如，智能交流电根据人数和环境条件调整房间的温度。也可以自行关闭运行，节省能源消耗。这些基本上是由设备通过学习一些事件并利用历史数据自行决定的。这些设备即可称为智能设备。

接下来探讨一个类似于之前研究过的制造业用例。假设一家大型生产公司在印度设有工厂来生产洗涤剂。可以假设其生产过程与第 3 章“探索性决策科学在物联网中的应用内容和原因”中的一样，也是一个包含 5 个阶段的过程，即在每个阶段投料和加工原料，从最后阶段 5 中输出最终产品。在每个阶段都有不同的机器用于原料加工，例如一台大型工业混合机，将所有原料混合在一起，或者一台加热器，将全部成分一起加热。

例如在整个生产过程中有一台这样的机器，比如一台混合机（立式或卧式混合机），这台机器投放了不同原料后将它们混合在一起，生产出最终混合物用于生产过程。混合机运行时是通过预设速度旋转滚筒一段时间来混合不同的原料。这台机器运行时会消耗一定量的能量。

如果令这台设备变成可利用物联网生态系统的“智能混合机”呢？

回顾前面研究过的生产用例，我们明白该用例早就属于一个物联网用例。（生产中）部署了大量传感器来捕获各种参数的数据，然后发送到服务器（云）进行进一步分析。之前研究过如何利用决策科学和物联网，解决提高洗涤剂生产质量的问题。下面稍微深入一点，让这个生产过程中使用的机器变得更加智能。

在用例中所举例的混合机在运行时会消耗很大的功率。那么如何才能提高功率消耗的效率？

这正是运用雾计算之处了。

之前，所举例的物联网架构，是利用云来存储和分析数据进行决策的，但是为了使资产/机器成为“智能机器”，需要采用雾计算架构；也就是增加了在本地计算实时数据流的能力，并从历史信息中学习，帮助机器做出决定从而改进结果。那么结果会是什么呢？比如一个雾计算网络的场景，即通过利用机器学习来优化机器的功耗。因此，机器将根据当前事件集合理解采取行动来改进结果，即功耗。图 8.3 为混合机运行的可视化图。

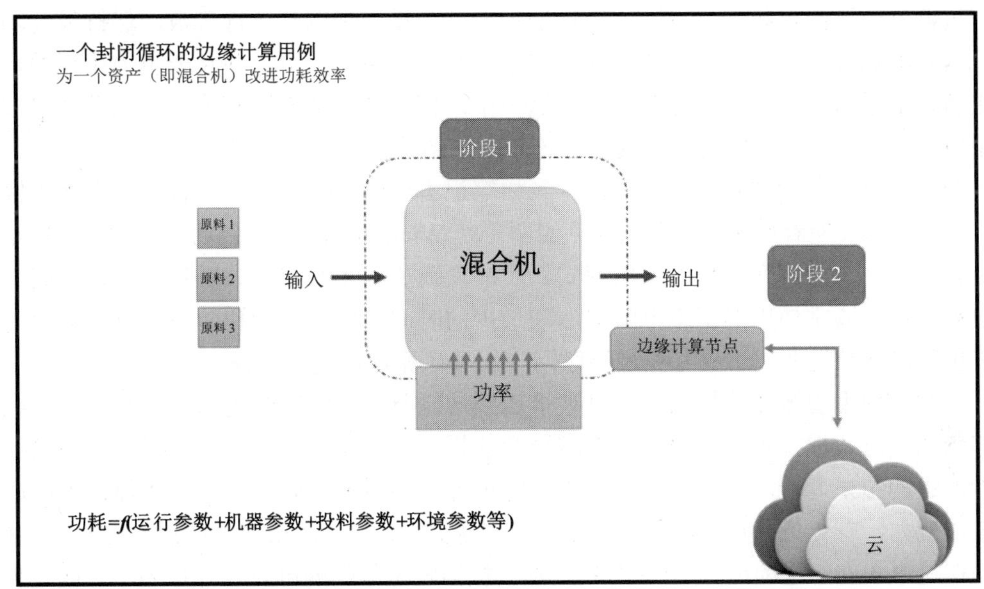

图 8.3

正如所见，混合机接收不同原料（原料 1、原料 2 和原料 3）的投料用于生产过程。然后，混合机通过预设速度在有限的一段时间内旋转滚筒，混合原料形成固结的混合物。功耗一般随着投放量、运行时间、机器运行速度等的增加而增加。这里格外有趣的部分是，可以改进机器的功耗，把所能想象的各种参数放进一个函数。简而言之，可以开发一种可预测功耗的机器学习模型，该模型能够根据运行参数（例如转矩、振动、滚筒转速、机器温度、压力等）、机器参数和投料参数（如质量参数和数量参数），最后是环境条件参数。可以肯定的是，对于所举例的参数，采用一组不同的值，其相应的功率消耗模式也会不同。

构建算法如下：

$$功耗=f(运行参数+机器参数+环境条件+原料参数)$$

该算法可通过从存储在云中的历史数据学习进行开发。一旦构建好了算法，就可将其部署到能够实时运行的边缘网络，去根据学习做出决策。该算法被用于创建一组自我学习方程，然后用这些方程来做出自我决定。

这种自我学习就像下面这样（一种简单表达式）：

- 温度介于 x1 和 x2 之间以及转矩> x3 和……，则功耗= y1=最佳。
- 温度> x4 和……，则功耗= y2 比最佳值高 30%。
- 降温至 x1 和 x2。

机器基于这些自我学习规则，通过增加或减少设置来调整运行参数，保持最佳功耗模式。当数据被发送到云时，这些规则和学习时不时更新一下，并且云也使用新的数据集更新机器学习模型。一旦更新之后，这个学习模型就会被推回到边缘，接着边缘节点利用更新过后的模型，去更新规则并进一步改进结果。

今天，可以在大多数个人计算设备（如笔记本电脑、智能手机、智能手表和平板电脑）上更加真实地看到雾计算。最常见的例子是 Windows 10 重新启动计划程序。自动下载更新后，系统会研究用户的使用模式，了解重新启动系统和安装更新的最佳时间。而且也研究用户通常使用笔记本电脑但活动最少的时间，然后启动智能决定以重新启动并安装更新。在制造业和工程行业，物联网中的雾计算正在慢慢回升。

因此，利用边缘计算架构，计算被推送到边缘节点（网络的逻辑极限），这使机器能够感知实时数据，采取即时行动来减轻商业损失。在前面的用例中，提高功耗仅仅是可能改进的结果之一。边缘计算可用于实时进行各种增强，如减轻资产故障或提高成品质量。例如，有一条已知规则是，如果温度增加到 x1 以上，振动增加到 x2 以上，并且机器在这个状态下连续运行 10 多分钟，那么机器发生故障的可能性将是 80%，或者另一条规则是将操作（参数）设置为最佳，以将原料制成最优质的成品。根据这些规则，机器会自动决定改变运行环境，以避免问题发生或改进结果的质量。一言蔽之，将计算推向边缘的同时，也将智能推向了边缘，从而使设备或资产能够做出自我决定，以改进结果并成为智能设备。

8.2 认知计算——非结构化数据的颠覆性智能

随着连接性、计算和技术的发展演变，人们看到行业内不断涌现出了诸多颠覆性创新。物联网独特的魅力让它一直成为众多颠覆性创新的受益者。近来人们也目睹了物联网生态系统中认知计算的发展和演变。

认知计算可以被定义为计算的第三个时代，它解决了复杂性和不确定性增加的问题，也就是人类问题。为了解决这些问题，系统被设计成模仿人类解决问题的方式。

所以，一般而言，人类是如何学习的？答案就是：人类从经验中学习。人们在任何时候都会从世界消费信息流。根据自己的经验，去学习如何对新情况做出反应；还教会自己如何学习。最简单的证据即是，别人要求您解决您以前未曾听说过的一道谜语。那么您如何去解决它？您会认真思考和回忆您对这种情况的理解，分析可以采取的不同解决路径，再根据某个因素（即相信该解决方案是最好的），最终选择最佳的一个路径。在这种场景下，您的大脑会继续学习它所面临的新问题。您遇到的问题越来越多也越来越多样化，那么学到的也就越多。这样的问题被称为人类问题，因为解决这些问题时面临着的是具有极高复杂性、异常不清晰以及极度不确定性的情况。

人们从来没有将机器设计成解决这种问题的机器。设计的每台机器都将解决一个完全清晰的具体问题。例如，一辆汽车只能用于由一个司机从一点驾驶到另一点。它永远不能决定自己的路线（此处暂时忽略自动驾驶汽车）。

但是，今天可以采用同样的人类方法用于计算机，即不用明确地编程，设计计算机让其自主学习。认知计算因此被称为计算的第三个时代。第一个时代主要有制表机器，比如计算器，紧跟着的是第二个时代，这时可以对计算机编程让它来完成一个具体的任务。最后，现在迈入了计算的第三个时代，可以设计计算机通过自我学习来解决问题。

8.2.1　认知计算是如何工作的

设计认知计算需要大量的计算能力。在传统系统中，利用机器学习和深度学习技术来预测一条回归线或分类一个对象，是一个十分具体的问题。在一定程度上，需要界定问题的范围，并为机器提供足够的数据来学习预测。而且，这个预测仅限于所界定问题的性质。用于预测公司销售额的算法无法预测癌症患者是否能存活。

在认知计算中，系统的设计是通过模仿大脑的工作方式来学习人脑的工作。大脑通过 5 种感官接收大量的信息，并学习如何对不同情况做出反应。比如，您泡茶时不小心摸到了茶壶，烫着了手。下一次您会自动地更加谨慎，因为您已经学到了这件事的含义。这个事件可能是全新的，但是现在已经深深刻在您的脑海里了。即使以后遇到不同的情况，也能够帮助您改进以做出不同的反应。同样，计算机也收到大量的结构化和非结构化数据以及连续不断的事件。它尝试通过从一个简单的假设开始，然后使用它所访问的数据来验证假设，以发现洞见和学习。在验证假设的过程中，可能会碰到一个违反直觉的结果；它会从这些结果中学习，并创建一个自我学习知识库。这样的系统对人们的日常活动越来越有利。认知计算的整个过程可简化为如图 8.4 所示。

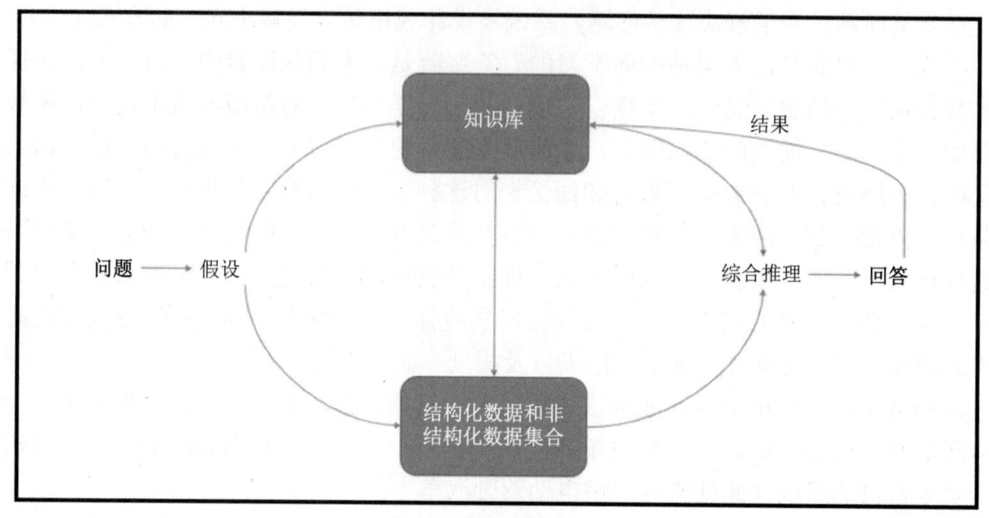

图 8.4

从一个简单的问题开始，这个问题可能是由一个事件触发的，换言之，感知到了一些新事物。这个问题被分解成一个简化的假设，如果该假设已经被学习过，那么通过利用知识库将这些行动综合和表达出来，然后得出一个结果。该结果可以是一组行动或一种信息展示。然而，如果这个假设在历史上从来没有被学习或验证过，那么系统就会接触大量的结构化和非结构化数据，用以验证假设并找到最好的结果。之后再将这些知识储存在知识库中，以便将来有所帮助。最后将这些结果综合推理起来，得出一个可操作的结果。如果这个结果不符合人们的预期，则会传回知识库。

为了进一步巩固前面的理解，可用一个日常生活用例来帮助理解整个认知计算的概念。参考图 8.4，将下列组成部分与认知计算示例的工作原理联系起来。

假设有一天，您出现了一个轻微的健康问题，比如胃不舒服（问题）。您试着去弄清楚如何才能缓解胃痛。此刻就会努力回想您过去曾经遇到过类似的疼痛时，医生给您开了一种药，这种药在药店（知识库）里很容易买到。于是您快速前往药店购买药物。吃完一小片药之后，您小睡了一会，让自己的胃慢慢恢复（从综合推理到行动）。一个小时过去了，但您仍然感觉不舒服。您又试着回忆昨天吃晚饭的事情，但已不记得有没有什么异样的事情发生。此时您也开始感觉到快要呕吐并且头痛欲裂（结果）。然后，您搜索互联网想要对这种情况了解更多信息，结果发现这种病毒性发烧现象在附近蔓延迅速（收集非结构化和结构化数据）。这时您知道发烧是由于突然天气变化造成的，而且您附近的很多朋友也遭遇同样的情况。后来您去看医生开合适的药物。服用了处方药后，过一会儿您就病愈了。现在您明白了每当天气（知识库）突变时，身体都有可能会出现头痛和胃不舒服。

8.2.2　认知计算应用在哪些场景中

认知计算的应用有望在物联网生态系统中得到广泛采用，例如消费品、医疗保健、制造业等行业垂直领域。为了理解这些认知计算的应用，举一个非常简单的例子。假设您是一位专业人士，专门使用物联网生态系统中的各种智能互联设备。下面给例子再加多一点科幻色彩；假设您的手机装有 Google Now 或 Apple Siri 等应用程序，可以根据事件与您通话。接下来就通过一个故事，讲述如何在物联网认知计算中体验到它超乎想象的价值，稍后再简单了解它的工作原理。

8.2.3　故事场景

清晨您起床梳洗完毕去上班。智能手表会通知您，一周的运动让您的深度睡眠时间增加了 20%。您一整天神清气爽，顺利完成日常工作，准时下班。在您离开家门时，家里的电力进入省电模式。而当您坐进汽车驾驶室时，汽车仪表板上的屏幕通知您常规上班路线拥堵严重，同时给您建议一条替代路线。因为您不喜欢交通堵塞，所以尽管该替代路线更远但却选择了这条路线。当您在车里时，这部车知道这就是您。于是，这部车不仅将车载空调设置为您喜欢的设置，还打开您偏好的新闻频道播报当天的本地新闻，同时根据您的喜好自动调整座椅，播放您最喜爱的音乐电台的歌曲。当您还在开车途中，智能手表发现您错过了今天的早餐。这时手机定位您的坐标，给您建议途中吃早餐的最佳地方。由于您对南印度风味的早餐一直偏爱有加，它不仅给您提出建议，也给您列出了所有热门的南印度酒店。随后您停车走进酒店点餐；手机即刻会提醒您，餐厅对新品菜肴提供有“星期二强劲优惠”。您因而点了新菜品大快朵颐。用餐后结账时您不使用现金；手机中的应用程序会自动选择最佳的信用卡和最优惠的价格，帮助结账完成交易。您到达办公室后开始埋头工作。因为只需办公半天，之后就回家吃午饭，因此回家之前，您会根据（汽车的）建议选择另一条新的路线，避开交通拥堵。回家途中，您又收到了通知，告诉您可以探索哪些让人惊奇的地方。鉴于您是一名摄影爱好者，因此手机通知您，有一个非常著名和无比美丽的教堂就在您路过的途中。手机还收集了许多在线评论，告诉您那里的朋友和他们的意见。您觉得十分有趣，所以就在教堂处停车欣赏风景。您对这个地方的美丽惊叹不已，于是用手机拍摄这些漂亮风景作为美好回忆。当您终于回到家时，会发现当您不在家的时候，灯和空调已经断电节省了电力。在您迈进家门的那一刻，所有的（家电）设置都开启了，让您感觉到无比的舒适。这时，您十分惬意地打开电视，一边享用面条一边观赏足球比赛。

这样的生活多么舒适惬意啊，对吗？

8.2.4　最重要的问题是，所有这些是如何发生的

答案很简单——它是通过自我学习而发生的。人们目睹了日常生活中无数的创新。如果您使用的是安卓手机，就会注意到，它可以理解您每天上班的路线以及您旅行的时间。通过对交通堵塞和 GPS 数据进行扫描，手机会通知您可以采取的更好替代路线。手机也会自动读取电子邮箱中的机票，通知您应该何时离开准时到达机场。它还能对来自网络和其他来源的大量信息进行扫描分析，以查明您的航班是否延误等。在您降落目的地时，它还会推荐附近最好的酒店、天气预报和重要的旅游景点。

此时稍微暂停，先试着理解在科幻故事中看到的不同事物是如何发生的。今天，生活在一个相互连接的世界里。自然会直接或间接地连接到许多没有意识到的东西。人们仅仅依靠智能手机就足以确定身份，并且能够预测每天做什么。我们对数字世界的依恋非常深切，通过与数字世界交互所捕获的数据，就能轻而易举地研究我们的行为。接下来，本章一步一步地去探寻认知计算自身是如何对不同的创新进行解密的。

您的智能手机/智能手表能够了解您的睡眠方式。当您处于深度睡眠状态时，您的眼球运动、身体的运动、身体的脉搏，以及其他大量的参数，与只是简单地躺在床上相比，都会有很大的不同。智能手表全天跟踪您的行为，智能手表知道您是在深度睡眠还是仅仅躺在床上。在家里每个房间安装的传感器都能够理解一个人的存在，并且通过智能手机/智能手表的存在，对这些信息进行扫描，它知道就是您。（这是因为）您的周期性移动和日常任务显示出一个模式。这时您的房子已经非常清楚预计您何时会出门去了。您采取同样的路线上班，比如在高速公路上行驶 10 公里。智能手机就会理解您每天都以相同的路线前往目的地。它也会自动理解您何时去旅行和旅行所花的时间。当发现日常驾驶路线交通繁忙时，它会主动搜索替代路线，将您带到目的地。您的汽车也能知道您的存在，并且还研究了您通常为车载空调、音乐系统，座椅等设置的调整。此外，汽车会自动为您设置，显示您通常在手机或平板电脑上浏览的收藏集内的最新消息。您的手机也会研究您在早午晚餐时所就餐的地方和餐厅。因为您经常在南印度餐馆就餐，它知道您喜欢南印度餐而不是其他美食。在您旅行时，每当附近出现很受欢迎的餐馆，它就会通知您进行选择。

这个过程很简单；认知计算尝试像任何人一样学习。您每星期天晚上去做礼拜；而

它就会发现一个模式，即下午 4 点左右您离开您所在的地方，并在每个星期天到一个特定的位置。下一次如果时间匹配，它会通知您要离开住所准时到达目的地的最佳时间。它学习到一个让它备感有趣的模式。因此它试图运用历史数据验证假设，并了解结果。如果下次找到合适的场景可利用这些学习，它会使用所学到的知识。现在，在 Siri 和 Google Now 等智能手机上的语音辅助应用程序，认知计算已经与这些应用深入融合。您越多地使用这些应用，它们就越能有效地帮助您。

8.3　下一代机器人和基因组学

由于物联网和其他领域的发展，行业也在不断创新，各个领域都通过某种方式感受到新的增长空间。随着物联网的蓬勃发展，人们发现行业内的边缘计算重新崛起。边缘计算在工业物联网中扮演着举足轻重的角色，提高了机器的运行效率，也增加了其他各种优势。边缘计算不仅促进了工业物联网的创新，而且巩固了认知计算的基础。认知计算解决方案因采用边缘简化架构而得到发展，提供了一种更简单且无障碍的维度，帮助机器人行业取得显著的进步。

8.3.1　机器人——与物联网、机器学习、边缘计算和认知计算共享光明未来

今天借助认知计算、机器学习、边缘计算和物联网，人们已经把机器人行业塑造成具有一种最先进的技术（的行业）。机器人被广泛应用于制造业、汽车业和其他行业。人们看到了机器人和自动化带给工业领域的各种益处，而今它的应用更为广泛。然而，随着多个领域的融合，人们发现技术创新在不同行业的各种创新中进行交叉传播。借助物联网、机器学习、边缘计算等诸多领域，机器人技术取得显著提高。智能工厂的概念正在变成现实。利用情景感知和互联系统加强的机器人在第四次工业革命中创造出了奇迹。

下面简单地研究物联网在机器人技术中是如何发挥重大作用的。

第三次工业革命以自动化为核心。人们可以对机器进行编程，并将它们设计为具有 4 位小数精度的精度。运行时间的缩短，资源利用效率的提高以及其他诸多好处都体现在机器人和自动化方面。借助物联网，人们随时处于互联互通世界当中。当今的机器早已能够意识到其他机器正在发生的事情，并且“智慧地”自行决定改进结果。机器人自动化可以通过利用业界的颠覆性创新，将“智能”功能提升了一个水平。

假设您负责一家为消费者生产软饮料的工厂的运营，比如可口可乐公司。工厂里有

一些工程师，他们是将整个过程变成自动化的专家，使用计算机程序专门为特定的机器设计和编码。现在假设您有新的饮料（比方说无糖可乐）进入市场。需要通过修改普通可乐的程序来完成建立无糖可乐生产线。必须增加一些改变以对这个生产过程做出改变，即接受新成分、新预设量以及操作过程中一小部分的变化。尽管这些变化很小，但是建立端到端自动化工厂所需付出的努力却是无比巨大的。所有的机器/机器人相互关联并彼此依赖。无论哪一处有微小的改变都需要对整个过程做出大量修改。基本上计算机工程师都要进行编码，哪怕只是一个细小的变化，也要编码去适应每一个新的变化。作为一种改进的方式，如果有机器人可以学习如何对自己的小增量变化做出反应呢？利用机器学习，来自工业物联网生态系统的大量数据，再加上认知计算和边缘计算，使这些机器人的智能达到了全新的水平。

如今，机器人技术变得更加智能化，无须工程师编写指令即可立即适应微小的变化。它理解如何调整流程来提高运行效率和生产效率。它知道如何改变日常操作来适应新的事件。已经没有必要人为干预去对每一点点智能进行编码。机器人非常聪明，可以自己学习。在农业、矿业等领域，机器人对商业的影响也可见一斑。行业的创新使得机器人具有成本效益且非常实惠。

截至目前，物联网中的消费者个人助理机器人是人们亲眼见到的最大进步。在很多科幻电影中看到过类似的机器人并且也对它喜爱有加。还记得电影《星际穿越》中的机器人，它在太空旅行期间一直在帮助库珀吗？每个人都希望有一个机器人可供自己使用。如果有了个人机器人，它可以帮助处理个人事务，日常活动中能够伸出援手，而且如果需要，也能成为朋友。将这些事情变为现实的最大困难在于，向机器添加背景信息时所面临的挑战。如果人们需要阐明日常工作中每一项活动的整个背景，那么将机器人作为个人助手使用会变得越来越麻烦。

假设您有一个机器人可以帮助您完成一些个人事务，而且能够理解和回应人类言语。现在给这个机器人起名为“蒂姆”。晚上您打算在家里为朋友组织一个派对，此刻您正忙忙碌碌地在布置安排。有了蒂姆这个小帮手之后，只需设想一下这个情景：您需要蒂姆帮助在网上订购一些食物和饮料。为了让蒂姆执行这个任务，您得对它下命令：“蒂姆，请从某网站订购某某食物和饮料，要求送至以下地址：某国某州某地区第 5 十字路口第 24 大道 543 号，收货人为某某某，并使用信用卡 xxxx-xxxx-xxxx-xxxx 与凭证 xxxxx 等。”想一想，须为每个任务都添加如此这般的详细信息。倘若只是一两次事情还能接受，但是事情若多起来之后，想要接受机器人的帮助就会让人变得越来越沮丧。如果您遗漏吩咐一些微小细节呢？您也许最终会陷入危险之中。另外试着想象另外一个场景，比如您不得不请蒂姆帮您烹饪，那么完成这件事情又是一项无比艰巨的任务。

相反，假设这项任务就像告诉蒂姆晚上点比萨饼和可乐一样简单。蒂姆找到了您最喜欢的比萨的最佳价格，并用您的信用卡完成最优惠的交易。同样，如果您需要蒂姆的帮助，只需告诉他要为 5 个人做一顿面食，然后蒂姆就来完成其余的工作。如果没有足够的意大利面或缺少任何配料，蒂姆会负责订购所需的配料和烹饪材料。一旦配料备齐了，蒂姆就参照您最爱网站的烹饪指南和您通常喜欢的烹饪定制菜谱，去完成煮意大利面的工作。

机器人的这种非凡的自动化和智能，只有当它自己学会了理解背景信息时，才有可能实现。人们可以利用技术行业中的多种颠覆性创新，比如物联网捕获您使用的每个连接设备的数据，半监督算法的机器学习和深度学习从历史中学习并预测未来，以及边缘计算和认知计算利用本地决策能力和背景信息来构建更智慧的机器人。

机器人智能和智慧的发展为它们的使用开辟了全新的视野：

- 现在医生利用智能机器人来协助医疗手术。
- 制造业变得更加灵活多变，能够实时适应产品增量变化和产品增强。
- 餐馆开始使用机器人，通过无人机送餐上门，以及处理餐馆的其他服务。
- 采矿业和其他行业中的重型机械制造业和危及生命的任务，可使用机器人顺利完成。
- 个人助理机器人（如例子中的蒂姆）即将成为现实。
- 能源、石油和天然气以及类似行业加大了对机器人技术和物联网的应用。预计有一天人们能够看到，全自动钻机通过卫星坐标滚动到作业现场，自己竖立起 14 层高的钢筋，钻了一口井，然后收拾好后再去到下一个作业现场。
- 苔原地区的渔业如今使用机器人，可以轻松地在恶劣气候条件下工作。

8.3.2　基因组学

基因组学学科不是物联网产业的直接受惠者，但是通过在医疗保健物联网中利用基因组学，这些技术的交叉融合推动了这一过程的发展。基因组学是一门广泛的学科，须具备深厚的生物学背景才能进行深入的研究。本节只简略地讨论这个主题，了解物联网如何促进基因组学的发展，实现一个光明而健康的未来。

基因组学是遗传学领域内涉及生物基因组测序和分析的领域。基因组指的是在一个生物体的一个细胞内包含的全部 DNA 含量。基因组学专家力求确定完整的 DNA 序列，同时进行遗传作图以帮助理解疾病。研究基因组数据（即 DNA）是一个非常广阔的领域。

几乎每一种人类疾病都与基因有着重要的关系。长期以来，医生只会利用遗传学来研究出生缺陷和其他一些疾病。这是因为研究这些模式是相当直接的，而除了研究这些之外进行其他的研究都是不可想象的。然而，今天这些惊人的计算和处理能力，让科学家和临床医生能够利用强大的工具，对收集到的海量人类 DNA 数据进行研究，以发现遗传因素和环境在更复杂的疾病中所起的作用。

8.3.3　基因组学与物联网的关系

物联网在医疗行业做出了很多贡献，但数字化在医疗保健领域的渗透，还没能与科技行业的渗透相提并论。大多数研究人员和医生都认为，如果医疗保健行业克服了传统技术，拥抱数字世界，那么在“生物物联网”这个全新的术语下，将会涌现出大量的机会。今天，几乎还没有将患者病史进行数字化。但是，如果一切都变成了数字化，医生可以使用安全和专用的搜索引擎来访问，那么这将为医疗保健行业带来巨大的价值。有一些流程精简后，将未来医疗记录和过去的一些硬拷贝进行数据化，但这有其自身的挑战和瓶颈。

只有在此处基因组学才能够被充分利用。由美国国家人类基因组研究所（National Human Genome Research Institute）在美国国立卫生研究院（National Institutes of Health，NIH）领导的人类基因组计划（Human Genome Project），绘制了一个非常高质量的人类基因组序列，人们可以从公共数据库中免费获得。而且，这些数据是完全匿名的。目前这样的基因组信息的研究数据库不计其数。大多数的数据库互不关联，但是如果这种情况属实，这就会产生更有意义的结果。一个庞大的科学家联盟正在尝试构建一些工具，以使这些存储库可以互操作，这本身就是一个极具挑战性的任务。如果这些数据库不仅彼此连接，还与智能手机和智能手表中的其他匿名信息相关联，那么系统中的每个信息都将具有比其自身更高的价值。

然后，医疗保健行业也将见证这些创新的彻底变革。医生会更准确地理解人们所患的特定疾病的原因。将基因组数据与其他医疗记录结合起来后，可用来研究人们所遗传的疾病。进一步的分析可用来开发最适合人们所患疾病的治疗药物，实际上是通过针对特定基因结构的各种药物进行实验。

而且，如果在适当的安全和法规下，对这些丰富的信息加以研究使用，可以帮助人类获得世界一流的医疗保健服务而从中受益。开发药物可以根据基因特征等对一组人群进行定制。但是，这也带来了自身的挑战，安全和隐私会成为一个最大的障碍。后面将在本章末尾将讨论更多有关隐私和安全的内容。

8.4　自动驾驶汽车

本章讨论物联网颠覆性创新的最后一个主题就是自动驾驶汽车。自动驾驶汽车在技术创新方面已经有相当长的一段时间，但尚未达到主流生产。大多数拥有某种自动驾驶功能的汽车，仍然只局限于高端汽车制造商的旗舰车型。关于谷歌自动驾驶汽车的消息发布也小有一段时间了，它在自动驾驶的准确率方面取得了相当大的进展。自动驾驶汽车现处在行业创新的风口浪尖上。它结合了物联网、人工智能、机器学习、认知计算和边缘计算等方面的知识，并且提供了一个长期以来一直梦寐以求的世界级解决方案。为了理解这个概念，接下来将了解一些关于自动驾驶汽车的重要信息。首先要知晓开发自动驾驶汽车的愿景和灵感。也会对现今在一些汽车中已匹配了微型自动驾驶功能的现象进行探究。接着再去探寻自动驾驶汽车是如何工作的，以及如何利用物联网生态系统和其他技术的颠覆性创新。最后探讨自动驾驶汽车将如何改变驾驶的未来。

8.4.1　愿景和灵感

大多数人认为，自动驾驶汽车最初是为了给人的生活带来更加轻松舒适的体验。当然，确实如此，但这依然是次要的。（事实上是由于）出自对人类生命的关爱，这个真实的愿景才触发了人们尝试去构造自动驾驶汽车的灵感。据报道，（全球）每天大约有 120 万人死亡，其中很大一部分是由于人为失误造成的，而且主要是车祸。如果观察 25～35 岁人群死亡的最大原因，可以看到最大的原因是事故。人非圣贤，孰能无过，所以确实不能超越某个点去做任何事情。无论法律有多么严格，开车时人们都不可避免地产生疏忽大意和肾上腺素冲动。自动驾驶汽车作为一个项目，如果成功的话，可以帮助减少因交通事故造成的死亡，从而挽救更多的生命。这种灵感激发了许多机械工程公司，甚至像谷歌等科技公司都去开发自动驾驶汽车。今天，人们对许多公司的成功故事耳熟能详。谷歌一直在使用自动驾驶汽车来捕捉谷歌地图的视觉图像。奥迪、沃尔沃以及最近的特斯拉也向世人展露了他们开发自动驾驶汽车的能力。尽管人们在这个领域取得了巨大的成功，但大规模生产和全行业采用仍需一段时间。截至目前，自动驾驶仍属于高端旗舰车的一项豪华功能。现在对自动驾驶汽车（即自行驾驶汽车）的认识已清清楚楚，下面继续研究这类汽车是如何工作的。

8.4.2　自动驾驶汽车的工作原理

最简单的假设是它使用各种传感器。没错，千真万确，可是有多少传感器？这些传感器是如何工作的？为了清晰地了解这一点，只需参照人驾驶汽车的情况，尝试去思考驾驶时需要注意的事情。从技术上讲，第一个也是最重要的部分是必须看到道路，第二个是环境，最后是路线。这 3 件简单的事情运用技术很容易实现。当然，当人驾驶的时候，人的大脑感知和理解的方式是完全不同的，但是我们仍然能够实现其中的一大部分。

一个普通的自动驾驶汽车有几个传感器或声纳系统，全球定位系统（GPS）和激光成像传感器，即汽车顶部的激光探测及测距系统 LIDARD（激光雷达）。图 8.5 展示了自动驾驶汽车的裸车版本。

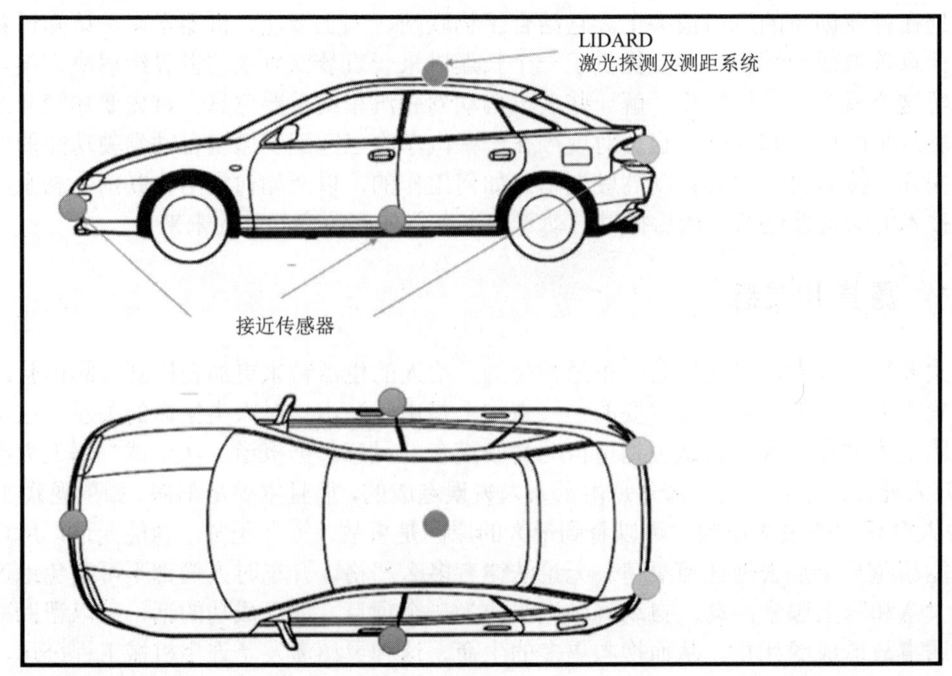

图 8.5

接近传感器检测附近有什么物体以及距离它们的距离；这也可以采用强大的声纳系统和 LIDAR 传感器来感测，即通过用一束激光照射目标来测量距离的传感器，并且为汽车建立一个 3D 地图，了解其即时的周围环境以及实时地理解移动对象的速度。最后，GPS 帮助汽车了解当前所在位置和需要前往的地方（路线）。采用多个接近传感器的组合来识别附近的物体，例如在 100 米内（道路），LIDAR 传感器创建一个 3D 地图，理解附近物体（环境）的实时速度，最后 GPS 导航（路线），这辆汽车就可以制成一辆自动驾驶的车。图 8.6 显示了使用激光雷达感测周围环境的汽车示例图像。

图 8.6

8.4.3　是否遗漏了什么

事情绝非如所阐明的那样简单。执行这个过程中会遇到许多挑战。首先，至少有 8～10 个近距传感器可以连续记录周围环境的数据。从所有这些传感器得来的三角测量信息和对汽车周围物体位置的研究，都需要深入的分析和应用复杂的算法。根据传感器和图像数据的结果来控制汽车的速度、制动系统和转向并不是一套简单的条件规则。它需用最先进的算法来做出类似人类的决策。一些汽车利用高视觉相机来感知周围的环境。利用先进的深度学习技术从汽车的实时视觉中提取特征并创建视差视觉。为了帮助自动驾驶汽车在快速转弯时进行操作，有 3 种不同类型的通信有助于提高自动驾驶汽车的智能。

8.4.4　车辆对环境

它使用传感器和激光成像工具来了解周围的环境，以及因此而决定自行驾驶。

8.4.5　车辆对车辆

一旦让所有的自动驾驶汽车或至少智能汽车上路时，这种类型的通信会成为可能的通信。汽车可以发出关于其他车辆周围环境信息的信号，比如对紧随其后的汽车。这些信号对于自动驾驶汽车至关重要，因为在某些情况下，由于在附近存在另一辆汽车，前方视野和传感能力受到限制或阻塞。在这种情况下，可以利用来自前方车辆的信号更准确地了解周围环境。

8.4.6　车辆对基础设施

这种通信方式也是可能的，但只有在拥有智慧城市的时候才有可能。交通信号、道路拥堵和实时交通更新的相关信息，可以由基础设施实时传递给汽车，以便在自动驾驶汽车时做出更准确的决策。

现今市场上早就出现了一些配备有自动驾驶功能的汽车。奔驰、宝马和其他高端汽车制造商增加了自动停车、紧急制动、车道校正等自动驾驶汽车的一些小型功能。设计全自动驾驶汽车时，也采用了这些具有更多智能和更强决策能力的功能。

8.4.7　自动驾驶汽车的未来

谷歌公司一直是向世人展示全自动驾驶汽车的（技术）先锋，而今天涉足全自动驾驶汽车业务的公司也为数不少。虽然全自动驾驶汽车的可行性还远远不够，但是未来确实看起来让人充满希望。人们也亲眼看见了自动驾驶汽车实验的成果。如今（这种技术）也被其他参与者越来越多地采用，而且也获得了政府和监管机构越来越多的支持，他们都致力于为汽车设计标准的通信通道和协议以利于汽车相互通信，而建立基础设施，大量生产以及广泛的市场渗透也都将很快成为现实。

当试着想象自动驾驶汽车的未来时，就会发现这是一个很难猜测的游戏。在《我，机器人》（*I, Robot*）等科幻电影中看到的所有幻想已经变成现实。人们早就目睹了数家汽车制造商最先进的自动驾驶汽车，那么未来还可以期待什么呢？

答案可简单归纳为一句话：更好地与人的互联设备集成。随着时间的推移，我们将见证自动驾驶汽车的巨大变化，因为它们的认知更加成熟，更能够与我们的数字世界深度融合。我们会看到汽车对情绪变化的回应，根据情绪播放音乐，优化路线，节省燃料和时间，事故发生率将降低到 0%，与智慧城市基础设施深度融合，旅行速度加快，在拥堵的道路上进行智能协作移动等。

8.5　物联网的隐私和安全

这章简要地研究了物联网的颠覆性创新，探讨了物联网如何开拓了各个创新领域。人们目睹了边缘计算、认知计算、机器学习、人工智能和其他颠覆性创新，是如何促进了自动驾驶汽车、下一代机器人和基因组学等新领域的发展，但是却遗漏了研究物联网另一个重要方面——数据的隐私和安全。这些可以帮助创造奇迹的数据的详细信息，同时也会带来巨大的安全和隐私威胁。在物联网中，安全和隐私要求是最为重要的。在物联网生态系统中丝毫不能对此妥协，这样才能对人类的利益有利。一个小小的漏洞足以给大型企业、政府和公民个人造成巨大灾难。

公开物联网系统的数据会使系统变得脆弱无比，极其容易给人类带来灾难。用户的医疗数据和数字数据都是非常敏感和机密的，未经他人同意，决不能被其他人利用。泄露这些机密数据所带来的风险，可能会给个人和整个人类造成巨大的灾难。以下是一些物联网亟待解决的关键挑战。

8.5.1　漏洞

只要有数百万台设备连接到了物联网网络，就会有数十亿的漏洞暴露。配备各种传感器的设备通过网关将数据发送到基础设施。这些数据流中的每一个数据流在保密性上都异常脆弱。暴露这样细粒度的数据可能会给不同的企业带来巨大的安全性问题。在一些行业中，这种信息泄漏可能会危及整个企业。

诸如用于认证的指纹数据，所有在线网站的密码，网上银行证书等极其机密数据泄露的风险，可能会给消费者造成巨大的经济损失。即使是像访问手机的动作数据等小漏洞，也可以被黑客窃听以检测用户输入的内容，然后利用这些漏洞研究用户输入的密码和信用卡信息。

8.5.2　完整性

物联网基础设施会持续不断地从安装在大量设备中的不同传感器接收高速实时数据流。那么系统如何确定数据的完整性？数据泄漏导致误导推断结果的可能性有多大？假设在第 6 章所研究的用例中，太阳能电池板数据和能量消耗模式已经受到影响。最终客户将无法看到该场所正在发生的事情，并且也误导了他们对第二天日出前太阳能发电量可持续性的判断。此外，也会因为太阳能发电量的数据不切实际，从而造成消费者为错误的账单支付了不必要的费用。这样只会给企业造成破坏性的影响，而不是给他们增加额外的收入。

对于作为物联网生态系统一部分的消费电子设备，黑客可以在发送消息之前访问消息并进行篡改。在大型企业中有不少案例，有一些黑客侵入安全层，假冒领导团队的身份给多个利益相关者发送欺诈电子邮件，对业务造成了极大的危害。

8.5.3 隐私

随着物联网在消费领域和工业领域的日益普及，保护消费者和企业的隐私变得极具挑战性。随着设备之间连接的增加和平滑的数据传输，确保私人信息和机密信息不落入坏人手中变得越来越困难。如果有人非法访问您的智能手机，会造成您的私人信息（如电子邮件、照片、短信和通话记录）未经您的许可就泄漏于众，任人浏览。在个人私有文本和照片被泄露时，人所感受到的那种感觉，就和一家企业对任何未经授权的人非法访问其私有信息和机密信息时，所感受到的那种感觉同出一辙。

为了应对这些挑战，必须设计强大和安全的系统，以减轻物联网生态系统中与安全和隐私相关的风险。以下是需要研究解决此类问题的一些领域，但是还没有详尽无遗地一一列出来。有 3 个主要领域可以将安全性作为一个维度添加进去。

8.5.4 软件基础设施

软件基础设施包括物联网设备上的云网络、边缘网络和操作系统。软件基础设施的一部分在安全性方面已经成熟，但是边缘操作系统和物联网操作系统都是相当新的。若要让软件基础设施新成员的安全意识和实践到达高峰，还需要相当长的时间。现在的主要改进着重集中在设备认证、严格的访问和资源控制系统，以及数据加密等方面以提高安全性。

8.5.5 硬件基础设施

硬件基础架构包括连接到网络的传感器和设备。可信计算（trusted computing）在解决硬件设备挑战中起着举足轻重的作用。在可信计算中，计算机将始终以预期的方式运行，并且这种行为将由计算机硬件和软件执行。通过设计具有唯一的加密密钥的设备，让系统的其余部分无法访问，从而实现对这些设备的仔细检查和强制行为。

8.5.6　协议基础结构

为了安全和隐私的考虑，生态系统中需要解决的最后一个问题就是协议基础设施。互联设备之间的通信和数据传输通过协议进行调节和控制。这一层的任何漏洞或后门都可能暴露出可供黑客攻击的一亿种手段。如今不计其数的企业都在开放思想，以构建一个更安全的物联网通信协议。

8.6　小　　结

在本章中研究了物联网的颠覆性创新。深入探究物联网的发展是如何在不同领域中兴起了各种创新的，以及其他领域又是如何直接或间接地利用物联网来引发市场的颠覆性创新的。同时探索了雾计算或边缘计算模型，知道在保持物联网基础设施的可行解决方案时，应该如何有效地扩展物联网基础设施。为了详细研究雾计算模型，探索了一个类似于之前研究的生产用例中的假设用例。观察学习如何才能将互联设备或互联资产设计成最先进的智能设备，将智能推向网络的逻辑极限，促进快速和智能的自我决策，从而改进结果。

此外，探讨认知计算，从人工智能、物联网和边缘计算的融合中，出现了一个相当之新但又非常有前景、极其有趣的领域。从中看到如何设计机器让它进行自我学习，解决一个不确定、模糊不清和复杂的类似人类的问题。而且，假设了一个简单的科幻故事（现在已几乎成为现实），研究如何利用认知计算来让人们的生活变得更加舒适且富有成效。

随之，进一步深入到从物联网颠覆性创新；研究了如何利用物联网、人工智能、雾计算和认知计算来开发下一代机器人技术。同时还简要了解这些年来机器人技术是如何发展演变的，以及物联网如何促进了机器人技术在行业内变得日臻成熟，从而激发创新。其间还学习了一个小例子，采用可口可乐生产工厂的用例，了解机器人如何能够充分利用物联网的优势并提供智能解决方案。此外，扼要介绍了基因组学，并且从较高层次上研究物联网和基因组学，让人们明白了这两者是如何结合一起为医疗行业带来奇迹的。

而后，仔细探讨了自动驾驶汽车的概念，深度挖掘自动驾驶汽车概念的形成，并且研究自动驾驶汽车的设计原理。不仅如此，还探究产业各个不同支柱与物联网以及新的颠覆性创新，是如何在短时间内融合，甚至出现新的颠覆性创新的。与此同时，研究自动驾驶汽车如何充分利用物联网的力量，汽车行业的优势，以及人工智能和认知计算的智能，再加上雾计算的功能，将令人难以置信的自动驾驶汽车变成现实。最后，除了诸多显而易见的益处以外，也探讨隐私和安全的问题，了解它们是如何为黑客提供了更多的选择，致使他们能够利用系统漏洞破坏创新。十分清楚建立一个强大而安全的生态系统的重要性，希望能够帮助物联网蓬勃发展、创新并创造更新的行业颠覆性创新，让人类的生活更加安全，日益舒适和富有成效。

在第 9 章中，将讨论物联网如何创新和颠覆这个行业，为美好未来奠定基础。并将研究物联网业已打开的全新商业模式，以及了解人们在日常生活中将如何见证这些革命性的转变。

第 9 章　物联网的光明前景

本书不仅研究了物联网和决策科学的各个方面，也通过解决多个用例从根本上巩固了我们的物联网思想。在前面的章节中，探讨了物联网引起的行业颠覆性创新，并且探究物联网在其中是如何扮演重要角色的，与此同时又是如何催生了更多颠覆性创新的。在本章中，将讨论物联网如何为人类带来美好的未来，将重点强调物联网智能决策的重要性和影响，展现由物联网引发的光明前景。首先研究一个格外重要的商业模式，它是随着物联网的兴起而在行业中出现的，这个商业模式即资产即服务（Asset as a Service）或设备即服务（Device as a Service）。资产模式和设备模式组合在一起就覆盖了消费领域和工业领域，可为客户提供经济高效的解决方案，同时也为企业带来更高的收入。

这一章还将通过对智能手表、智能医疗和智能汽车的演变进行详细研究，简要地探明物联网如何精心打造一个光明未来。不仅扼要讨论智能手表将如何在医疗保健行业中扮演重要角色，也研究汽车互联向智能汽车，以及人类互联向智能人类的演变过程。在本章以及本书的末尾，将顺利完成物联网和决策科学前期学习，为踏上精彩纷呈的智能决策旅程做好充分准备。

总体而言，为了精心策划智能决策学习之旅，本书详细研究了物联网，学习解析、设计和解决物联网问题的技术，并且探索了物联网的颠覆性创新。最后，现在要着重关注物联网的未来。

本章将介绍以下主题：

- 物联网商业模式——资产或设备即服务。
- 智能手表——医疗保健物联网的助推器。
- 智能医疗保健——人类互联到智能人类。
- 从汽车互联向智能汽车演变。

9.1　物联网商业模式——资产或设备即服务

物联网始于“设备互联和资产互联”的简单概念。由互联设备组成的小型网络让许多任务变得更加简单和直观，而这在以前是不可行的。逐渐地，设备互联/资产互联为智能设备/资产开辟了许多新的机遇。眨眼之间，演变的速度加快了，而人们在消费电子、家电以及工业资产的各个层面也都切切实实地实现了智能设备。随着技术的成熟，智能工厂的概念也在发展演变，即工业 4.0 或第四次工业革命，智能连接运营也终将成为现实，而今全球各地的成功案例也数不胜数。

追根溯源，资产即服务模式源自世界广泛采用的“租赁模式”。您可以将房子、车辆，或一些电器出租一段时间，在租期内从中赚取租金，例如出租一个星期或一个月。租赁房子的想法相当简单，但是在租赁汽车或工厂机器时，这种模式却有其自身的挑战。对您自己而言，自然会十分小心地爱护自己的车，但是租赁给他人时，却无法保证这个人同样也会对汽车悉心爱护。假设他驾驶您的汽车时不仅堆放过多的行李，而且还不顾一切地莽撞驾驶。那么超速、漂移、制动加速等许多不良驾驶习惯，都会对您的汽车造成严重的损害，并且在未来一段时间内这些损害可能完全不会被注意到。这时，租赁车辆的租金永远无法弥补您的汽车所遭受的潜在损失，因此这种情况导致这种模式成为一个不可行的解决方案。对于工业资产租赁也同样如此。只有少数维度可以用来衡量租金的真实量化使用，例如时间、行驶距离或一些工业指标（如制造数量）来计算资产的使用情况等等。人们缺乏明确而具体的手段，去抓取大部分有助于界定租赁期间真实使用情况的维度。

如今物联网早已被人们广泛采用。在物联网中，安装各种各样的传感器，连接到网络，并与其他设备通信，这些都能将资产或设备的真实使用和损害情况抓取出来，从而也让这一整个想法能够变成现实。安装大量传感器就能捕获到最细粒度（比如说每微秒）的数据，可将其利用在最初没有考虑到这一点的一些更新领域中。这种情况通常被称为“融合引起的颠覆性创新”，即一个领域的创新引发了相关领域和非相关领域的创新和颠覆性创新。收音机的发明这个例子就能很好地帮助人们理解这一点。收音机实际上是在发现无线电波 20 年后发明的。无线电波的发现从来没有旨在发明收音机，但是随着时间的推移，颠覆性创新在整个产业中蔓延。下面通过一个实际的例子，简要了解物联网中的资产即服务模式，以及它将如何在眨眼之间改变产业的动态。

9.1.1 动机

在这个瞬息万变的世界里，变化是唯一不变的。这绝对是一个陈词滥调，但是对于这个商业模式却完全有效。各个行业采用的商业模式和手段，在很短的时间内就会发生天翻地覆的变化。业务流程必须不断地演变，才能满足消费者日益增长的动态需求。在这样一个不断演变的世界里，企业为所需的基础设施投入巨大的资金变得越来越困难。例如，用（美国）一家打车服务公司——优步（Uber）公司来举例，他们比以往更容易利用出租车服务。假设优步公司将拥有所有车辆作为商业战略的一部分。随着业务的增长，他们将不得不购买越来越多的汽车以满足业务需求。最终总有一天，公司将拥有 1000 万辆汽车用来服务，与此同时也假设世界上将不再有汽油/柴油储备。随着电动或太阳能汽车的发展，汽车工业将会发生根本性的变化。在这一点上，优步公司用新电动汽车取代现有的 1000 万辆汽车将是一笔十分巨大的成本，而且完全不可行。但是，如果该公司只是租了车而不是拥有车呢？他们用新电动汽车替代化石燃料车是非常方便的。

业务需求的演变导致颠覆性创新发生了彻彻底底的变化。随着技术的出现，这些变化的演变也在加速。在这样一个充满活力的世界里，对于任何企业来说，投资基础设施都不是一个很好的选择。随着需求的不断变化，在商业服务中采用灵活多变的策略，以适应不仅更新且已改良后的资产将更具有经济意义。因此，业界预计会发生一种巨大的转变，即从拥有资产向租赁资产（即利用资产即服务商业模式）的趋势发展。通过利用资产即服务模式，物联网的出现使得设计一个经济和具有战略可行性的商业模式成为现实。

新的商业模式既可以帮助消费者维持低成本，也能随着新需求的发展而更快地演变，从长远来看，每个资产的收入将会大幅增加。假设一家公司出售一台设备（如笔记本电脑）可获得 800 美元。但如果相反这家公司在前两年以每季度 100 美元的价格出租，然后在未来 3 年则（每季度）按 60 美元出租，那么 5 年内租金将达到 1500 美元以上。消费者只需用 6 个月的笔记本电脑时，就可选择“笔记本电脑即服务”模式，而不是购买了电脑，使用后又再卖掉。

9.1.2　资产即服务模式的现实生活用例

下面来举一个与日常生活相关的简单用例，详细了解资产即服务模式对于消费者和商业利益相关者的诸多好处。比如，您是一家价值数百万美元的公司的首席执行官，而且十分渴望拥有几台豪华汽车。您最喜欢由高端汽车制造商推出的最新豪华车型，因此您几乎每年都会卖掉旧车再购买新车。过了一段时间，您意识到由于汽车转售时属于二手车，因而转售价值受损了。况且频繁更换汽车也承受了重大损失。尽管您家道殷实，也肯定有能力为您的冲动承担这些损失，但是如果能找到一个更好的、更具成本效益的选择，那就再好不过了。于是，您去找能够提供“豪华汽车即服务”的 ABC 公司（假设）。该公司提供了一个方案，只要您愿意，只需支付使用费就可以开走一辆车。假设您驾驶 7 系宝马汽车一年，仅需支付在此期间所使用的服务的费用。该公司设计了一个算法，按照您使用汽车的时间+驾驶的里程数+对汽车质量（如损害）的影响来计算总金额。您简单地算了一下，很快就发现这个总金额明显低于转售二手汽车所造成的损失。因此您认为这样的方案无可挑剔！

这种模式可以极大地帮助您减少购买新车的费用，同时也减轻了转售旧车所承担的损失和必要的文书工作。您可以每年更换一辆车，选择业界中最新最好的车型。假设您是宝马汽车的忠实粉丝，在每一年的 1 月份，您都会看到一个您十分渴望驾驶的全新车型。那么“豪华轿车即服务”就是您最好的伴侣。消费者可以选择更具成本效益的计划，而汽车公司可以从更长的时间内赚取更多的费用，同时也可以避免潜在的损失。通过安装各种传感器，汽车公司能够清楚您是否超速或在内部或外部对车辆造成任何损害。而造成的所有损失也都会计算在使用费内，您需要为此付费。总而言之，这种商业模式为消费者和企业都带来了福音。

再举一个并不像豪华汽车那样昂贵的资产，该模式仍然可实施一个可行的解决方案。资产/设备即服务模式可以扩展到任何设备或任何价位的机器。

9.1.3　这个商业模式如何帮助企业

至此已经研究了从长远来看如何利用“资产即服务”帮助消费者和企业。接下来简单地探讨它将如何工作。如今大多数企业都是非常灵活多变的。他们总是处于需要快速试验的状态。如果环境有利于企业成长，新业务就能以无比惊人的速度建立起来。早些时候，一家大型跨国公司如果要在新的国家开展业务，那么要终结运营开销是一个无比艰难的过程。初始的运营筹备一结束，就需要为运营活动建立一个办公区域并采购后勤物资。而这时巨额的投资才刚刚开始。

建立、扩大甚至试验一项新业务，最大障碍在于它所耗费的时间和投资上。假设我们是一家坐落在美国本土的大型啤酒连锁店，作为扩张计划的一部分，要将重点放在为新业务开拓新市场上面。公司团队在印度班加罗尔发现了建立啤酒厂的巨大潜力。尽管并不确定在班加罗尔开设新的啤酒厂是否会取得成功，但绝对值得一试。

为了启动运营，亟须一笔巨额投资。这些投资用以支付酿造啤酒所需的后勤采购成本，比如购买各种各样的容器和机器，用于制成麦芽、过滤、酿造麦芽汁、发酵、巴氏杀菌和最后罐装等。假设可以在本地购买这些机器，将它们轻松集成到自动酿造机中。整个装置（即仅仅是机器）的成本约为 500 万美元。最后，租用一个 5000 平方英尺的场所，购买电脑、空调、音响系统、LED 显示器、厨房设备、洗碗机等资产，以及启动运营所需的其他任何东西，又将花费 500 万美元。因此，在一项新业务上投资 1000 万美元，冒着一切风险但却对这家酿酒厂是否成功没有十足把握，这不免让人忧心忡忡。可是，不承担风险又是一个更大的风险，因为可能会错过利润丰厚的商业机会。既然如此，让我们来假设最坏的情况。公司展开了业务运营，之后意识到在 6 个月内无法与本地竞争者抗衡，也认识到最理想的解决办法是结束运营。但是这时出售所有已购后勤物资并恢复之前的运营，将会造成重大损失。在 6 个月内转手出售所有已购资产后，极可能只拿回 350～400 万美元。一言概之，我们十分清楚由于时间和投资的问题，阻碍了现在许多企业在全新领域中进行试验。

假如能够解决大部分这些痛点，并且减轻一大部分的风险呢？答案显而易见，如果利用资产即服务模式，这一切都会成为可能。对于这个用例，假设有一个业务合作伙伴可以利用强大的物联网生态系统，将啤酒厂运营所需的一切作为服务提供给我们。要做的是交纳保证金 200 万美元，而且只需支付使用的服务费用。该公司提供的每一项资产都将安装大量的传感器，以监测和测量最细粒度的（设备）使用情况。（在运营中）检测机器损坏或使用不当的各种方法都可能会降低效率，实际上，要求在最细粒度上量化机器/资产使用情况所需的一切，都在场地配置好了。这时，可以利用“资产即服务”模式来构建一个商业模式，该模式将按照啤酒酿造的总量向你收取费用，而不考虑损失成本（举例）。因此，我们不用担心基础设施的装配，只需为使用的服务付费即可。这样，运营成本成为一个象征性的费用，而不是随着运营规模的扩大而增加。

经过相当长一段时间（比如 6 个月）的经营，那么根据经营状况，大致会出现以下 3 种结果。下面认真思考每一种结果的情况究竟如何。

1. 最好的情况

经营状况颇佳，可以发现业务深受客户欢迎。这让企业信心倍增，不仅打算把业务进行下去而且考虑扩张。公司可仍然采用“资产即服务”模式快速扩张业务，或者为了提高利润率，此时可以放心地将资金投入业务中赚取更多利润。

2. 最坏的情况

我们十分清楚其他竞争者对啤酒厂造成的强劲竞争冲击，而且运营既要生存下去又要保持盈利也变得愈加困难。目前关闭班加罗尔的业务似乎更切实可行。那么，可以终止与该公司的合同，不再使用他们的资产。他们会向我们收取 200 万美元左右的使用费，以及一小部分的资产整体折旧费，同时返还 90%的保证金。此时我们总共只损失了（200 万美元+100 万美元），即 300 万美元。这绝对是一个损失，但仍然比其他方式造成的损失要少得多。如果我们购买了所有必需的资产再转手出售，可能会损失约 600～700 万美元。

3. 不好也不坏的情况

经营状况还不错，但是可能还需要更多的时间考虑，才能放心地做出退出或扩大运营的决策。这时还可继续采用相同的商业模式多坚持 6 个月，这将会多花费 200 万美元。

4. 结论

总而言之，“资产即服务”模式主要帮助企业以最小的投资快速尝试、启动或扩展业务并降低风险。另一方面，提供服务的一方也能获得一笔利润丰厚的交易，可以在适当的时候从每项资产中获得 3 倍的利润。

对消费者也同样如此。“设备即服务”模式可以在消费电子和家用电器中实现。有很多设备，人们只需使用一小段时间，但是不得不买下来。比方说，购买一台数码单反相机，包括一年的旅行和假期在内，总共只使用了 30 天。如果可以选择数码单反相机即服务，并且只为实际使用付出一小部分的费用，岂不是一件很美妙的事情？另外，每次度假，都有可能用到市面上最新的数码单反相机。因此，追求成本效益实际成为“资产即服务”模式中的真正目标。

9.1.4 利用决策科学增强资产即服务模式

在接触物联网时，决策科学就变得不可或缺。“资产即服务”模式由于它在资产和设备的使用模式中所提供的可见性，令它在业内受到万众瞩目。然而，决策过程仍然朦胧不清，还需要结合高级分析和决策科学，才能提供让商业模式成功所需的东西。

了解损失，衡量资产的使用情况，研究对效率的影响，以及整体资产的折旧是一项艰巨的任务。因而，业界采用了灰盒模型（grey box model），即将机器过程的物理/热力学与数学相结合，将机器使用情况解析并理解为一个新的基础单元。灰盒模型结合了数学的学习，并将它与热力学、物理学和其他相关领域的通用学习结合起来研究一个事件。为了简单起见，来举例一个驾驶汽车的情况。众所周知，鲁莽驾驶、超速和刹车时的加速会阻碍发动机的效率。然而，采用数据驱动策略来确定这些事件是否真的对发动机或汽车造成了损害，这是一项极其困难的任务。识别这些事件是相当容易的，但量化这些事件对发动机的影响是无比困难的任务。我们不能制定类似这样的规则，如刹车时加速超过 10 秒时，对整个车辆造成 0.5%的伤害。它要求将工业过程、物理学、热力学、汽车工程学以及决策科学的知识深度结合起来，设计一个能够量化事件对资产影响的过程。

“资产即服务”和“设备即服务”商业模式很快将从根本上改变业务动态。这些商业模式在消费电子设备以及工业机械中的广泛采用，在业内已经积攒了不少成功案例。很快，将目睹越来越多的企业广泛采用这些相同的商业模式。

9.2 智能手表——医疗保健物联网的助推器

随着物联网的兴起，医疗行业正在经历一场严峻的技术浪潮。医疗保健行业不断地采用互联设备，对解决方案进行创新并降低成本。智能医院和其他创新早已概念化，医生和患者之间实现了数字连接之后，可以帮助医生更快地获取患者的健康记录，以及其他可用来精确研究患者当前病史和以往病史的细节。另外，正如在第 8 章“物联网颠覆性创新”中研究的，随着物联网的蓬勃发展和颠覆性创新的不断涌现，利用基因组学来获得更好的医疗保健解决方案已在实践中运用了。

同时，人们发现智能手表在业内也是备受瞩目。智能手表基本上可以连接到各种不同的设备，如智能手机、其他智能手表和智能设备。它通常配备有各种各样的传感器，并且不仅仅是显示时间。在智能手表中安装了加速度计、陀螺仪、计步器、心率监测器、环境温度、气压传感器、磁力仪、血氧饱和度传感器、皮肤电导率和温度传感器以及 GPS 等传感器，以收集和处理最细粒度（几乎每微秒）的数据。所有这些传感器结合在一起，揭示了人类行为许多未曾见过的维度，这对医疗保健行业可能是大有益处的。智能手表今天在运动员和运动爱好者中更为突出，但这种情况将很快就会改变。预计主流消费者将会采用智能手表让生活方式变得更加健康。

智能手表可以跟踪人们行走的步数，了解人们消耗的卡路里量，告诉人们是否承受过多的身体压力，还可以研究人们身体所需的睡眠量。大多数情况下，人们对所有这些事件都有一个抽象的理解，但是这些具体信息因人而异。传感器技术取得了新的进步，能够分析人们的心率、汗液和体温，并利用数据进行各种医疗诊断，帮助人们保持健康。图 9.1 从较高层次上显示了传感器所捕获到的数据，以及医生和医疗保健研究人员如何利用这些数据。

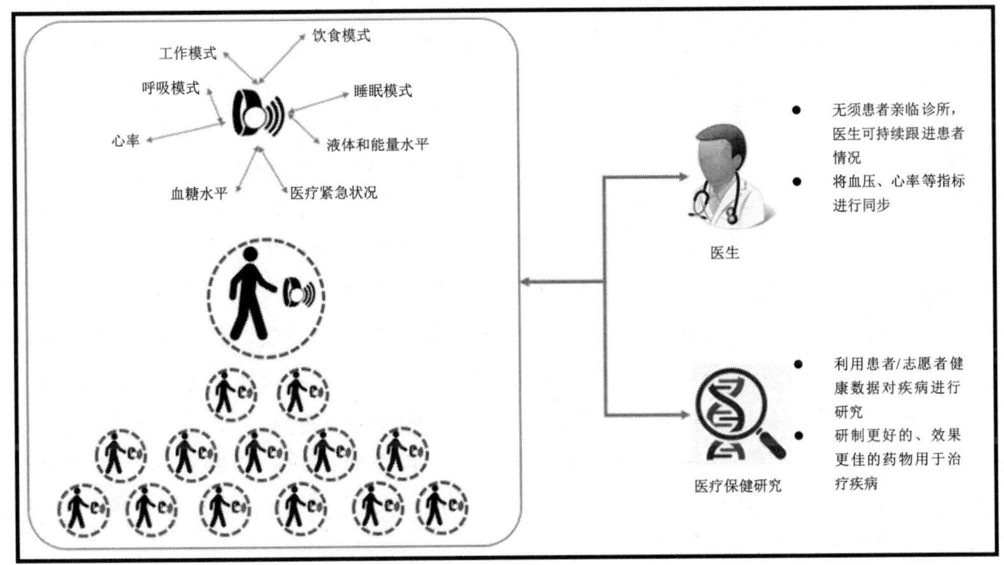

图 9.1

图 9.1 很好地诠释了智能手表的未来。市场对智能手表技术的重大改进感到十分乐观，因为智能手表技术将能够感知人们的日常习惯，如饮食、工作和睡眠习惯，而且更精确、更详细地分析人类行为。智能手表可以提供实时的建议，让人们达到最佳的饮食习惯，提升能量保持健康。它还可以研究和分析人们身体上的汗液，对他们应该何时喝水或何时喝能量饮料以及该喝多少等给出建议，好让他们保持精力充沛。此外，它可以研究人们的心率和步速，建议减速或加快。同时也可以研究人们的睡眠模式，而且如果他们睡眠不足就建议多睡一会。在一定程度上，它还可以使用先进的传感器来研究饮食习惯和食物的营养质量。有一些传感器则可以通过研究人们的呼吸模式来了解他们的压力。这些细节都能够发送给个人医生，然后医生可利用人们完整的病史和当前的生活方式，为他们的疾病精准地推荐药物。

接下来，也可以期待智能手表能够提前预测人们陷入致命疾病的可能性，从而减少死亡的概率。也希望当人们遭遇医疗紧急状况时，智能手表会给他们的亲人发出重要警报。总而言之，人们能够看到医疗保健行业的革命性变化，关键在于智能手表。故事并没有就此结束。研究人员还可以利用消费者这些丰富而翔实的数据来研究疾病。医学研究机构一直面临着在医疗评估中缺乏参加医疗研究的志愿者问题。像苹果公司这样的技术领先者早已开始设计基础设施，人们可以自愿使用智能手表和智能手机为医学研究做出贡献。

9.2.1 决策科学在医疗保健数据中的应用

利用传感器捕获智能手表的数据，并将这些数据传送给其他设备，这只是故事的其中一部分。最令人兴奋的部分是，从数据中寻找信息信号来帮助决策。智能手机向人们发送建议，以改善他们的健康状况，为此需要应用机器学习、人工智能、边缘计算和认知计算等众多算法，来感知、处理和分析数据。它再次要求一个决策科学家须从多个学科（如医疗保健和行为科学）以及其他学科中获得更多的知识技能。这种将数字印象转换为用户行为，从行为中提取意义，最后提供建议的技术，需要决策科学家具有多学科的知识技能。从心率监测器中获得的结果和分析汗液的结果，可用来建议人们定期喝水或能量饮料，以保持身体的能量和液体水平。而对呼吸模式的研究，可以帮助理解这个人是否感到沮丧、压力或遇到医疗紧急状况。为这些事件构建一些触发点，并不是仅仅基于对数据进行汇总研究得出的一些简单条件规则。整个过程可以概括为如图 9.2 所示。

将智能手表捕获的数据匿名化，并存储在一个中央存储库中。使用各种人工智能自我学习算法对其进一步的研究和分析，以确定人们的正常和异常行为。算法能够感知用户健康数据中这些模式的存在，综合这些学习来选择最佳的行动和建议，实时响应。把神经科学、生物学、医疗保健和其他各种学科综合运用在设计自我学习算法上，可以帮助人类过上更加健康的生活。

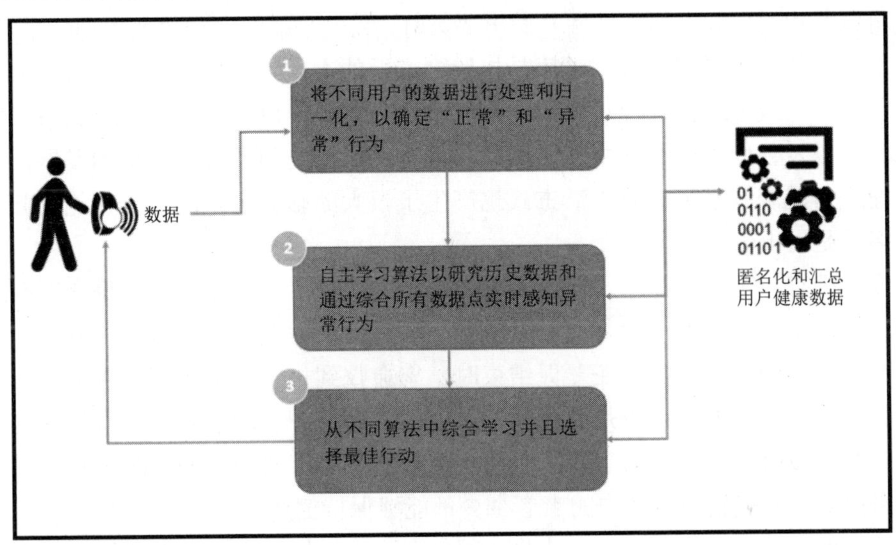

图 9.2

9.2.2　结语

智能手表使医疗保健行业发生了革命性的变化，并由此产生了一些颠覆性创新。这些益处不仅早已获得了业界的认可，也还在不断地发展演变。在未来的日子里，将看到在各个社区广泛采用智能手表，这不仅帮助人类变得更加健康，也让生活方式变得更加安全且更加完善，从而让人类受益匪浅。

9.3　智能医疗保健——人类互联到智能人类

标题可能听起来很奇怪，但这绝不意味着我们不够聪明。千真万确，我们早就是非常聪明的个体了，但是此处的“聪明”是能够指识别一个（人类）个体的智能手表。本章研究了智能手表如何为医疗行业带来了非凡的价值。大多数人早已购买了像耐克 Fitbit、苹果手表等智能手表或健身追踪器，还有更多其他品牌的智能手表。人们一直使用这些设备来追踪健康和锻炼计划，或者研究燃烧的卡路里等。人们把智能手表称为物联网联盟中的一个组成部分，但是仍然遗漏了强调智能手表中一个非常重要的通信模式，即智能手表到智能手表的通信。

的确，不同智能手表之间的通信，可以帮助把智能手表提高到一个较高层次。当智能手机可以互相通信并根据数据信号做出决策时，它几乎能够完全改变人们的生活方式。随着智能手机的广泛采用，越来越容易接触到亲近的人。人们再也不用担心孩子旅行后是否安全返家，或者在他们迟迟未归的时候惊慌失措。可以只是通过打电话去了解他们所到之处，以及他们为何在途中花了如此长的时间。但是随着智能手机的发展，人们之间的交流变得越来越紧密，对生活方式也产生了很大的影响。智能手表也能如此，尽管交流更多的是出于健康原因。

假设您拥有一个六口之家，比如丈夫、妻子、两个孩子和祖父母。每个家庭成员都配有一个智能手表。而您作为丈夫十分乐意关注家人的健康状况。智能手表可以为您实时反馈身边亲人的健康警报。在一天结束时，您会收到一个信息更新，告诉您白天孩子日晒是否足够，每个人在当天是否摄入了足够的营养等。智能手表也会将您的父母（即祖父母）是否按时服药的信息告知您。通过家庭这些丰富而翔实的实时更新，您以最少的精力采取最好的措施，让家中的老老少少都能够保持健康。

在这样的环境下，您的生活方式将变得完全不同。接下来对下面情景进行举例，来了解“智能人类”演变对医疗保健的影响。智能手表研究认为在孩子饮食中需增加更多营养，为此根据它的建议，您开始在家庭饮食中添加更多的叶菜。而且，您完全掌握了患有糖尿病的父母（即祖父母）的血糖水平情况。智能手表为您提供了何时需要为他们安排胰岛素注射的信息更新。此外，您的妻子在办公室工作繁忙，所以在过去的十天里，她几乎没有时间在健身房锻炼。您现在意识到妻子远远落后于她的健康目标了，因此您在她工作中伸出援手，以确保她重返健康的正轨上并保持健康。由于父母年事已高，万一发生最坏的情况时，智能手表也可以提供最好的措施。当您的父母需要医疗照顾时，它会向您和您的妻子发送快速警报。一言蔽之，您用最少的精力掌握了全家的健康情况。对于需要您密切关注的每一条信息，智能手表都以无比简洁的格式提供给您，您可以放心地竭尽全力维护身边亲人的健康。

这听起来是不是妙不可言？想象一下，如果所有人都拥有如此美好的童年，那将是多么的方便和美妙。对父母而言，小孩照顾起来也变得无比轻松。随着时间的推移，人们将看到智能手表的连接更像一个社交网络。在紧急情况下也可以给您的朋友发送警报。就像 Facebook 给您发送提醒一样，当您的一个密友在您附近，万一您需要医疗急救，智能手表就能用来提醒您最好的朋友。GPS 数据可以进行扫描，这时离您物理位置最近的朋友能够快速到达给您伸出援手。同时，智能手表也向您的个人医生和附近的医院发出信号，好让他们迅速自动地为您的紧急情况做出安排。

随着这些技术的广泛应用，生活变得更加简单轻松，也更加舒适惬意。市场上智能手表用户的数量越多，用户之间的连接就越好。与单纯的连接不同，人们与其他人分享的健康/生活，以便做出更好的决策，因此“智能人类”这个名称，说明人会做出基于数据驱动的明智决策以保持健康。

9.4　从汽车互联向智能汽车演变

在探究智能手表是如何改变游戏规则的同时，也对医疗保健行业了解得一清二楚。智能手表利用的日益普及，有助于将人类互联演变发展成智能人类。这些成功故事同样也适用于多个行业。人们目睹了将沉睡的资产转化为资产互联及其向智能资产的演变。现在将探讨本书的最后一个主题，即探寻物联网如何为一个充满希望的未来奠定基础。接下来将研究汽车互联向智能汽车的演变。

如今这个主题更多的是一个概念，而且也只看到了现实中所采用的可能性的一小部分。自动驾驶汽车也是这种演变的一部分，但还有更多的事情会成为可能。在第 8 章中，研究了自动驾驶汽车是如何由于物联网导致的行业颠覆性创新而诞生的，简单地学习了自动驾驶汽车与日常使用的互联设备的改进集成。如果回溯在第 1 章“物联网和决策科学”中研究的智能设备的定义，将智能设备定义为，与多个其他设备相连的并能够自行决策以改进结果的任何一个设备。在这里，结果可能是一个或多个。而在汽车互联向智能汽车演变的过程中，汽车试图通过自我决策来将结果的数量增加了许多。这款智能汽车不仅仅是一辆将人从一个地方带到另一个地方的汽车。它将会是为人精心打造的一款奢侈品。图 9.3 说明了在汽车互联向智能汽车演变过程中，对一种结果进行改进的不同功能是如何出现的。

在这里试着想象一下智能汽车将会改进的各种不同结果。这时我们的脑海中立刻会闪现出几点，即自动驾驶、自动引擎优化、改善生活和性能、自动停车等。在第 8 章“物联网颠覆性创新”中，研究了一个假设的例子，了解认知计算如何对物联网行业进行颠覆性创新，使其像人类一样学习，并与其他服务集成以提供更好的服务。与此用例类似，可以理解智能汽车基本上能够将背景信息作为一个维度用以学习和改进，这将使人类的生活变得更加轻松。而且还有一些功能有望很快成为智能汽车的功能之一。

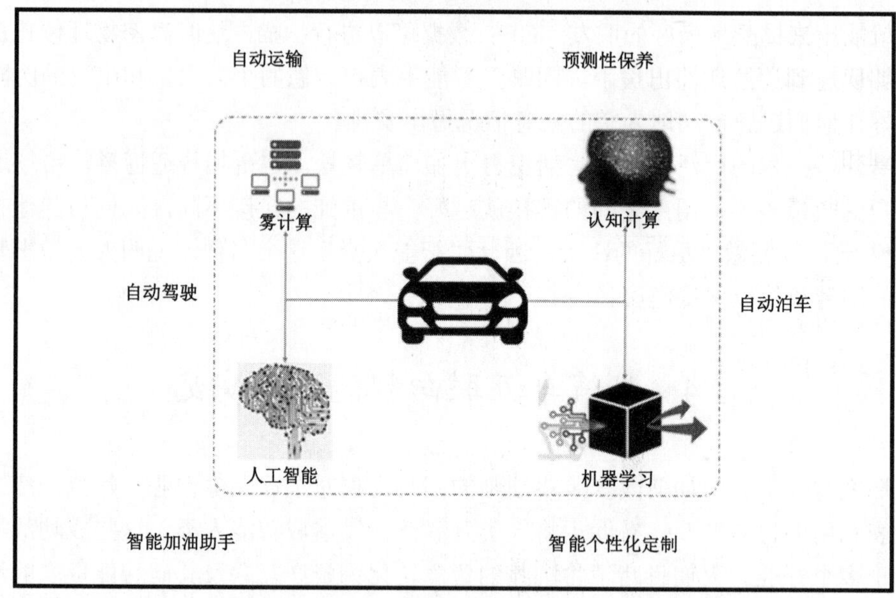

图 9.3

9.4.1　智能加油助手

在长距离驾驶的过程中，人们常常错误地计算加油间隔。驾驶时，可能会多次停车或燃油不足。智能汽车可以研究汽车的里程，并了解汽车在没有加油的情况下的行驶距离。利用 GPS 数据对这些信息进行扫描，可以找到最佳和最近的加油站。它可以像提醒驾驶员在接下来五英里内的加油站加油一样简单；否则，由于在随后 50 英里内都没有加油站，汽车可能会耗尽燃料。

9.4.2　预测性保养

它可以通过各种指标来掌握汽车的性能，如发动机效率、排放、振动和油位、加热水平、扭矩等。通常情况下，大概每隔 1000 英里就可以估算和保养汽车，但实际上这种情况可能会少得多或者更多。智能汽车可以结合机器学习、人工智能和汽车工程中的各种学科，利用灰盒模型找出保养的最佳时机，同时考虑最终目标来优化性能，而且具有成本效益。

9.4.3　自主运输

自动驾驶之后的下一个大事件就是自主运输。您可以让自己的车送孩子上下学，或让车去机场接您回家。自主运输将是一项革命性的举措，但是需要认知计算和人工智能变得更加成熟之后，才能让自主运输变得更加稳健。智能汽车结合运用这些技术来理解人的要求，比如“把我送到机场”。它既能够清楚您家庭位置和停车位，也能根据您的航班时刻和交通数据，自主决定到达机场接您。如果您每天乘火车去上班，它还能够学习适当的时间，准时把您送到车站或按时到车站接您。

智能汽车技术必将带来更多的创新。人们的生活将比十年前观看的科幻电影所想象和梦想的要多得多。智能汽车和自主运输是一个规模宏大的项目，必然要花一些时间才能变得成熟以供消费者使用，但是当这一时刻到来的时候，它不仅会对人们影响巨大也会得到人们的广泛应用。

9.4.4 结束语

展望未来，对这个世界的前景究竟会是怎样追问不已，人们给出了无比肯定的答案。人们常常思考的一个问题不免发人深省，促使发展的那根导火索是在哪里引发的，那么多的技术又是如何兴盛起来的，以至于每一个行业的角角落落都在利用这些技术，为建立一个智能且充满希望的未来奠定基础。答案只有一个词——物联网。若要理解为什么物联网成为未来每一项创新的核心的原因，只需思考人类历史上帮助人类进化的导火索就不言而喻。

在古代，火与轮的发明是人类发明与发现的革命性突破。在过去的几个世纪里，工业机器、印刷机、计算机的发明是一个革命性的突破，推动了各个角落的发展和变革。近年来，互联网的诞生彻底改变了世界，而今天却是“物联网”。在第 8 章“物联网颠覆性创新”中讨论的物联网的颠覆性创新和突破，给世界带来了光明的未来，而这只是其中一小部分例子。如要列出一张详尽的清单无疑是一件不可能的事，也超出了任何一本书所能涵盖的范围。撰写最后两章的整个想法是，强调决策科学通过物联网所带来的影响的重要性和规模。在前几章中试图解决的用例则是物联网革命的基石。

9.5 小　　结

在本章和本书中，我们经历了一个无比美好的学习旅程，在物联网与决策科学相遇的那一刻，让我们学会了如何在物联网中构建更智能的决策。通过探究决策科学的基本原理、物联网和行业标准框架来解决问题，从此就开始踏上了精彩纷呈的学习之旅。接着又通过研究可以用来解析问题的各种不同维度，花了大量的时间更具体地理解问题。

在第 2 章中，涉足物联网问题体系的两个重要领域：资产互联与运营互联，并且学会了应用问题解决框架来设计方法并起草问题蓝图。同时采用制造业一个真正的物联网用例，尝试解决提高制成品质量的问题。

第 3 章采用 R 语言软件，实际解决第 2 章中解析和设计的商业用例。本章中弄清楚了描述性分析和探查性分析的细微差别。通过进行各种探索性数据分析来检验以前确定的假设，并运用各种统计技术验证它们，就“是什么”和“为什么”的两个问题给出了必要的答案。

至第 4 章时，进入了预测性分析的世界，掌握了构建线性回归、Logistic 回归和决策树等的统计模型。这一章里知道问题是如何从描述性到探查性和预测性阶段演变的，并且开发出了可以帮助预见未来同时回答“何时”的问题的解决方案。而进入第 5 章时，通过利用机器学习和深度学习来进一步探索预测性分析领域，以改进结果。到本章结束时，在问题由描述性阶段向探查性阶段再到预测性阶段演变期间，完成了问题解决方案的一次迭代。

而到了第 6 章，利用另一个问题解决方案的迭代，巩固在决策科学方面的基础。这章尝试解决可再生能源行业的另一个物联网用例。通过对问题解决框架的学习，迅速设计和开发了业务问题，并通过预测性分析实际解决问题。进入第 7 章后，讨论了决策科学堆栈中一个问题的最后阶段，即规范性分析。通过研究电信行业的假设用例，对规范性分析的现象一探究竟。探寻企业如何利用“为什么”和“何时”的问题来战胜业务灾难，即采取规范性的措施。而后，在决策科学中理解了问题的整个过程，简要地探讨了业务应该如何将问题体系中的各个问题点连接起来。还研究了故事撰写的技术，以便用最易用和最清晰的形式验证和展示的结果。

接着第 8 章中，探讨了物联网发端之初的行业颠覆性创新。对一些例子进行剖析以研究物联网如何加速各学科的颠覆性创新，以及它们如何为世界贡献创新。也研究雾计算、认知计算、下一代机器人和基因组学，以及自动驾驶汽车的概念。并且粗浅理解一个颠覆性创新是如何引发另一个颠覆性创新的，最终又如何将所有新的颠覆性创新的诸多益处，融合到生态系统中。而行至第 9 章，细究物联网的颠覆性创新，了解它如何为人类建立一个智能和充满希望的未来而奠定基础。与此同时，探索了“资产即服务”和“设备即服务”商业模式的细微差别，也更多地探究物联网医疗保健，并研究人类互联向智能人类以及汽车互联向智能汽车的发展演变。

简而言之，本书仔细研究物联网与决策科学的交叉，并且借以对互联世界的未来管中窥豹，揭晓了智能决策的重要性和影响。